“十三五”江苏省高等学校重点教材（编号：2018-2-044）

聚合物反应原理

赵彩霞　张洪文　主　编
杨宏军　邹国享　副主编

科学出版社
北　京

内 容 简 介

本书在阐述聚合物反应的基本概念、反应原理和反应机理的基础上，主要对聚合物的接枝反应、聚合物的嵌段反应、聚合物的固相反应、聚合物的交联反应、聚合物的降解反应等聚合物化学反应进行了详细论述，并阐述了反应后聚合物的性能和应用领域。

本书可作为高等院校高分子材料与工程、材料学等相关专业本科生或研究生的专业课参考教材，也可供相关专业的工程技术人员参阅。

图书在版编目（CIP）数据

聚合物反应原理/赵彩霞，张洪文主编. —北京：科学出版社，2018.12

ISBN 978-7-03-059141-8

Ⅰ. ①聚… Ⅱ. ①赵… ②张… Ⅲ. ①聚合物–化学反应 Ⅳ. ①O63

中国版本图书馆 CIP 数据核字（2018）第 242427 号

责任编辑：胡 凯 许 蕾/责任校对：彭 涛

责任印制：赵 博/封面设计：许 瑞

科学出版社出版

北京东黄城根北街 16 号

邮政编码：100717

http://www.sciencep.com

北京凌奇印刷有限责任公司印刷

科学出版社发行 各地新华书店经销

*

2018 年 12 月第 一 版 开本：787×1092 1/16

2025 年 3 月第八次印刷 印张：10 1/2

字数：249 000

定价：49.00 元

（如有印装质量问题，我社负责调换）

前　言

聚合反应是20世纪发展起来的高分子合成反应理论，重点是由小分子聚合形成高分子的反应过程，其聚合类型主要为：逐步聚合、连锁聚合和开环聚合等，聚合反应的理论已经较为系统和成熟。随着高分子化学的发展，对聚合物进行再次化学反应以实现聚合物材料性能的大幅度提高，或者赋予聚合物新功能的思路和工作已有许多研究者开展。然而，该类型的反应理论和反应方法还不具有系统性，因此本书对已经工业化的聚合物反应和研究者的研究工作进行系统地归纳和总结。

聚合物反应是以聚合物为研究对象，研究聚合物分子链上、分子链间基团的变化，以及聚合度变化的化学反应过程。聚合物反应原理是建立在高分子化学、高分子物理、高分子成型加工等相关学科基础上的一门学科。通过聚合物的化学反应，进一步拓宽了聚合物的应用领域，大大提高了聚合物的工业应用价值。

本书主要定位为高等院校高分子材料与工程、材料学等相关专业本科生或研究生的专业课参考教材。全书共分七章，第一章是聚合物反应原理概述，第二章是聚合物反应机理，第三章是聚合物的接枝反应，第四章是聚合物的嵌段反应，第五章是聚合物的固相反应，第六章是聚合物的交联反应，第七章是聚合物的降解反应。

本书由常州大学赵彩霞、张洪文主编，杨宏军、邹国享副主编。第一章由赵彩霞、杨宏军编写，第二章由杨宏军编写，第三章至第六章由赵彩霞编写，第七章由邹国享、张洪文编写。张洪文对全书进行了认真审阅并统稿。

在编写过程中，编者参考和引用了一些材料科学工作者的研究成果、资料和图片，在此表示深深的敬意和感谢。

由于作者的水平有限，书中难免有疏漏和不足，敬请广大读者批评指正。

编　者

2018年8月

目　　录

第一章　聚合物反应原理概述

聚合物作为20世纪发展起来的新材料，其综合性能优越、成型工艺相对简便以及应用领域极其广泛，因而获得了较为快速的发展。然而，高分子材料又有诸多需要克服的缺点。以塑料为例，许多聚烯烃塑料品种与极性聚合物材料（如尼龙（PA））进行混合时，由于极性的差异使两者的相容性很差而难以获得良好的机械性能，诸如此类的问题都要求对聚合物进行改性。用以改善、强化或展现聚合物某些或某一特定性能为目标的工艺方法，通称为聚合物改性（polymer modification）。可以说，聚合物反应原理这门课程就是在不断对聚合物进行改性中发展起来的。对聚合物进行化学改性使聚合物材料的性能大幅度提高，或者被赋予新的功能，进一步拓宽了聚合物的应用领域，大大提高了聚合物的工业应用价值。

聚合物反应是以聚合物为研究对象，研究聚合物分子链上、分子链间基团的变化，以及聚合度变化的化学反应过程。聚合物反应原理课程是建立在高分子化学、高分子物理、高分子成型加工等相关学科基础上的一门学科。通过聚合物的化学反应，在理论上可以研究聚合物的结构，同时具有广泛的实际应用[1,2]。

第一节　聚合物反应的类型及特点

一、聚合物反应的类型

聚合物反应种类很多，所以难以按反应机理进行分类，而是根据基团的变化（侧基和端基）和聚合度进行分类[3]：

（1）相似转变。聚合物与小分子化合物作用，仅限于基团（侧基和/或端基）转变而聚合度基本不变的反应，称作（聚合度）相似转变。聚合物相似转变在工业上应用很多，如纤维素的酯化、聚醋酸乙烯酯的水解、聚乙烯的氯化、含芳环高分子的取代反应等。

（2）聚合度变大的反应。如接枝、嵌段、扩链、交联等。

（3）聚合度变小的反应。如降解等。

聚合物化学改性多属聚合度基本不变（主要为基团变化的反应）或变大的反应。聚合物的老化则往往是降解反应，有时也伴有交联反应。

二、聚合物反应的特点

聚合物可同有机小分子一样进行许多化学反应，例如氢化、卤化、硝化、磺化、醚化、酯化、水解、醇解等。与有机小分子的化学反应相比，聚合物化学反应有四大特点。

1. 化学反应方程式的局限性

在小分子有机化学反应中，用化学反应方程式就可以表示反应物和产物之间的变化及其定量关系。但是，聚合物的化学反应虽也可用反应式来表示，其意义却有很大的局限性。如聚丙烯腈的水解：

$$\left[\mathrm{CH_2-\underset{\substack{|\\ CN}}{CH}}\right]_n \xrightarrow[\mathrm{H^+}]{\mathrm{H_2O}} \left[\mathrm{CH_2-\underset{\substack{|\\ C=O\\ |\\ OH}}{CH}}\right]_n \tag{1-1}$$

实际上，存在的情况是

$$\left[\mathrm{CH_2-\underset{\substack{|\\ CN}}{CH}}\right]_n \xrightarrow[\mathrm{H^+}]{\mathrm{H_2O}} \left[\mathrm{CH_2-\underset{\substack{|\\ C=O\\ |\\ OH}}{CH}}\right]_n + \left[\mathrm{CH_2-\underset{\substack{|\\ C=O\\ |\\ NH_2}}{CH}}\right]_n \tag{1-2}$$

由此可见，化学反应方程式远无法完全表述聚合物的种类和反应程度。

又如聚丙烯酸酯水解：

$$\left[\mathrm{CH_2-\underset{\substack{|\\ C=O\\ |\\ OR}}{CH}}\right]_n \xrightarrow[\mathrm{H^+}]{\mathrm{H_2O}} \left[\mathrm{CH_2-\underset{\substack{|\\ C=O\\ |\\ OH}}{CH}}\right]_n + \mathrm{ROH} \tag{1-3}$$

方程式仅仅表示了大分子链上任意结构单元的水解过程，却未能表明分子链上有多少结构单元参与反应，更不能理解为所有酯基全部转化。因此，在聚合物的化学反应中要用官能团转化的百分率（或官能团反应程度）来表示反应进行的程度。

2. 反应产物的不均匀性与复杂性

通过聚合物可以发生与小分子类似的化学反应，但是与小分子化学反应不同，制取大分子链中含有同一重复单元的“纯的”高分子是极为困难的，甚至可以说是不可能的。原因是聚合物的化学反应中，官能团的转化率不可能达到100%，而且在反应过程中，起始官能团和反应各阶段形成的新官能团，往往同时连接在同一个大分子链上。由此，小分子的产率和转化率等概念与大分子的反应有很大区别。

以聚丙烯腈水解制取聚丙烯酸为例：

$$\left[\mathrm{CH_2-\underset{\substack{|\\ CN}}{CH}}\right]_n \xrightarrow[\mathrm{H^+}]{\mathrm{H_2O}} \left[\mathrm{CH_2-\underset{\substack{|\\ CN}}{CH}}\right]\!\!-\!\!\left[\mathrm{CH_2-\underset{\substack{|\\ C=O\\ |\\ OH}}{CH}}\right]\!\!\left[\mathrm{CH_2-\underset{\substack{|\\ C=O\\ |\\ NH_2}}{CH}}\right]\!\!-\!\!\begin{array}{c}\mathrm{CH_2}\\ \diagup\qquad\diagdown\\ \mathrm{CH}\qquad\quad\mathrm{CH_2}\\ |\qquad\qquad|\\ \mathrm{O=C}\qquad\mathrm{C=O}\\ \diagdown\quad\diagup\\ \mathrm{NH}\end{array} \tag{1-4}$$

由于环境的限制，聚丙烯腈水解制备聚丙烯酸时，并非所有的腈基都水解成羧基，而是同时存在不同反应阶段的基团，如羧基、酰胺基、环酰亚胺等。

此外，假设当聚丙烯腈水解产率为60%，并非指水解后存在60%的聚丙烯酸和40%的聚丙烯腈，而是指该水解产物由共聚物组成，平均每一个大分子链上存在60%的羧基和40%的腈基。生成的羧基和未反应的腈基都在同一分子链上，无法单独分离出来。

3. 聚合物化学反应的速率较低

在缩聚反应中建立了官能团等活性概念，在烯类单体聚合时假定反应中心的活性与链长无关（动力学分析的基础），在研究聚合物化学反应时，有机官能团反应也不应受链长的影响，即大分子链上官能团的反应能力应与小分子同系物中官能团的反应能力相似。在某些情况下确实如此，但在很多情况下，大分子上官能团的反应速率远低于同类型的小分子。这是因为在高分子反应的许多场合中，由于大分子形状、聚集态和黏度等因素会阻碍反应物的扩散，而使聚合物化学反应的速率所有降低。

4. 反应过程中大分子链存在不同程度的聚合度改变

聚合反应是指小分子聚合成大分子的反应，在此过程中聚合物的聚合度增加。聚合物化学反应过程中也会引起聚合度的改变，这些改变包括聚合度增加或减小。

以聚乙酸乙烯酯的水解为例：

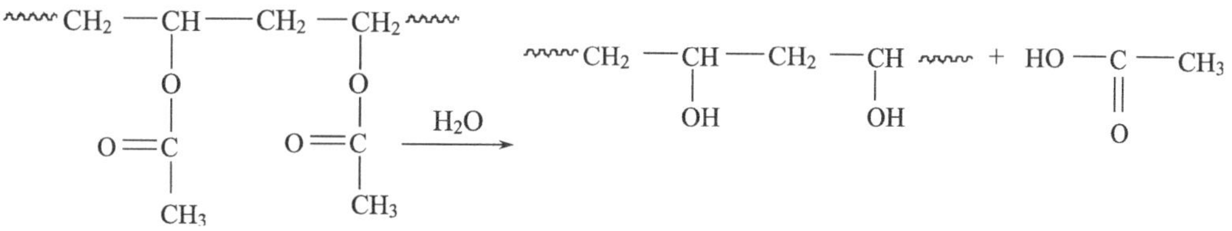

$$\sim\!CH_2-\underset{\displaystyle O-\overset{\displaystyle O}{\overset{\|}{C}}-CH_3}{CH}-CH_2-\underset{\displaystyle O-\overset{\displaystyle O}{\overset{\|}{C}}-CH_3}{CH_2}\!\sim \xrightarrow{H_2O} \sim\!CH_2-\underset{OH}{CH}-CH_2-\underset{OH}{CH}\!\sim + HO-\overset{\displaystyle O}{\overset{\|}{C}}-CH_3 \tag{1-5}$$

在聚乙酸乙烯酯的水解过程中，存在聚合物支链脱落的情况，因此聚合物的平均聚合度会有所降低。

类似，在聚乙烯醇的缩醛化反应中：

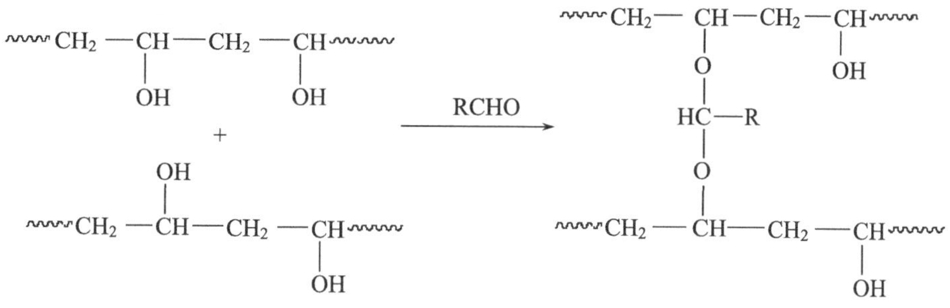

$$\begin{array}{c}\sim\!CH_2-\underset{OH}{CH}-CH_2-\underset{OH}{CH}\!\sim\\ +\\ \sim\!CH_2-\overset{OH}{CH}-CH_2-\underset{OH}{CH}\!\sim\end{array} \xrightarrow{RCHO} \begin{array}{c}\sim\!CH_2-CH-CH_2-\underset{OH}{CH}\!\sim\\ |\\ O\\ |\\ HC-R\\ |\\ O\\ |\\ \sim\!CH_2-CH-CH_2-\underset{OH}{CH}\!\sim\end{array} \tag{1-6}$$

不同大分子链之间的两个羟基进行缩醛化反应，因此聚合物的平均聚合度有所增加。

需要强调的是改变聚合物聚合度的基团反应和小分子反应不同，分子量的变化并不意味着新物质的形成。

第二节　聚合物反应活性的影响因素

就单个基团而言，聚合物的反应活性与同类小分子相同。但是，这些基团受限于聚合物链结构以及所处的环境，其活性往往小于同类小分子。影响聚合物基团反应的因素主要有物理因素和化学因素两种[4,5]。

一、物理因素

1. 聚合物的形态

（1）结晶：对于结晶聚合物而言，其结构中同时存在晶区和非晶区，但是由于晶区链段排列紧密，小分子不易扩散进去，因此反应只能发生在非晶区。例如，结晶度60%～70%的PVA纤维与甲醛反应，只能进行30%～40%的缩醛化。此外，聚乙烯的氯化、纤维素的乙酰化、聚对苯二甲酸乙二醇酯的氨解等许多聚合物反应体系中都出现了这种现象。

（2）相态：对于非晶聚合物而言，玻璃化转变温度是其聚合物链段开始移动的最低温度。低于玻璃化转变温度，聚合物处在玻璃态，聚合物链段被冻结，小分子不易扩散，化学反应难以进行。高于聚合物玻璃化转变温度，或聚合物处在溶胀状态，小分子才能有效地与聚合物链段上的官能团发生反应。这也是苯乙烯和二乙烯基苯的共聚物在进行磺化和氯甲基化反应时必须先溶胀的原因。

2. 溶解性能

聚合物发生化学变化时，随着反应的进行，参与反应的聚合物的物理性能也会随之改变。例如，聚合物原来溶于溶剂，经化学变化后，大分子链上某些化学基团发生了变化，这种“新”的聚合物可能依旧溶于原来的溶剂中，也可能从原来溶剂中沉淀出来或形成凝胶状。如果这时反应尚未达到预定终点（某一反应程度），这种溶解性能的改变将对反应的进一步进行产生很大的影响。

当聚合物的化学反应在产生沉淀或在不良溶剂中大分子链缠结而呈凝胶状的情况下进行，一般反应的进行会受阻碍，反应速率下降，官能团转化率也不能得到有效提高。

当聚合物的官能团（基团）反应始终在黏度不大的溶液中进行时，反应速率与小分子同系物的反应速率相近。若溶液黏度较大，反应速率就较低。

在非均相反应体系中，如果选择适当的溶胀剂，使聚合物处于溶胀状态下进行反应，则有利于反应试剂扩散到聚合物分子链的官能团处，从而提高反应速率与反应程度。

需要指出的是，在聚合物的化学反应过程中溶解度的变化可能非常复杂。以聚乙烯在80℃的脂肪烃或芳烃溶剂中进行的氯化反应为例，聚合物的溶解度首先随氯化程度的提高而增大；氯化程度达到30%时，进一步提高氯化程度，聚合物溶解度反而下降；氯化程度达到50%～60%以后，产物的溶解度又随氯化程度的提高而增大。这种溶解性的变化为我们展示了聚合物反应过程中存在的一些问题，当准备合成反应时，必须考虑反应速率随溶解度的变化。在极端情况下，聚合物不溶于反应介质，如果小分子试剂不能扩散进入或穿过聚合物，反应的最高转化率就会受到限制。

3. 扩散速率

聚合物在进行端基官能团反应时，其反应活性往往随着反应介质黏度的变化而变化。在溶液中，聚合物的反应活性与链段的活动能力有关，随着反应介质的黏度增加，不仅聚合物分子链的活动受到限制，甚至链段的运动也受到影响，最终聚合物的反应活性受到影响。例如，在利用两种聚合物的端基反应生成两嵌段聚合物的过程中，随着聚合体系黏度的增大，链段的运动受到限制，使得反应速率下降。

二、化学因素

以上讨论了影响聚合物化学反应的物理因素，此外聚合物邻近基团的位阻效应、电子效应和基团孤立化效应等化学因素均可影响到邻近基团的活性和基团的转化程度。

1. 邻近基团的位阻效应

当反应官能团靠近聚合物主链，或官能团处于空间位阻较高的环境中，或小分子反应物的体积较大时，聚合物的活性会受到空间位阻效应的影响。如 PVA 的三苯乙酰化反应：

$$\sim CH_2-CH(OH)\sim + (C_6H_5)_3C-COCl \xrightarrow{-HCl} \sim CH_2-CH(OH)-CH_2-CH(O-C(=O)-C(C_6H_5)_3)-CH_2-CH(OH)\sim \quad (1\text{-}7)$$

2. 邻近基团的电子效应

邻近基团的静电效应可降低或提高官能基的反应活性。如聚丙烯酰胺的水解反应速率随反应而增加，原因是生成的羧基与邻近的未水解的酰胺基反应生成酸酐环状过渡态，促进了水解，其反应如下：

$$\sim CH_2-CH(COOH)-CH_2-CH(\overset{\delta+}{C}(=\overset{\delta-}{O})NH_2)\sim \xrightarrow{H^+,\ H_2O} \sim CH_2-CH(COOH)-CH_2-CH(COOH)\sim + NH_3 \quad (1\text{-}8)$$

再例如 PMMA 的皂化反应存在自动催化效应：

$$\sim\sim CH_2-\underset{\underset{\underset{^{-}O}{|}}{O=C}}{\overset{CH_3}{C}}-CH_2-\underset{\underset{\underset{\underset{R}{|}}{O}}{C=O}}{\overset{CH_3}{C}}\sim\sim \xrightarrow{-RO^-} \sim\sim CH_2-C(CH_3)-CH_2-C(CH_3)\sim\sim \text{（六元环酸酐：}O=C-O-C=O\text{）}$$

$$\xrightarrow{+OH^-} \sim\sim CH_2-\underset{\underset{\underset{^{-}O}{|}}{O=C}}{\overset{CH_3}{C}}-CH_2-\underset{\underset{\underset{OH}{|}}{C=O}}{\overset{CH_3}{C}}\sim\sim \tag{1-9}$$

如果反应中反应试剂与聚合物反应后的基团所带电荷相同，由于静电相斥作用，阻碍反应试剂与聚合物分子的接触，使反应难以充分进行。如碱性条件下聚丙烯酰胺的水解程度<70%，其反应如下：

$$\sim\sim CH_2-\underset{\underset{\underset{NH_2}{|}}{C=O}}{CH}\sim\sim \xrightarrow{+OH^-} \sim\sim CH_2-\underset{\underset{\underset{O^-}{|}}{C=O}}{CH}-CH_2-\underset{\underset{\underset{NH_2}{|}}{C=O}}{CH}-CH_2-\underset{\underset{\underset{O^-}{|}}{C=O}}{CH}\sim\sim \quad (OH^-) \tag{1-10}$$

聚合物上的电荷还能影响聚合物对中性试剂的反应活性。在部分离子化的聚甲基丙烯酸中，当羧基阴离子与α-溴代乙酰胺在水中进行亲电反应时，反应活性随聚合物上电荷量的增加而降低。这是由于水会在聚合物线团内优先富集，部分消除了中性试剂，导致反应速率下降。

3. 基团孤立化效应

当一个试剂分子必须和大分子链上相邻的两个基团反应时，反应不能进行到底，因为随机反应的结果使得大分子链上的基团总会有一些被单个地孤立起来，从而失去了相邻两基团与同一反应试剂反应的可能性。在聚合物化学反应中，这种相邻官能团反应的孤立现象也称为几率效应。例如，聚乙烯醇的缩醛化反应中，假定不考虑分子间的反应，其反应如下：

$$\sim\sim CH_2-\underset{OH}{\underset{|}{CH}}-CH_2-\underset{OH}{\underset{|}{CH}}-CH_2-\underset{OH}{\underset{|}{CH}}\sim\sim \underset{}{\overset{RCHO}{\rightleftharpoons}} \sim\sim CH_2-\overset{\quad CH_2\quad}{CH\quad CH}-CH_2-\underset{OH}{\underset{|}{CH}}\sim\sim + H_2O \quad (\text{O-CH(R)-O 环}) \tag{1-11}$$

当缩醛化反应随机进行反应到转化率较高时，大分子链上总有一部分孤立的未反应的羟基残留下来。按统计计算结果显示，羟基的转化率最高达 86.5%，实验测得为 85%～87%，与理论值相符，86.5%是基团成对反应的极限值。

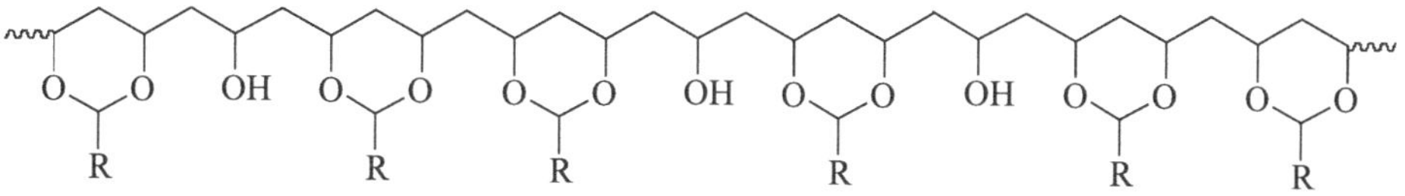

（1-12）

再例如，聚氯乙烯在锌作用下脱氯反应也有官能团孤立化效应，其极限值也在 86.5%附近。其反应如下：

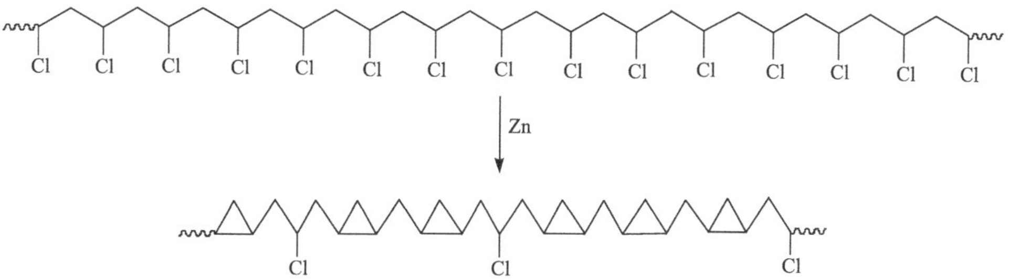

（1-13）

对这类反应，当官能团反应程度已达 86%左右后，无须再延长反应时间，否则会发生分子间交联等副反应，致使产品性能变坏。

三、其他因素

对不同聚合物分子间的官能团反应研究表明，只有当两种聚合物非常相似，两种聚合物线团之间可以互穿时，两种聚合物分子之间才能发生反应。但是，聚合物的混合过程是一个高度吸热过程，因此大部分聚合物线团之间都不会互穿，不能发生两聚合物官能团之间的反应。对于不相似的聚合物，只有当聚合过程高度放热时，聚合物官能团才能发生反应。

此外，聚合物链的构象也能影响聚合物的活性。聚合物链是以紧缩线团还是以舒展线团的形式存在，会对聚合物官能团可接近程度和小分子试剂的局域浓度产生影响。

最后，在很多聚合物中，官能团并不是等活性的。

第三节 聚合物反应的发展

通过聚合物反应可以实现对聚合物的化学改性。聚合物的化学反应是改变大分子链上的原子或原子团的种类、改变分子链段组成以及分子链结构的一类反应，从而赋予聚合物新的性能，扩大了应用领域。

聚合物化学反应的应用甚至比物理共混还要早。橡胶的交联就是一种早期的聚合物反应。接枝和嵌段方法在聚合物改性中应用广泛。接枝共聚物中，应用最为普遍的是 ABS（丙烯腈、丁二烯及苯乙烯的共聚共混物），这一材料优异的性能和相对低廉的价格，使它在诸多领域广为应用。嵌段共聚物的成功范例之一是热塑性弹性体，它是一种既能像塑料一样成型加工，又具有橡胶般弹性的新型材料。

为了满足不同用途，利用聚合物反应对高分子材料进行改性以达到预期的目的已经成为一种有效的手段。目前，聚合物反应的发展趋势主要有两点。

一、聚合物反应的新技术

通过聚合物反应技术，可以用少量的几种树脂获得多种性能优异的改性新品种。一般来说，在已有聚合物的基础上进行化学改性比合成新的聚合物并使之工业化更为容易。这些聚合物反应在一般的塑料、橡胶加工设备中较为容易被实现，往往能解决工业生产中不少的具体问题。因此，高分子材料改性越来越受到工业界的普遍重视。高分子材料改性使材料的性能大幅度提高或者被赋予新的功能，进一步拓宽了高分子材料的应用领域，大大提高了高聚物的工业应用价值。

对聚合物进行改性可以在成本较低的情况下使高分子材料获得全新的性能。目前，聚合物改性技术重点是接枝共聚技术、嵌段共聚技术、交联互穿网络技术，可实现高分子材料品种多样化、系列化、差别化、功能化、高性能化。可以预见，在今后，高分子材料化学改性仍将是高分子材料科学与工程领域研究的热点之一。

二、聚合物反应与成型加工过程相结合

挤出机处理高黏度聚合物具有独特的功能。挤出机能熔化、挤出、混合聚合物及对聚合物排气、脱挥发物，这些功能可以追溯到 20 世纪早期的聚合工业起步阶段，这些功能也是化学反应器所需要的。

聚合物的化学反应为了避开高黏度，一直是在稀释系统中进行的。近几十年来，随着挤出技术的不断进步，我们注意并认识到挤出机可以扩展应用到反应领域。在过去 30 多年中，能源和环境保护变得越来越重要，这种早期的认识必然要和聚合物工业增长的需要相关联。

因此，利用反应挤出技术实现聚合物反应改性，其发展前景十分广阔。在聚合物合成方面，由于反应挤出技术能实现大批量、多品种、专门化生产部分高聚物品种，因而应用也十分广泛，国内已开发出聚酰胺和热塑性聚氨酯的双螺杆反应挤出机及成套技术。高分子材料的反应挤出技术由于有高技术的优点和工业生产的迫切需求，将有可能成为高分子材料改性的主要手段，成为生产高性能工程塑料的方法。今后反应挤出发展的侧重点为：对反应机理的探讨，尤其是对高黏度、高温、强剪切环境下材料性能的研究；对反应挤出设备的研制，以便更好地适应反应挤出的特征；反应挤出产品的多方位开发，使更多的聚合物反应可以通过反应挤出得到实现。

思考习题

（1）按聚合物的聚合度变化，聚合物的化学反应如何分类？举例说明。

（2）何为聚合物的相似转变？举例说明其在制备功能型高分子材料方面的应用。

（3）与有机小分子的化学反应相比，聚合物的化学反应有哪些特点？

（4）影响聚合物反应的因素有哪些？为什么聚合物反应的速率远低于小分子？

（5）解释下列名称：聚合物邻近基团的位阻效应、电子效应和基团孤立化效应。

（6）碱性条件下为什么聚丙烯酰胺的水解程度都小于 70%？

参考文献

[1] 潘祖仁. 高分子化学. 2 版. 北京: 化学工业出版社, 2003.

[2] 何曼君. 高分子物理. 上海: 复旦大学出版社, 2007.

[3] 赵振河. 高分子化学和物理. 北京: 中国纺织出版社, 2003.

[4] 韩哲文. 高分子科学教程. 上海: 华东理工大学出版社, 2001.

[5] 戚亚光, 薛叙明. 高分子材料改性. 北京: 化学工业出版社, 2005.

第二章　聚合物反应机理

与小分子有机反应类似，聚合物可以发生氢化、硝化、卤化、磺化、酯化、醚化、水解、醇解等反应。此外，聚合物的化学反应还涉及接枝、嵌段、交联、降解等聚合物结构和聚合度改变的反应。通常，小分子合成聚合物反应按反应机理可分成两类：逐步聚合反应和连锁聚合反应[1,2]。

逐步聚合反应（step polymerization）是指在小分子转变成聚合物的过程中反应是逐步进行的。绝大多数缩聚反应的机理属于逐步聚合机理，其特点是：

（1）反应早期，单体很快转变成二聚体、三聚体、四聚体等中间产物，以后反应在这些低聚体之间进行；

（2）聚合体系由单体和分子量递增的中间产物所组成；

（3）大部分的缩聚反应（反应中有小分子副产物生成）都属于逐步聚合；

（4）单体通常是含有官能团的化合物。

连锁聚合反应（chain polymerization）也称为链式反应，反应需要活性中心。绝大多数加聚反应的机理为连锁聚合反应，其特点是：

（1）聚合过程由链引发、链增长和链终止几步基元反应组成，各步反应速率和活化能差别很大；

（2）反应体系中只存在单体、聚合物和微量引发剂；

（3）进行连锁聚合反应的单体主要是烯烃、二烯烃化合物；

（4）多数烯类单体的加聚反应属于连锁聚合反应。

其实，不仅在小分子合成聚合物的过程中涉及逐步聚合、连锁聚合的机理，在聚合物改性的过程中这些机理同样适用。例如，聚乙烯接枝马来酸酐、橡胶硫化、不饱和树脂的固化等均存在自由基的反应，均为连锁聚合机理；而聚酯的扩链、嵌段共聚物合成以及高分子基质的制备等过程中会涉及逐步聚合反应机理。需要指出的是，逐步聚合和连锁聚合是按照聚合反应机理分类，而加聚反应和缩聚反应则是按照单体和聚合物的组成和结构变化分类的。加聚反应往往是烯类单体双键加成的聚合反应，其聚合物元素组成与其单体相同，仅电子结构有所改变。缩聚反应通常是官能团间的聚合反应，反应中有小分子副产物产生，如水、醇、胺等。通常加聚反应对应于有机合成的加成反应，而缩聚反应对应于有机合成的缩合反应。由于聚合物反应机理众多，相关文献浩繁，本章仅从缩合和缩聚反应以及加成和加聚反应的角度对聚合物反应机理进行简述，并补充了点击化学反应的相关内容。

第一节　缩合与缩聚反应

一、缩合反应

缩合反应是指两个或多个有机化合物分子通过反应形成一个新的较大分子的反应或同一个分子发生分子内反应形成新的分子的反应，其主要用于碳-碳键或碳-杂键的合成。缩合反应包括多种类型，考虑到聚合物可能发生的化学反应，本节主要讨论酰化反应和酯化反应[3,4]。

1. 酰化反应

有机物分子结构中的 C、N、O、S 原子上导入酰基的反应称为酰化反应（或酰基化反应），产物分别为酮（醛）、酰胺、酯、硫醇酯。

通常，酰化反应可以分为亲电酰化反应、亲核酰化反应以及自由基酰化反应三种类型，其中最常见的为亲电酰化反应。亲电酰化反应又可分为单分子历程和双分子历程。

单分子历程：

$$R_1C(=O)Z \underset{}{\overset{\text{慢}}{\rightleftharpoons}} R_1\overset{\oplus}{C}{=}O + Z^{\ominus}$$

$$R_1\overset{\oplus}{C}{=}O \xrightarrow[\text{快}]{R{-}YH} R_1C(=O){-}\overset{\oplus}{Y}H{-}R \xrightarrow{-H^{\oplus}} R_1C(=O){-}Y(H){-}R$$

酰卤、酸酐等强酰化剂趋向于此历程。

双分子历程：

$$R{-}YH + R_1C(=O)Z \overset{\text{慢}}{\rightleftharpoons} \left[\begin{matrix} R \\ \;\;\backslash \\ \;\;\;Y{-}C(=O){-}Z \\ \;\;/\quad\;\;| \\ H\qquad R_1 \end{matrix}\right] \overset{\text{快}}{\rightleftharpoons} R_1C(=O){-}\overset{\oplus}{Y}H{-}R + Z^{\ominus}$$

$$R_1C(=O){-}\overset{\oplus}{Y}H{-}R \xrightarrow{-H^{\oplus}} R_1C(=O){-}Y(H){-}R$$

羧酸、羧酸酯和酰胺等酰化剂趋向于此历程。

一般，酰化试剂的活性为 $RCOClO_4$>$RCOBF_4$>RCOX>RCO_2COR'>RCO_2R'>RCO_2H>RCO_2NHR'；被酰化试剂的亲核性越强，越易酰化，位阻越大，越不易酰化。

1）氧原子的酰化反应

$$R'C(=O)Z + HOR \xrightarrow[\text{溶剂}]{\text{催化剂}} R'C(=O)OR + HZ \qquad Z=OH、OR''、OCOR''、X、NHR''$$

氧原子的酰化反应即酯化反应。

2）氮原子的酰化反应

伯、仲胺制备酰胺过程中，（伯、仲）胺酰化比醇酰化容易，常用的酰化剂活性为

$$R-\overset{\overset{O}{\|}}{C}{}^{\oplus}BF_4^{\ominus} > RCOX > (RCO)_2O > RCON_3 > RCOOR' > RCONR'_2 > RCOOH > RCOR'$$

羧酸与胺在高温下脱水生成酰胺。在常温下羧酸与胺成盐，使胺的亲核能力下降。该反应为可逆反应，要完成转化通常采取除去低沸点产物。该反应虽然原料成本低，但不适于热敏性原料（酸或胺）。

$$RCOOH + R'R''NH \rightleftharpoons RCOO^{\ominus}\,{}^{\oplus}NH_2R'R''$$

$$\xrightleftharpoons{\triangle}\left[R-\underset{{}^{\oplus}NHR'R''}{\underset{|}{\overset{O^{\ominus}}{\overset{|}{C}}}}-OH\right]\xrightleftharpoons{\triangle} RCONR'R'' + H_2O$$

加入缩合剂可以提高羧酸的反应活性。例如，加入碳二亚胺类缩合剂DCC（二环己基碳二亚胺）或DIC（二异丙基碳二亚胺），酰化反应速率明显增加。其机理如下：

$$R-\overset{\overset{O}{\|}}{C}-OH + C_6H_{11}-N=C=N-C_6H_{11} \longrightarrow C_6H_{11}-\overset{\oplus}{\underset{H}{N}}=C=N-C_6H_{11}\quad RCOO^{\ominus}$$

$$\longrightarrow R-\overset{\overset{O}{\|}}{C}-O-\underset{HN-C_6H_{11}}{\overset{N-C_6H_{11}}{\overset{\|}{C}}} \xrightleftharpoons{H^{\oplus}} R-\overset{\overset{O}{\|}}{C}-O-\underset{HN-C_6H_{11}}{\overset{\overset{\oplus}{H}N-C_6H_{11}}{\overset{\|}{C}}}$$

$$\downarrow\quad C_6H_{11}-\underset{COR}{\underset{|}{N}}-\overset{\overset{O}{\|}}{C}-\overset{H}{N}-C_6H_{11}$$

$$\xrightarrow{R'NH_2} RCONHR' + C_6H_{11}-\overset{H}{N}-\overset{\overset{O}{\|}}{C}-\overset{H}{N}-C_6H_{11}$$

3）芳烃的碳-酰化反应

在芳香核上引入酰基制取芳醛、芳酮的反应有几种类型，其中重要的人名反应包括Friedel-Crafts反应、Hoesch反应、Vilsmeier-Haack反应、Gattermann反应、Reimer-Tiemann反应等。

Friedel-Crafts反应：酰卤、酸酐、羧酸、羧酸酯、烯酮等酰化剂在Lewis酸催化下对芳烃进行亲电取代而生成芳香酮类的反应。

$$C_6H_6 + RCOZ \xrightarrow{\text{Lewis酸或}H^{\oplus}} C_6H_5COR + HZ \quad Z=-COOCHCH_2、R'COO-、R'O-、-OH$$

Hoesch反应（间接酰化）：具有羟基或烷氧基的芳烃（酚或酚醚），在Lewis酸（氯化氢和氯化锌等）存在下，与腈作用，生成酮亚胺盐，随后进行水解，得到酰基酚或酰基酚醚。

$$1,3\text{-}(RO)_2C_6H_4 + R'CN \xrightarrow{HCl/ZnCl_2} \xrightarrow{H_2O} 2,4\text{-}(RO)_2C_6H_3COR'$$

Vilsmeier-Haack 反应：以 *N*-取代的甲酰胺为甲酰化试剂在氧氯化磷作用，在芳核上引入甲酰基的反应。

$$\mathrm{RR'N{-}CH{=}O + POCl_3 \rightleftharpoons [RR'\overset{\oplus}{N}{=}CH{-}O\cdots POCl_2]Cl^{\ominus} \rightleftharpoons RR'N{-}CH(Cl){-}O{-}POCl_2}$$

$$\rightleftharpoons \left[\mathrm{R'RN{-}\overset{\oplus}{C}H{-}Cl \longleftrightarrow R'R\overset{\oplus}{N}{=}CH{-}Cl}\right]\mathrm{\overset{\ominus}{O}POCl_2} \xrightarrow{\mathrm{C_6H_5NR''_2}}$$

$$\xrightarrow{-H^{\oplus}} \xrightarrow{H_2O} \mathrm{NR''_2{-}C_6H_4{-}CHO}$$

Gattermann 反应：活性芳环（如酚或酚醚）在氯化锌或三氯化铝催化下与氰化氢及氯化氢作用生成相应芳香醛的反应。

$$\mathrm{Ar{-}H + HCN + HCl \xrightarrow{ZnCl_2\text{ 或 }AlCl_3} Ar{-}CH{=}NH\text{---}HCl \xrightarrow{H_2O} ArCHO + NH_4Cl}$$

2. 酯化反应

1）概述

酯化反应通常是指醇或酚与含氧的酸（包括有机酸和无机酸）作用生成酯和水的反应，由于该反应是在醇或酚羟基的氧原子上引入酰基的过程，故又称为氧-酰化反应。酯化反应也是一种酰化反应，其方程式可写作：

$$\mathrm{R'OH + RCOZ \longrightarrow RCOOR' + HZ}$$

式中，R'指是脂肪族或芳香烃基；RCOZ 为酰化剂，其中的 Z 可以代表 OH、X、OR''、OCOR''、NHR''等。

具体有以下几种类型：

（1）羧酸与醇或酚作用：

$$\mathrm{R'OH + RCOOH \rightleftharpoons RCOOR' + H_2O}$$

（2）酸酐与醇或酚作用：

$$\mathrm{R'OH+(RCO)_2O \longrightarrow RCOOR'+RCOOH}$$

（3）酰氯与醇或酚作用：

$$\mathrm{R'OH+RCOCl \longrightarrow RCOOR'+HCl}$$

（4）酯交换：

$$\mathrm{R''OH + RCOOR' \rightleftharpoons RCOOR'' + R'OH}$$

$$\mathrm{R''COOH + RCOOR' \rightleftharpoons R''COOR' + RCOOH}$$

$$R''COOR''' + RCOOR' \rightleftharpoons RCOOR''' + R'COOR'$$

2）酯化反应原理

酯化反应中最常见、最重要的是羧酸与醇的酯化反应。醇和羧酸的酸催化酯化是双分子反应机理，首先质子加成到羧酸中羧基的氧原子上，然后，醇分子对羰基碳原子发生亲核进攻，这一步是整个反应最慢的阶段。在此聚合反应中，所有的各步反应均处于平衡中。

$$R{-}\underset{\underset{O}{\|}}{C}{-}OH \underset{\text{第一步(快)}}{\overset{H^{\oplus}}{\rightleftharpoons}} \left[R{-}\underset{\underset{OH}{|}}{C}{-}OH\right]^{\oplus} \underset{\text{第二步（最慢）}}{\overset{+R'OH}{\underset{-R'OH}{\rightleftharpoons}}} R{-}\overset{\overset{OH}{|}}{\underset{\underset{OH}{|}}{C}}{-}\overset{\oplus}{\underset{\underset{H}{|}}{O}}{-}R'$$

$$\rightleftharpoons R{-}\overset{\overset{\overset{\oplus}{C}H_2}{|}}{\underset{\underset{OH}{|}}{C}}{-}\underset{\underset{H}{|}}{O}{-}R' \underset{+H_2O}{\overset{-H_2O}{\rightleftharpoons}} R{-}\overset{\overset{OH}{|}}{\underset{\oplus}{C}}{-}O{-}R' \underset{+H^{\oplus}}{\overset{-H^{\oplus}}{\rightleftharpoons}} R{-}\overset{\overset{O}{\|}}{C}{-}O{-}R'$$

3）主要影响因素

影响酯化反应的因素主要有反应物的结构、催化剂以及反应条件等。反应物的结构主要产生空间位阻，从而影响反应，其中醇的活性顺序是：甲醇>伯醇>仲醇>叔醇>酚，羧酸的活性顺序是：甲酸>直链羧酸>有侧链羧酸>芳香族羧酸。催化剂可以降低活化能提高反应活性，其种类主要有：

（1）酸：H_2SO_4、HCl、H_3PO_4、F_3CCOOH、$C_6H_5SO_3H$ 等；

（2）无水酸式盐：$AlCl_3$、$FeCl_3$、$KHSO_4$、CH_3COONa 等；

（3）氧化物：Al_2O_3、SiO_2、ZnO、TiO_2 等；

（4）强酸性阳离子交换树脂；

（5）分子筛。

4）酯交换反应

酯交换反应（transesterification）是指酯与醇在酸或碱的催化下生成一个新酯和一个新醇的反应，即酯的醇解反应。

酯化反应为可逆反应，在酯的溶液中存在少量的游离醇和酸。酯交换反应正是基于酯化反应的可逆性反应。酯交换反应中的醇能够与酯溶液中少量游离的酸进行酯化反应，新的酯化反应就生成了新的酯和新的醇。由于酯化反应的可逆性，若想酯交换反应能够进行，要满足生成的新酯稳定性强于之前的酯，而且生成的新醇能够在反应过程中不断排出。

酯交换反应机理包括酸催化机理和碱催化机理。其中，碱性催化剂包括易溶于醇的催化剂（如 NaOH、KOH、$NaHCO_3$、有机碱等）和各种固体碱催化剂。碱性催化剂在碱性催化剂催化的酯交换反应中，真正起活性作用的是甲氧阴离子。

碱性催化剂是目前酯交换反应使用最广泛的催化剂。使用碱性催化剂的优点是反应条件温和、反应速度快。有研究表明使用碱催化剂的酯交换反应速度是使用同当量酸催化剂的 4000 倍。

二、缩聚反应

缩聚反应是通过官能团相互作用而形成聚合物的过程，其机理属于逐步聚合机理。缩聚反应主要对应于有机化学中的缩合反应，这类反应的单体常带有各种官能团，如—COOH、—OH、—COOR、—COCl、—NH_2 等。

缩聚反应的特点是：

（1）缩聚反应通常是官能团间的聚合反应；

（2）缩聚物中往往留有官能团的结构特征，如—OCO—、—NHCO—，故大部分缩聚物都是杂链聚合物；

（3）缩聚物的结构单元比其单体少若干原子，故分子量不再是单体分子量的整数倍；

（4）反应中有小分子副产物产生，如水、醇、胺等。

通常按反应热力学的特征来分，缩聚反应可分为平衡反应和不平衡反应。其中平衡反应是指平衡常数小于 10^3 的缩聚反应，如聚酯、聚酰胺的合成；不平衡反应是指平衡常数大于 10^3 的反应，该反应主要采用高活性单体。

按生成聚合物的结构，缩聚反应又可分为线型缩聚和体型缩聚。

本节主要讨论线型缩聚和体型缩聚。

1. 线型缩聚

线型缩聚是指参加反应单体都带有两个官能团，大分子向两个方向增长，产物具有线型结构，其方程式为

$$n\,\text{a—A—a} + n\,\text{b—B—b} \rightleftharpoons \text{a}\!\left[\text{AB}\right]_n\!\text{b} + (2n-1)\text{ab}$$

$$n\,\text{a—B—b} \rightleftharpoons \text{a}\!\left[\text{A}\right]_n\!\text{b} + (n-1)\text{ab}$$

$$n\,\text{HOOC—R—COOH} + n\,\text{HO—R'—OH} \rightleftharpoons \text{HO}\!\left[\text{OC—R—CO—O—R'—O}\right]_n\!\text{H} + (2n-1)\text{H}_2\text{O}$$

（聚酯）

$$n\,\text{HOOC—R—COOH} + n\,\text{H}_2\text{N—R'—NH}_2 \rightleftharpoons \text{HO}\!\left[\text{OC—R—CO—NH—R'—NH}\right]_n\!\text{H} + (2n-1)\text{H}_2\text{O}$$

（聚酰胺）

$$n\,\text{HO—R—COOH} \rightleftharpoons \text{H}\!\left[\text{O—R—CO}\right]_n\!\text{OH} + (n-1)\text{H}_2\text{O}$$

（聚酯）

完成缩合聚合时，要根据原料、纯化、成本等各个因素综合选择单体。不同官能团的活性不同，反应能力也不同。缩聚反应中二元酰氯与二元醇反应生成聚酯的速率最快，其次是酸酐和羧酸与酯的反应。同一单体中，反应基团所处位置不同，反应的活性不同。例如，在酚醛树脂制备过程中，以酸为催化剂时，苯酚中三个活泼氢中邻位两个氢活性大，容易先参加反应而成线型齐聚物，然后再是对位氢的反应。

在线型缩聚反应中，可以通过调节投料比来调控聚合物的分子量，进而调控聚合产物的理化性能。这是因为缩聚反应是通过官能团一对一的缩合反应进行的，所以只要使一种官能团过量，就限制了不同官能团的相互反应，最终控制了产物的相对分子质量。

2. 体型缩聚

体型缩聚是指参加反应的单体中至少有一种单体带有两个或以上官能团，大分子向三个以上方向增长，产物具有体型结构。因此，平均官能度大于 2 是生成体型缩聚物的必要条件，体型缩聚结构式为

```
                                       ~A—B—A~
                                           |
                                           A              A ~
                                           |              |
n a—A—a + n b—B—b  ⇌            ~A—B—A—B—A—B—A—B—A—B—A~
                |                     |          |        |
                b                     A          A        A
                                      |          |        |
                                ~A—B—A—B—A—B—A—B—A—B—A~
                                           |          |
                                           A~         A~
```

交联后的体型聚合物不能熔融或溶解在溶剂中，难以模塑成型。而未交联前，其可熔融塑化。在一定条件下，未反应的官能团可进一步反应而交联固化，这种聚合物称为热固性聚合物或热固性树脂。热固性聚合物的生产通常分两个阶段：第一阶段是制备聚合不完全的线型或支链型预聚物，预聚物相对分子质量不高，通常在 500～5000，可以是液体或固体；第二阶段是预聚物的成型固化，预聚物在加热和加压条件下，反应开始时预聚物仍有流动，故可以充满模腔，当所有官能团发生反应，产物交联后，即成形状固定的产品。在工艺上，根据反应程度的不同，将体型缩聚物的合成分为甲、乙、丙三个阶段。甲阶段是指聚合物的反应程度 p 小于凝胶化开始时的临界反应程度 p_c，这一反应程度称作凝胶点。所谓凝胶化是指体系一经交联，黏度变得很大，难以流动，类似凝胶的形状。在这一阶段，制备的聚合物有良好的熔融和溶解性能。在乙阶段，聚合物的反应程度 p 接近 p_c，溶解性能虽变差，但仍能熔融。丙阶段，聚合物的反应程度 $p>p_c$，体系已经交联，形状已经固定。实际的成型加工中，多使用乙阶段预聚物。

预聚物可以分为无规预聚物和结构预聚物两大类。热固性聚树脂如酚醛树脂、脲醛树脂、醇酸树脂等的早期即为无规预聚物，其一般由 2 官能度单体与另一官能度大于 2 的单体聚合而成。反应第一阶段使反应程度低于凝胶点（$p<p_c$），冷却停止反应，即成预聚物。这类预聚物中未反应的官能团呈无规排布，经加热反应后，可交联，这类预聚物称作无规预聚物。

结构预聚物是指基团结构比较清楚的经特殊设计的预聚物，这类预聚物具有特定的端基和侧基。结构预聚物往往是线型低聚物，相对分子质量在几百至几千之间。结构预聚物本身不能进一步发生聚合或交联反应，第二阶段交联固化时，须另加入催化剂和其他反应性物质。与无规预聚物相比，结构预聚物有许多优点，预聚阶段、交联阶段以及产品结构都容易控制。热塑性酚醛树脂（即酸催化酚醛树脂）、环氧树脂、不饱和聚酯树

脂等都是重要的结构预聚物。

第二节　加成与加聚反应

一、加成反应

1. 概述

加成反应是有机反应中最常见的反应类型之一，是指由多个反应物加合生成一个产物的反应。被加成反应物通常含有不饱和键，如碳-碳双键、碳-碳三键、碳-氧双键、碳-氮双键等。加成过程中不饱和键的数目减少，单键的数目增加。根据加成试剂的性质不同，加成反应分为亲电加成反应、亲核加成反应、自由基加成反应和环加成反应等，其中环加成反应按协同机理进行。亲电加成反应、亲核加成反应以及自由基加成反应为常见的三种加成反应。

亲电加成反应：

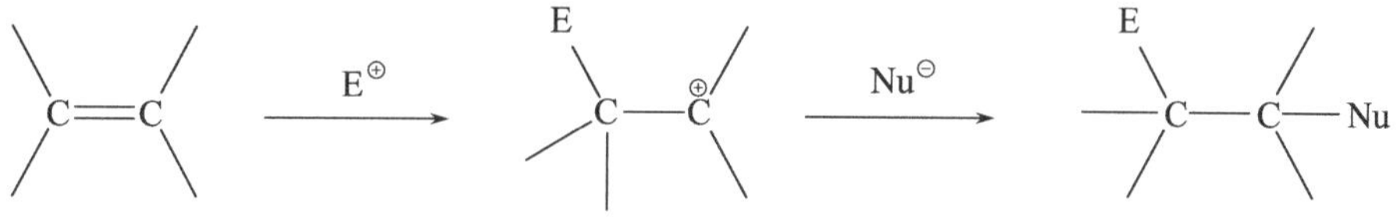

亲核加成反应：

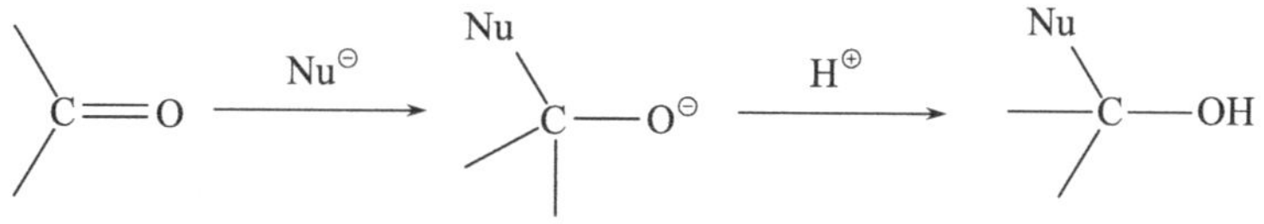

自由基加成反应：

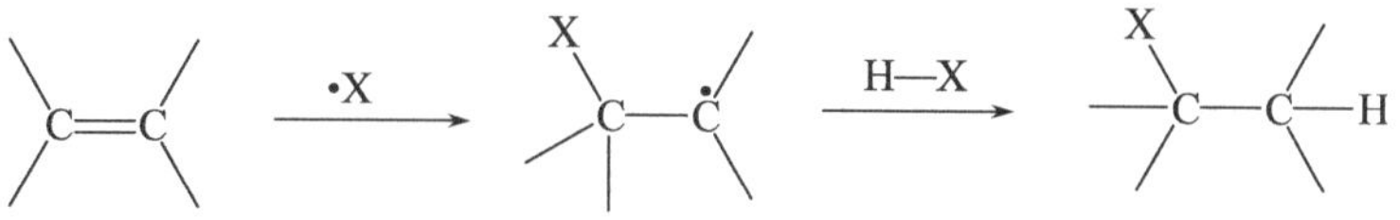

烯烃或炔烃的亲电加成反应通常分两步进行：在第一步反应中，富电子的烯烃或炔烃（作为Lewis碱）的π电子进攻缺电子的亲电试剂$E^{\oplus}$（作为Lewis酸），生成碳正离子中间体。在第二步反应中，碳正离子中间体被富电子物种$Nu^{\ominus}$捕获，生成加成产物。第一步反应为速率控制步骤，因此碳-碳双键的电子云密度越大，生成的碳正离子中间体越稳定，反应速度越快。能与烯烃或炔烃发生亲电加成反应的常见亲电试剂主要为Brønsted酸。

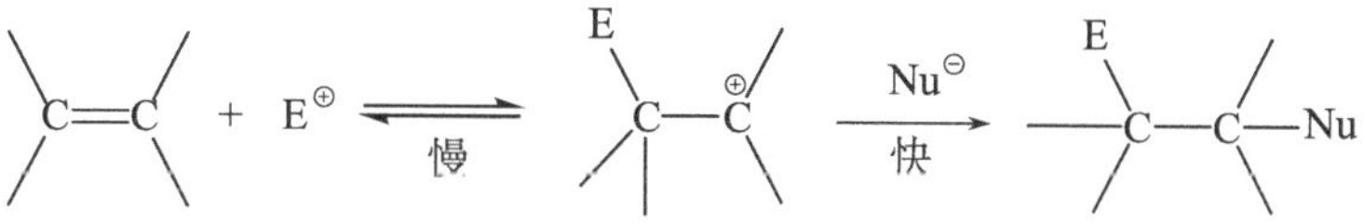

羰基化合物中π键的不均匀极化导致碳带部分正电荷，氧带部分负电荷，碳原子易受到亲核试剂的进攻，氧原子易受到亲电试剂的进攻。

$$R_1R_2C{=}O \longleftrightarrow R_1R_2\overset{\oplus}{C}{-}\overset{\ominus}{O} \qquad \text{共振杂化体：}\ R_1R_2\overset{\delta^{\oplus}}{C}{=}\overset{\delta^{\ominus}}{O}$$

亲核试剂可以是含孤对电子的中性分子（如水、醇、硫醇、胺等），也可以是碳负离子及其等价试剂。

2. Michael 加成反应

Michael 加成反应是美国化学家 Arthur Michael 于 1887 年发现的[3,4]。早在 1883 年，Komnenos 等已经报道了第一例碳负离子与α,β-不饱和酯的共轭加成反应[5]。但是，直到 1887 年 Michael 发现使用乙醇钠可以催化丙二酸二乙酯与肉桂酸乙酯的 1,4-共轭加成，对该类反应的研究才得以真正发展。此后 Michael 又系统地研究了各种稳定的碳负离子与α,β-不饱和体系进行的共轭加成反应，并在 1849 年报道了缺电子炔烃也可以与碳负离子发生类似的反应。

Michael 加成反应就是一个亲电的共轭体系和一个亲核的碳负离子进行共轭加成，其反应通式为

$$A{-}CH_2{-}R \;+\; {>}C{=}C{<}_{Y} \xrightarrow{:B^{\ominus}} (R)(A)CH{-}\overset{|}{\underset{|}{C}}{-}\overset{|}{\underset{Y}{C}}{-}H$$

其中，A、Y为CHO、C═O、COOR、NO_2、CN；B为NaOH、KOH、EtONa、t-BuOK、$NaNH_2$、Et_3N、$R_4\overset{\oplus}{N}\overset{\ominus}{OH}$、$C_5H_{10}NH$。

Michael 加成反应中亲核试剂被称为 Michael 给体，α,β-不饱和羰基化合物被称为 Michael 受体。常用的 Michael 给体为能够形成烯醇或烯醇负离子的活泼亚甲基化合物，如酮、1,3-二酮、乙酰乙酸乙酯、丙二酸二乙酯等；常用的 Michael 受体包括α,β-不饱和醛、α,β-不饱和酮、α,β-不饱和酯、丙烯腈、丙炔酮、丙炔酸酯、硝基烯烃等。

Michael 加成反应从形式上看是对 C═C 的加成，而实际上是通过 1,4 加成反应后，再通过烯醇式与酮式互变而成的。其反应机理如下：由于羰基是强吸电子基团，致使亚甲基中的碳原子的电子云密度降低，在碱的作用下，容易失去质子而形成比较稳定的碳负离子，生成的碳负离子再作为亲核试剂参与之后的反应。

$$H{-}\overset{|}{\underset{|}{C}}{-}\overset{O}{\overset{\|}{C}}{-} \;+\; :B^{\ominus} \xrightarrow{-HB} {}^{\ominus}\overset{|}{\underset{|}{C}}{-}\overset{O}{\overset{\|}{C}}{-}$$

$$\overset{\delta^{\oplus}}{-C}=\overset{\delta^{\ominus}}{C}-\overset{\delta^{\oplus}}{C}=\overset{\delta^{\ominus}}{O} + \cdot C-\overset{O}{\overset{\|}{C}}-$$

1,2-加成 → $-C=C-\overset{O^{\ominus}}{C}-C-\overset{O}{\overset{\|}{C}}-$

(负电荷无共轭，不稳定)

1,4-加成 → $-\overset{O}{\overset{\|}{C}}-C-C-\overset{\ominus}{C}-C=O \xrightarrow{HB} -\overset{O}{\overset{\|}{C}}-C-C-\overset{H}{C}-C=O$

(负电荷有p-p共轭，稳定)

其中，R 基团是给电子基团，具有加电子效应，使 π 电子云发生偏移。碳负离子可以有两种进攻方式，即进行 1,2-加成或是 1,4-加成，分别是 2 号、4 号位上的 C。由产物我们可以知道，1,2-加成得到的产物中无共轭效应，氧负离子不能分散，不稳定；而 1,4-加成得到的产物，有共轭体系，负电荷能被很好地分散，生成比较稳定的碳负离子。所以 Michael 加成反应实际上是不饱和醛、酮的 1,4-加成反应。

目前 Michael 加成反应已经被广泛用于聚合物的改性中。

二、加聚反应

1. 加聚反应概述

不饱和单体通过加成反应相互结合生成高分子化合物的反应称作加聚反应。加聚反应的特点是加聚反应往往是烯类单体双键加成的聚合反应；加聚物的元素组成与其单体相同，仅电子结构有所改变；加聚物分子量是单体分子量的整数倍，聚合过程无副产物生成。典型的加聚反应如氯乙烯合成聚氯乙烯的反应：

$$n\,H_2C=\underset{Cl}{\underset{|}{CH}} \longrightarrow \left[CH_2\underset{Cl}{\underset{|}{CH}} \right]_n$$

绝大多数加聚反应属于连锁聚合反应机理。连锁聚合反应一般由链引发、链增长、链终止等基元反应组成。此外还包括链转移反应。

加聚反应的机理是引发剂首先形成发生分解，生成初级活性种，然后其与单体反应，形成单体活性种。单体活性种进一步不断与单体发生加成反应，进行链增长，形成长链聚合物。最后，含活性基团的长链聚合物失去活性，发生链终止反应。

通常，引发剂的分解分为均裂和异裂两种形式。均裂时，共价键上一对电子分属两个基团，这种带独电子的基团呈中性，被称作自由基或游离基。异裂结果是共价键上一对电子全部归属于某一基团，形成阴离子或负离子；另一是缺电子的基团，称作阳离子或正离子。

$$R\cdot|\cdot R \longrightarrow 2R\cdot \text{(均裂)}$$

$$A|:B \longrightarrow A^{\oplus} + B^{\ominus} \text{(异裂)}$$

自由基、阳离子、阴离子都能引发烯类单体的聚合反应。与此对应的聚合反应分别称为自由基聚合、阳离子聚合和阴离子聚合反应。通常把配位聚合也归属于离子聚合。

自由基聚合是使用最广泛的聚合方式，自由基聚合产物约占聚合物总产量60%以上。高压聚乙烯、聚氯乙烯、聚苯乙烯、聚四氟乙烯、聚醋酸乙烯酯、聚丙烯酸酯类、聚丙烯腈、丁苯橡胶、丁腈氯丁橡胶、ABS 树脂等各种聚合物都通过自由基聚合来生产。

单体能否发生聚合反应主要受热力学和动力学两个方面影响。热力学要求单体和聚合物的吉布斯自由能差 ΔG 小于零时才有可能聚合。热力学上能聚合的单体，还要求有适当的引发剂、温度等动力学条件，才能保证聚合反应顺利进行。

2. 传统自由基型聚合反应

连锁聚合反应中，活性种为自由基的聚合反应称作自由基聚合。通常自由基可由热、光或辐射等多种方法产生。但是，目前最常用的还是引发剂引发的方式。

众所周知，碳-碳键均裂可以产生自由基。例如，石油加热便可产生自由基。但是，由于碳-碳键的键能很高（346.94kJ/mol），如果要产生自由基需要在 600℃以上。但是，这样高的温度早已超过聚合上限温度，导致聚合无法发生。因此，在自由基聚合反应过程中，通常选用含有偶氮或过氧等化学弱键的化合物为引发剂，这些化学键的键能较低，在聚合温度下很容易均裂成自由基，从而引发聚合反应。常用的自由基引发剂有偶氮二异丁腈（AIBN）和过氧化二苯甲酰（BPO）。AIBN 分解的特点是反应为一级反应，只形成一种自由基，无诱导分解；BPO 的分解则按两步进行。

通常，自由基的活性与自由基的结构有关。一般共轭基团或超共轭基团会稳定自由基，从而降低自由基的活性。此外，自由基的活性还与自由基的大小、位置有关。根据文献报道，自由基的活性排成如下次序：

$$H\cdot > CH_3\cdot > C_6H_5\cdot > RCH_2\cdot > R_2CH\cdot > R_3C\cdot >$$

$$RC\cdot HCOR > RC\cdot HCN > RC\cdot HCOOR >$$

$$HC{=}CHCH_2\cdot > C_6H_5CH_2\cdot > (C_6H_5)_2CH\cdot >> (C_6H_5)_3C\cdot$$

R 基团的超共轭效应使得自由基的电子云平均分散，因此 R 基团越多，自由基活性越低。烷基的超共轭和羰基、腈基的共轭作用使自由基的电子云相对分散，导致含羰基或腈基的引发剂活性较低；由于π键或大π键所提供的共轭作用的程度不同，所以导致苯环越多，自由基活性越低。此外，由于苯环的体积较大，其邻位 H 的排斥作用迫使三个苯环不能与 C · 共平面，而是呈螺旋桨形，这样就削弱了苯环与 C · 共轭所应提供的均匀分散作用，因此导致$(C_6H_5)_2CH\cdot$活性远高于$(C_6H_5)_3C\cdot$。苯基、烷基自由基是活泼自由基，可以引发单体的自由基聚合；而带有共轭体系的自由基大多是稳定自由基，其稳定程度随共轭体系增大而变高，甚至无法引发聚合反应。事实上，三苯甲基自由基是比较稳定的自由基。稳定自由基不但不能引发单体聚合，而且容易同活泼自由基或增长链自由基结合，从而使聚合停止，因此又被称为自由基捕捉剂。

此外，自由基是孤对电子，通常认为是电中性的，但仔细分析自由基的电子结构发现，自由基电子结构不同，其电性质也不同。例如，烷基自由基由于自由基上带有烷基基团，呈弱的给电子性质，被称为是亲核自由基。卤素自由基由于单电子处于电负性较大的原子上，表现出弱的吸电子性质，被称为亲电自由基。除常见的偶氮类和过氧类引发剂外，氧化-还原引发体系也常用于引发聚合。

传统自由基聚合反应过程可分为链引发、链增长、链终止三个基元反应。引发过程首先是自由基分解产生初级自由基，然后再与单体反应形成单体自由基。通常，引发剂分解为初级自由基为吸热反应，活化能为105～150kJ/mol，分解速率常数为10^{-6}～$10^{-4}s^{-1}$。初级自由基与单体的反应也是吸热反应，其活化能仅为20～34kJ/mol，因此反应非常快。

链增长主要发生在链自由基和单体之间。但是链增长为放热反应，增长速率活化能非常低，因此反应速率极高。一般链增长在0.01s到几秒内完成。

由于自由基的活性高，因此有相互作用发生链终止的倾向。终止反应的活化能通常比增长反应的活化能低，终止速率常数通常在 10^{6}～$10^{8}s^{-1}$。虽然链终止的速率常数大于链增长的速率常数，但是由于终止反应发生在自由基和自由基之间，属于双分子终止机理，而增长反应发生在自由基和单体之间，反应初期，单体的浓度远大于自由基浓度，所以能得到高分子量聚合物。

在聚合全过程中，延长聚合反应时间，聚合物的聚合度或分子量增加不明显，但是延长反应时间可以明显地提高单体转化率（如图2-1）。

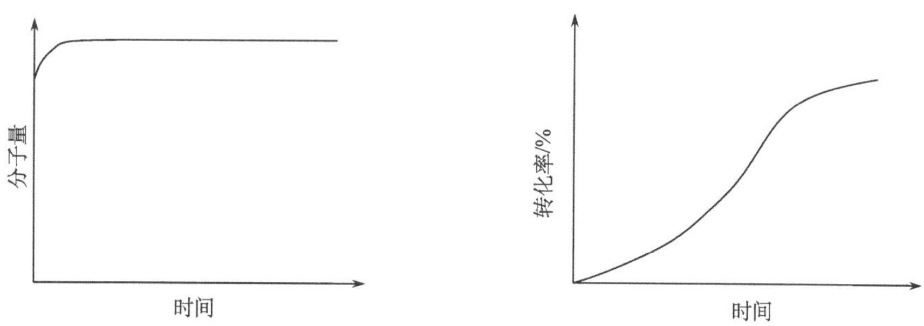

图2-1　传统自由基聚合反应中聚合物分子量（左）和单体转化率（右）随时间的变化曲线

3. 可控/“活性”自由基聚合反应

在20世纪五六十年代，自由基聚合达到了它的鼎盛时期。但由于存在链转移和链终止反应，传统自由基聚合不能较好地控制分子量及大分子结构。1956年，Szwarc等提出了活性聚合的概念，活性聚合具有无终止、无转移、链引发速率远远大于链增长速率等特点，与传统自由基聚合相比能更好地实现对分子结构的控制，是实现分子设计、合成具有特定结构和性能聚合物的重要手段[6]。

可控/“活性”自由基聚合是指在聚合体系中引入一种特殊的化合物(X)，它与增长自由基(P_n·)进行可逆的链终止或链转移反应，使其失活变成低增长活性的休眠种(P_n—X)，而此休眠种在实验条件下又可分裂成链自由基活性种，这样便建立了活性种与休眠种的快速动态平衡。这种快速动态的平衡反应不但使体系中的自由基浓度控制得很低而且抑制双基终止，同时还可以控制聚合产物的分子量和分子量分布，实现可控/“活性”自由基聚合[7-11]。

$$\sim P_n\cdot + X \underset{k_{act}}{\overset{k_{deact}}{\rightleftharpoons}} \sim P_n—X$$

$$\sim P_n\cdot \xrightarrow{k_p,\ +单体} \sim P_n\cdot \qquad \sim P_n\cdot \xrightarrow{k_t} 聚合物$$

其中，k_p、k_t、k_{deact}和 k_{act} 分别代表链增长速率常数、链终止速率常数、链失活速率常数和链活化速率常数。

与传统自由基聚合相比，可控/“活性”聚合具有如下特征：聚合物的分子量正比于消耗单体的浓度与引发剂起始浓度之比；聚合物的分子量随单体转化率线性增加；所有聚合物链同时增长，且增长链数目不变，分子量可控制，分子量分布较窄；聚合物具有活性末端，有再引发单体聚合的能力。可以制备嵌段聚合物、接枝聚合物、星型聚合物、超支化聚合物、端官能聚合物。

值得注意的是，可控/“活性”聚合不是真正意义上的活性聚合，以示区别，把这种宏观上显示活性聚合特征的聚合称为可控/“活性”自由基聚合。目前，可控/“活性”自由基聚合之所以能够实现是基于休眠种和活性种之间的平衡。

通常，休眠自由基可通过以下三种方式形成：（A）增长自由基($P_n\cdot$)与稳定自由基可逆地形成休眠种($P_n—X$)；（B）增长自由基($P_n\cdot$)与非自由基化合物（X）形可逆地形成休眠种($P_n—X$)；（C）增长自由基($P_n\cdot$)与链转移剂（Z）可逆蜕化转移聚合。

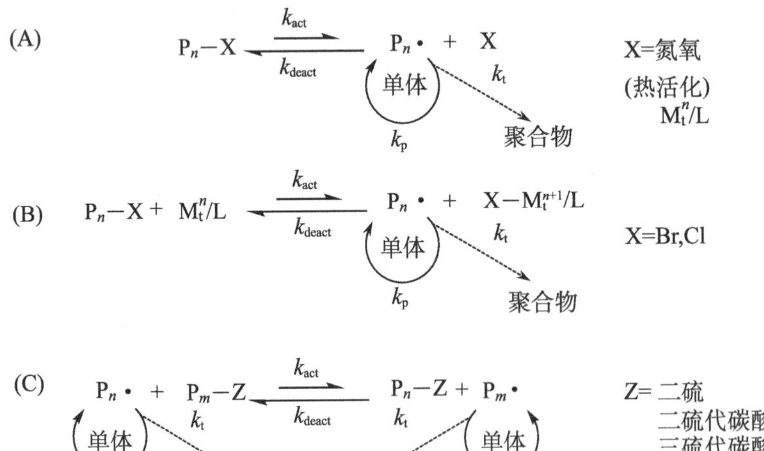

其中，k_p、k_t、k_{deact}和 k_{act} 分别代表链增长速率常数、链终止速率常数、链失活速率常数和链活化速率常数。

1）引发转移终止剂（Iniferter）法

引发转移终止剂其英文全称 Iniferter，由引发（initiator）、转移（transfer）、终止

（terminator）三个单词拼接而成，其最早由日本科学家 Ostu 教授于 1982 年提出[12]。顾名思义，引发、转移、终止在聚合反应过程中同时存在，引发转移终止剂是指在自由基聚合过程中同时起到引发、转移和终止作用的一类化合物。引发转移终止剂法对带有极性和非保护功能基团的单体具有很高的聚合和共聚合活性，聚合条件缓和，聚合体系中可存在少量杂质，甚至可以以水为反应介质。但是，这种方法对聚合过程控制不是很好，所得聚合物的相对分子质量与理论值偏差较大，相对分子质量分布较宽。

引发转移终止剂一般可分为热分解和光分解两种类型，热分解常用的是三苯甲基偶氮苯（PAT），光分解常用的是四乙基秋兰姆（TD）。

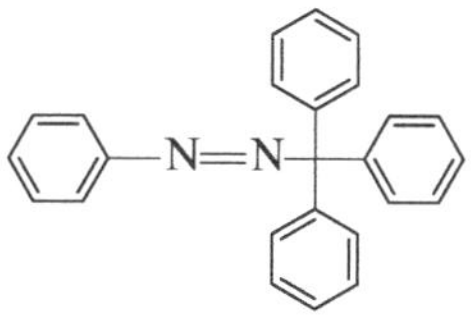

PAT

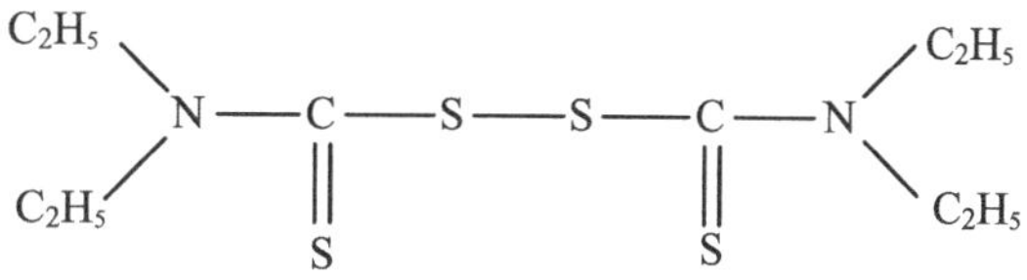

$(C_2H_5)_2N-C(=S)-S-S-C(=S)-N(C_2H_5)_2$

TD

以 PAT 为例，其聚合机理如下：

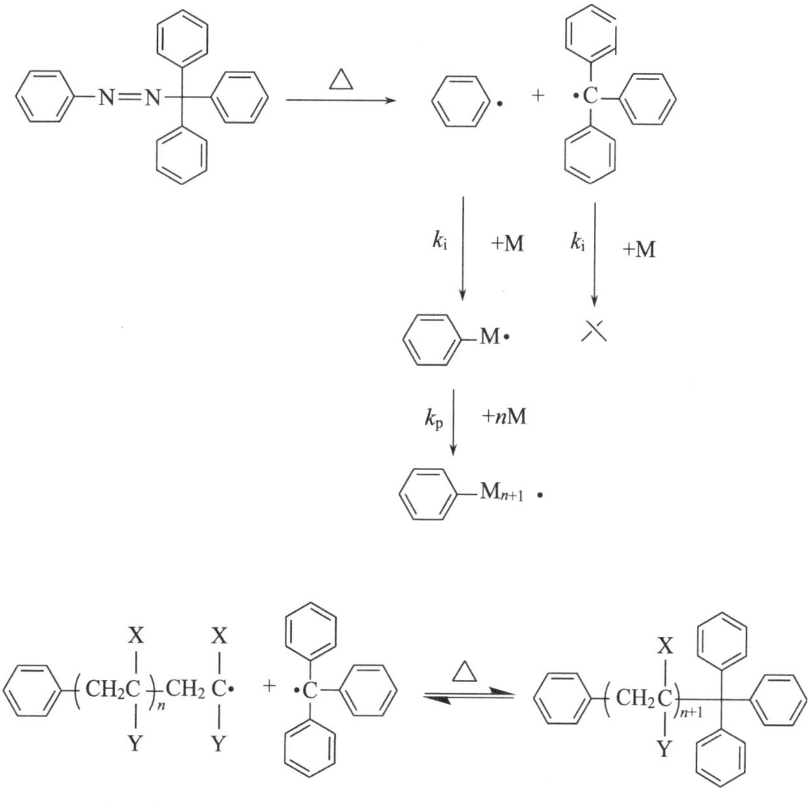

$$PhN{=}NCPh_3 \xrightarrow{\triangle} Ph\cdot + \cdot CPh_3$$

$$Ph\cdot \xrightarrow[k_i]{+M} PhM\cdot \xrightarrow[k_p]{+nM} PhM_{n+1}\cdot \qquad \cdot CPh_3 \xrightarrow[k_i]{+M} \times$$

$$Ph{+}CH_2\underset{Y}{\overset{X}{C}}{+}_n CH_2\underset{Y}{\overset{X}{C}}\cdot + \cdot CPh_3 \overset{\triangle}{\rightleftharpoons} Ph{+}CH_2\underset{Y}{\overset{X}{C}}{+}_{n+1}CPh_3$$

其中，k_i、k_p、M 分别代表引发速率常数、增长速率常数及单体。

Iniferter 方法总结：适用于苯乙烯（St）和甲基丙烯酸甲酯（MMA）的控制聚合；适用于丙烯酸甲酯（MA）、乙酸乙烯酯（VAc）、丙烯腈（AN）、甲基丙烯腈（MAN）等单体的聚合；适用于聚合物的分子设计，如用单官能团、双官能团、多官能团 Iniferter 可用于合成 AB 型、ABA 型嵌段共聚物及星型聚合物。

2）氮氧稳定自由基法（NMRP）

氮氧稳定自由基聚合又叫氮氧自由基调节聚合（NMRP），是可控/“活性”自由基聚合的一种，实质上就是在聚合过程中由氮氧化合物和单体的自由基发生假死聚合现象，使得小分子自由基的量可以较好地受到控制不至于双基终止，从而得到较大分子量的聚合物[13]。在反应过程中，处于假死状态的休眠中也会发生分解反应，重新产生自由基。由于整个反应过程中处于活化状态的自由基浓度基本恒定且比较少，因此所得聚合物的分子量分布降低（d<1.5），分子量可控。

氮氧自由基调节聚合中需要额外加入物质来与自由基反应。如 BPO（过氧化苯甲酰）在做引发剂时引发苯乙烯氮氧稳定自由基聚合，用 TEMPO（2,2,6,6-四甲基-1-氧基哌啶）作为调节剂。BPO 生成初级自由基后与苯乙烯反应生成链自由基。此时，TEMPO 会和大多数链自由基结合，使自由基失活处于假死状态，从而有效控制了链自由基的数量。而暂时失活的自由基会受到温度的影响而使 C—O—N 键断裂，重新释放出增长自由基，再次与单体结合引发聚合。

2,2,6,6-四甲基-1-氧基哌啶（2,2,6,6-tetramethyl-1-piperidinyloxy, TEMPO）结构式如下：

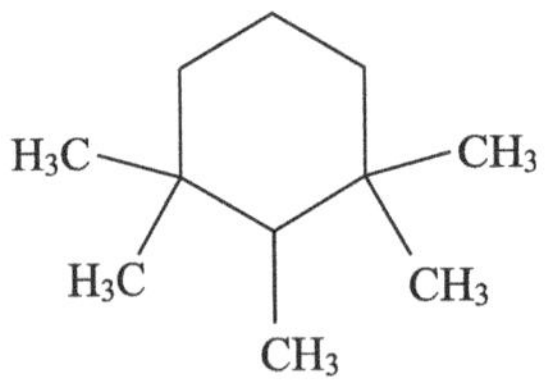

H_3C　CH_3
H_3C　CH_3
CH_3

TEMPO（P_n—T）与自由基的结合机理如下：

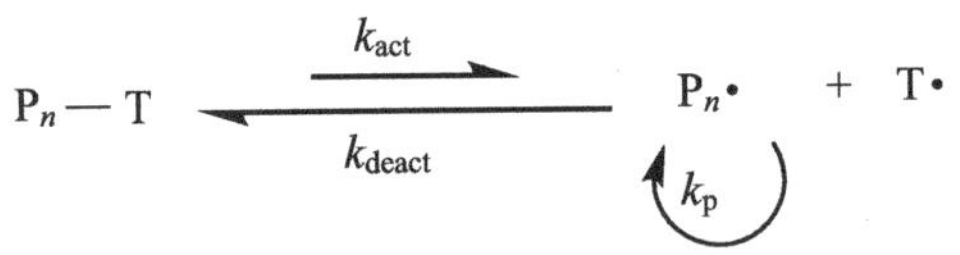

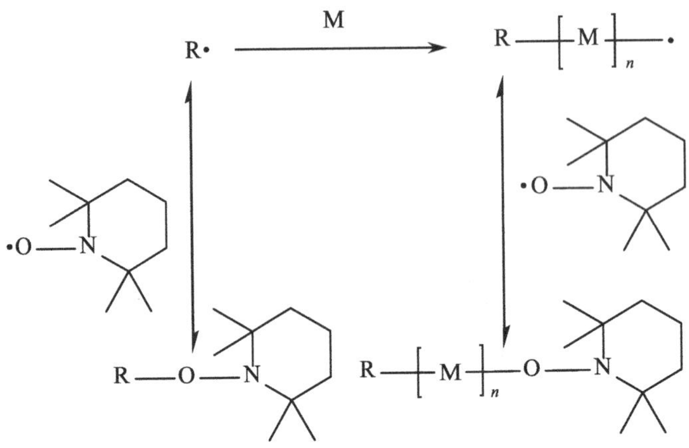

$$P_n—T \underset{k_{deact}}{\overset{k_{act}}{\rightleftharpoons}} P_n\cdot + T\cdot \quad (k_p)$$

$$R\cdot \xrightarrow{M} R\text{—}[M]_n\text{—}\cdot$$

$\cdot$O—N　　$\cdot$O—N

R—O—N　　R—[M]$_n$—O—N

TEMPO 体系的聚合速率比较慢，这主要是因为整个聚合体系中链增长自由基浓度太低。平衡常数 K_{eq}=[P·][T]/[PT]，其中 P·为链增长自由基，T 为 TEMPO，PT 为形成的休眠种。K_{eq} 仅为 10^{-11}mol/L，而实验发现体系中的 TEMPO 的浓度约为初始浓度的 0.1%（约为 10^{-3}mol/L）。因此体系中 P·为 10^{-8}mol/L，所以提高链增长自由基的浓度有利于聚合速率的提高。有研究表明在 TEMPO 的存在下，连续加入少量的自由基引发剂（AIBN）进行苯乙烯的活性聚合，发现连续加入引发剂体系的聚合速率比一次性加入自由基引发剂体系的聚合速率快了近 3 倍。但是，增加自由基的浓度会增加自由基终止的概率，从而加宽聚合物的分子量分布。

总之，TEMPO 方法只是用于苯乙烯及其衍生物分子设计，使用范围十分有限，且价格昂贵，不适宜工业化生产。

3）原子转移自由基聚合（ATRP）

原子转移自由基聚合（ATRP）最早由 Matyjaszewski 和 Sawamoto 于 1995 分别独立提出[14,15]。前者采用氯化亚铜（CuCl）/2,2-联吡啶（bpy）为催化体系，后者采用二氯化钌（$RuCl_2$/三苯基膦（TPP）为催化体系实现了苯乙烯和甲基丙烯酸甲酯的自由基聚合反应，两个体系均表现出可控/“活性”自由基聚合的特征。它们都采用过渡金属配合物为催化体系，有机卤化物为引发剂，属于有机合成反应中原子转移自由基加成反应。ATRP 的机理如下：

$$\underset{\text{休眠种}}{\text{R—X}} + \text{M}_t^n\text{—Y/L} \underset{k_{deact}}{\overset{k_{act}}{\rightleftharpoons}} \underset{\circlearrowleft +\text{M},\ k_p}{\overset{\text{活性种}}{\text{R}\cdot}} + \text{X—M}_t^{n+1}\text{—Y/L}$$

$$\text{R}\cdot \xrightarrow{k_t} \text{终止}$$

其中，R—X 为卤代烷；L 为配位剂；M_t^n 和 M_t^{n+1} 分别为还原态和氧化态过渡金属，M 为单体；k_{act} 为活化反应速率常数，k_{deact} 为失活反应速率常数。在反应开始阶段，含卤素原子的引发剂在过渡金属配合物的作用下失去卤素原子生成引发自由基 R·，而处于低价态的金属配合物（M_t^n—Y/L）得到相应的卤素原子生成高价态的金属配合物（X—M_t^{n+1}—Y/L）。引发自由基引发单体聚合，生成链自由基 R—M_n·，链自由基进一步引发单体发生链增长反应，与此同时也逆向进行着失活反应，即从高价态的金属配合物中重新夺取卤素原子形成休眠中 R—M_n—X，而高价态的金属配合物也被还原成低价态的金属配合物。这个可逆的氧化还原反应，其实质是卤素原子的转移过程，因此被称为原子转移反应。休眠种仍能在催化剂和适当的条件下被活化，重新生成具有活性的自由基引发反应。总体上，ATRP 建立在高价态金属催化剂与低价态金属催化剂之间的可逆氧化还原过程以及休眠种和活性种之间的动态平衡基础上。由于活性自由基的存在，反应中不可避免地会发生终止反应。但是通过催化剂的调节可以控制反应的动态平衡，使失活反应速率远大于活化反应速率，从而将活性自由基的浓度控制在很低的水平，以减少副反应，达到可控聚合的目的。

ATRP 适用单体广泛，常用的单体有：（甲基）丙烯酸酯类单体、苯乙烯类单体、（甲基）丙烯酰胺类单体、二烯烃类单体和丙烯腈类单体等，具体结构如下所示：

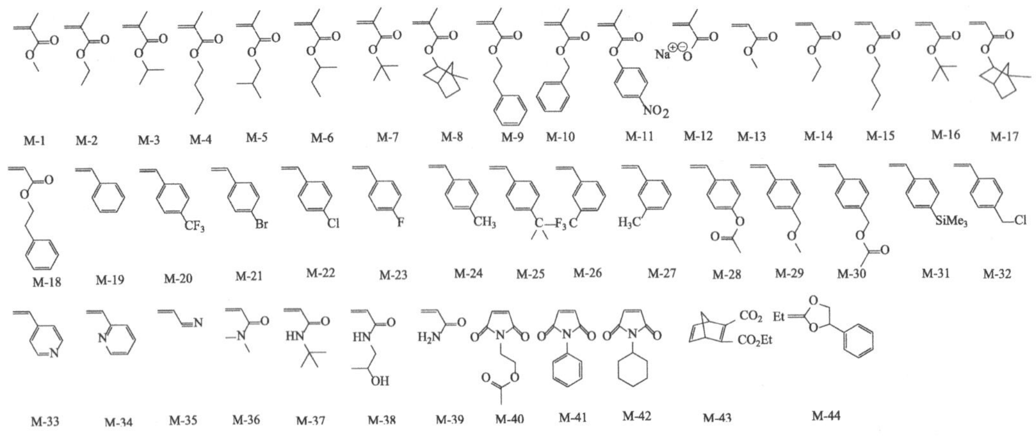

从上述结构式可以看出，能发生 ATRP 的乙烯基单体多数都含有取代基。在生成自由基时，这些取代基的共轭结构可以起到稳定自由基的作用。虽然很多乙烯基单体都能通过 ATRP 得到结构可控的聚合物，但即使在相同的反应条件和催化体系下，不同单体活性种和休眠种之间的原子转移平衡常数 k_{ATRP} 和聚合反应平衡常数 k_{p} 都不尽相同。当单体上没有共轭作用或作用较弱时（如醋酸乙烯酯和卤代烯烃），k_{ATRP} 和 k_{p} 非常小时，聚合反应速率缓慢，因此这类单体并不适用于 ATRP。

ATRP 的引发剂通常是 α 位上含有诱导共轭基团的卤化物。这是因为这些共轭基团能够稳定均裂产生的引发自由基。常用的 ATRP 引发剂主要为烷基卤化物、苄基卤化物、酯类卤化物、酮类卤化物、腈类卤化物、酰胺类卤化物和磺酰类卤化物等。

ATRP 催化体系由过渡金属盐和配体组成。在反应过程中，具有催化能力的金属配合物诱导引发剂和休眠种均裂生成活性自由基，其自身失去一个电子生成相应的高价态，并同时夺取一个卤素原子；高价态的金属催化剂也能反向地促使活性自由基重新生成休眠种，而自身再次失去卤素原子并得到一个电子成为低价的金属催化剂。ATRP 正是通过这种金属配合物之间的氧化还原反应来控制反应过程中休眠种与活性种之间的可逆动态转换。需要强调的是 ATRP 的过渡金属催化剂需要与合适的配体配位才能表现出配位活性。配体在 ATRP 催化体系中主要起到提高过渡金属催化剂在反应体系中的溶解度和降低过渡金属的氧化还原电势提高其催化活性的作用。ATRP 中的配体可以在反应前直接与金属盐形成独立的配合物，也可以在反应体系中原位与金属盐配合。主要的 ATRP 配体有含氮配体和含磷配体。

ATRP 的优势是适用单体范围广、反应条件温和、分子设计能力强，因此在聚合物合成中有重要的研究价值。但是，ATRP 催化剂的脱出与再生、产物活泼卤端基的稳定性等问题在一定程度上限制了其发展。这也是今后此领域重要的研究方向。

4）可逆加成-断裂链转移自由基聚合（RAFT）

可逆加成-断裂链转移自由基聚合，其英文全称是 reversible addition and fragmentation chain transfer（RAFT）polymerization，是由 Rizzardo 等于 1998 年提出[16-18]。这种聚合方法是通过增长自由基与高效链转移试剂间的可逆链转移反应，降低聚合体系中增长自由基浓度，从而达到控制聚合反应过程的目的。

RAFT 聚合反应机理如下：

(1) 链引发及链增长：

$$\mathrm{I} \longrightarrow \mathrm{I}\cdot \xrightarrow{\mathrm{M}} \xrightarrow{\mathrm{M}} \mathrm{P}_n\cdot$$

(2) 链转移：

$$\mathrm{P}_n\cdot + \mathrm{S{=}C(Z){-}S{-}R} \underset{k_{-\mathrm{add}}}{\overset{k_{\mathrm{add}}}{\rightleftharpoons}} \mathrm{P}_n{-}\mathrm{S{-}\dot{C}(Z){-}S{-}R} \underset{k_{-\mathrm{b}}}{\overset{k_{\mathrm{b}}}{\rightleftharpoons}} \mathrm{P}_n{-}\mathrm{S{-}C(Z){=}S} + \mathrm{R}\cdot$$

(3) 链增长：

$$\mathrm{R}\cdot \longrightarrow \mathrm{R{-}M}\cdot \xrightarrow{\mathrm{M}} \xrightarrow{\mathrm{M}} \mathrm{R{-}P}_m\cdot$$

(4) 链平衡：

$$\mathrm{R{-}P}_m\cdot + \mathrm{S{=}C(Z){-}S{-}P}_n \rightleftharpoons \mathrm{R{-}P}_m{-}\mathrm{S{-}\dot{C}(Z){-}S{-}P}_n \rightleftharpoons \mathrm{R{-}P}_m{-}\mathrm{S{-}C(Z){=}S} + \mathrm{P}_n\cdot$$

在 RAFT 聚合反应中，链转移剂的选择是关键。通常，链转移剂结构中有 Z 和 R 两种基团：

Z基团：

Ph >> SMe > N(吡咯基) ~ME >> N(吡咯烷酮基) > OPh > OEt~N(Ph)(Me) > N(Et)₂

←— MMA,MAM —→　　　　←— VAc,NVP,NVC —→

←— S,MA,AM,AN —-------→

R基团：

$\mathrm{C(CH_3)_2CN}$ ~ $\mathrm{C(CH_3)_2Ph}$ > $\mathrm{CH(CN)Ph}$ > $\mathrm{C(CH_3)_2COOEt}$ >> $\mathrm{C(CH_3)_2CH_2C(CH_3)_3}$ ~ $\mathrm{CH(CH_3)CN}$ ~ $\mathrm{CH(CH_3)Ph}$ > $\mathrm{C(CH_3)_3}$ ~ $\mathrm{CH_2Ph}$

←— MMA,MAM —-----→

←— S,MA,AM,AN —→

←— --------- VAc,NVP,NVC --------→

其中，Z 基团能活化 C═S 双键和自由基加成反应，如芳基、烷基；R 基团是活泼的自由基离去基团，断裂后生成的 R·能有效地再引发聚合，如异丙苯基、腈异丙苯基等。RAFT 试剂结构中的活化基团 Z 和离去基团 R 决定了其链转移常数。链转移常数越大，其对单体聚合的可控性越好，即得到的聚合物分子量分布越窄。

RAFT 聚合具有如下特征：

（1）聚合过程操作简便。RAFT 聚合对氧气不敏感，与传统的自由基聚合相比，除了加入单体、引发剂、溶剂外，只需再加入一定量的特定链转移（RAFT）试剂即可完成反应。

（2）聚合反应为活性聚合反应。从聚合反应开始至终止，聚合物分子量增长速率呈线性关系，即符合活性增长的一般特征，最终得到分子量可控且分子量分布较窄的聚合物。聚合物的分子量可通过下式计算：

$$M_{\mathrm{n,th}} = M_{\mathrm{n}}(\text{链转移}) + W\frac{\text{单体转化率}}{n_{\mathrm{RAFT}}}$$

其中，W 是单体投料质量；n_{RAFT} 是链转移试剂物质的量。

（3）官能团容忍性强。与传统的自由基聚合不同，RAFT 聚合过程中叠氮基、环氧基、悬垂双键等活性官能团一般不参与反应。因此，可利用 RAFT 聚合得到含官能基团的聚合物。这些聚合物上的官能团可根据需要进一步化学修饰，以满足不同用途。

（4）容易制备嵌段、接枝、星型及其他复杂结构的聚合物。RAFT 聚合反应终止后，聚合物端基仍然具有活性，可进一步发生聚合反应，制备接枝、嵌段、星型等复杂结构的聚合物。

总之，RAFT 聚合可使用多种聚合方法（本体聚合、溶液聚合、分散聚合、乳液聚合），应用范围较广；可以在各种基质，表面、界面上进行。但是 RAFT 聚合所用的双硫酯的制备过程复杂，而且其具有难闻的气味和难以除去的颜色，这些在一定程度上限制了 RAFT 聚合的发展。

第三节　点击化学反应

点击化学（click chemistry）又称“链接化学”、“动态组合化学”（dynamic combinatorial chemistry）、“速配接合组合式化学”，是由化学家巴里·夏普莱斯（K. B. Sharpless）于 2001 年提出的一个合成概念，其主旨是通过小单元的拼接来快速可靠地完成形形色色分子的化学设计和合成[19]。

传统的化学合成方法反应过程往往很长，后处理复杂，对实验的条件和操作技术有比较高的要求，而且反应的效率和收率都不会太高，尤其是在复杂分子功能化以及高分子材料修饰领域，使得很多思路无法实现，限制了发展。点击化学采用高效的模块化反应实现碳原子与杂原子间的连接，合成含杂原子化合物，可以是含杂原子的小分子，也可以是功能化的高聚物。

点击化学的概念对化学合成领域有很大的贡献，在药物开发和生物医用材料等的诸多领域中，它已经成为目前最为有用和吸引人的合成理念之一。点击化学尤其强调开辟以碳-杂原子键（C—X—C）合成为基础的组合化学新方法，并借助这些反应来简单高效地提高分子多样性。

点击化学的反应过程具有突出的特点：实验操作简便，最大限度地简化了合成操作；实验条件温和，而且对水和氧气无要求；反应过程快速，有的只需几分钟即可；产物的产率高，副产物非常少甚至没有副产物，这使得后处理简单方便；反应具有高度的选择性，同时与其他的官能团具有兼容性，避免了官能团的保护与脱保护等烦琐过程。

随着越来越多的研究工作者投入到点击化学领域中，新型的点击反应不断被发现，目前被学术界广泛认可的点击反应主要包括：叠氮-炔基环加成点击反应、巯基-烯/炔烃点击反应、狄尔斯-阿尔德点击反应、亲核开环点击反应、成肟点击反应等[20-24]。

一、叠氮-炔基环加成点击反应

叠氮和炔烃环加成反应是研究最多、应用最为广泛的一类点击反应，同时也是最早被提出的点击反应。该反应的机理是在一价铜的催化下，炔基与叠氮的环加成反应，立体选择性地形成了 1,4 取代的 1,2,3-三氮唑加成物。

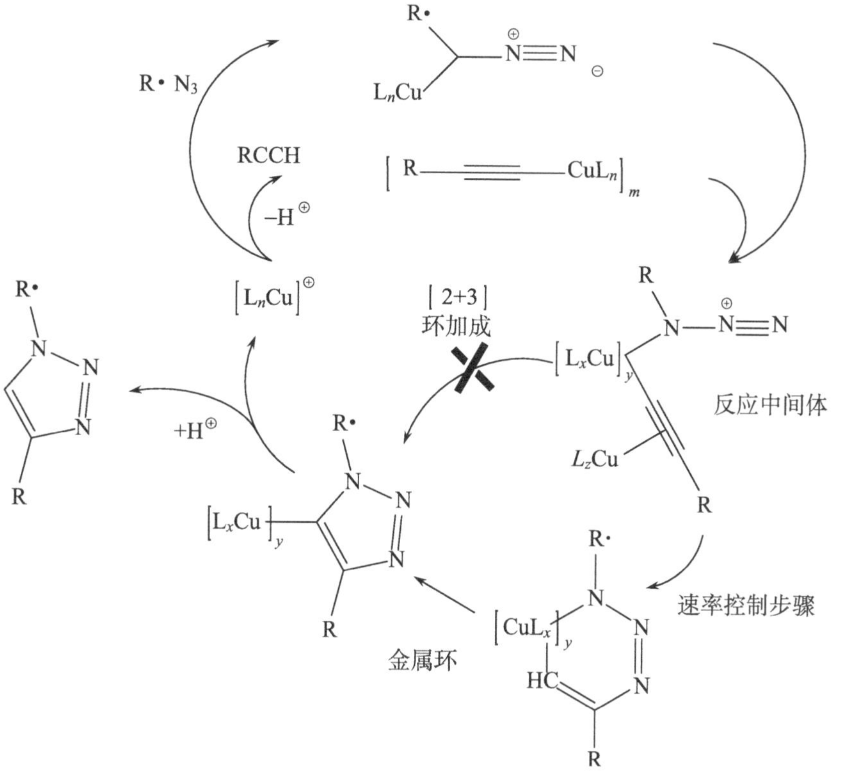

目前，叠氮和炔基的环加成反应主要分为两类：一类是一价铜等催化的端炔烃和叠氮化合物的反应体系（简称 CuAAC 反应），这种反应速率快、选择性高、收率高且对水和氧气不敏感，是研究的热点；另一类是环张力促进的环辛炔类化合物与叠氮化物的反应体系（简称 SPAAC 反应）。

二、巯基-烯烃点击反应

巯基-烯烃的反应最早于 1905 年被 Posner 发现，与叠氮-炔基环加成反应相同，具有反应高效、反应条件温和、高立体选择性、对水和氧气不敏感等特点；而且，这类反应所用的催化剂不含金属元素，因此更具发展前景。

目前，巯基–烯烃反应分为两类：一类是巯基化合物和烯烃在紫外灯照射或者是加热的条件下，发生自由基加成反应，反应机理如下：

R_1—SH + 引发剂 $\xrightarrow[\text{或}\Delta]{h\nu}$ R_1—S•

首先，引发剂吸收光子裂解成自由基，自由基从附近的硫醇化合物的巯基夺取一个氢，硫醇转变为巯基自由基。随后，巯基自由基进攻富电子双键发生自由基加成反应，自由基在硫醇分子的参与下，完成巯基–烯光化学反应。最后，巯基自由基之间结合，终止反应。

另一类是巯基化合物与丙烯酸酯类、甲基丙烯酸酯类、马来酸酐、马来酰亚胺等含有共轭双键的化合物，在亲核试剂的催化下发生迈克尔加成反应，其反应机理如下：

R_1—SH + NEt_3催化剂⟶ R_1—$S^{\ominus}$

EWG=酯、酰胺、氰基

三、狄尔斯–阿尔德点击反应

狄尔斯–阿尔德反应，简称 D-A 反应，反应物包括双烯体（常见的有呋喃类化合物、环戊二烯等）和亲双烯体（如马来酸酐、马来酰亚胺、丙烯腈等）。除了具有点击化学的特征外，狄尔斯–阿尔德反应还是一类非常重要的动态化学反应，其具有敏感的温度可逆性：在常温下发生加成反应，在高温下逆向解加成。这种优异的动态化学和点击化学的双重特征，使狄尔斯-阿尔德反应在刺激响应性材料和自修复材料领域应用广泛。

四、亲核开环点击反应

亲核开环点击反应是指含有扭转张力的三元杂环发生的 S_N2 亲核开环反应，通过释放其内在的环张力来驱动化学反应的进行，产物具有很高的区域选择性。最常见的是环氧丙烷衍生物、氮杂环丙烷衍生物、环硫酸酯、环硫酰胺和环硫与有机胺、巯基化合物间的反应。由于亲核开环反应原料简单，产物单一，选择性强，近些年来亲核开环反应受到了高度的重视，并涌现出大量的成果。

$$R-\text{(epoxide)} + NH_2-R' \longrightarrow R-CH(OH)-CH_2-NH-R'$$

五、成肟点击反应（oxime click formation）

肟和腙的点击反应（以下简称成肟点击反应）属于“保护基”反应的一类，是指非醇醛的羰基包括醛、酮等与羟胺衍生物、酰肼等发生脱水缩合反应，形成亚胺类化合物。目前，肟点击反应的研究主要集中在多肽的合成、蛋白质和 DNA 的修饰、药物载体等生物化学领域。肟点击反应与 D-A 反应一样，具有显著的动态化学键的特征。

$$R_1R_2C=O + R'-NH-NH_2 \longrightarrow R_1R_2C=N-NH-R' + H_2O$$

思考习题

（1）活性自由基聚合有哪些，举例说明？

（2）利用所学的活性聚合设计合成一种嵌段共聚物。

（3）自由基聚合中如何避免链终止反应？

（4）列举一种点击化学反应，并举例说明。

（5）自由基聚合反应过程中，为什么链终止的速率常数大于链增长的速率常数但仍能得到聚合物？

参考文献

[1] 郭建民. 高分子材料化学基础. 北京: 化学工业出版社, 2004: 258.

[2] 潘祖仁. 高分子化学. 第 5 版. 北京: 化学工业出版社, 2014: 31.

[3] Michael A. Ueber die addition von natriumacetessig- und natriummalonsäureäthern zu den aethern ungesättigter säuren. Journal für Praktische Chemie, 1887, 35(1): 349-356.

[4] Mather B D, Viswanathan K, Miller K M, et al. Michael addition reactions in macromolecular design for

emerging technologies. Progress in Polymer Science, 2006, 31(5): 487-531.

[5] Komnenos T. Ueber die einwirkung von fettaldehyden auf malonsäure und aethylmalonat. Justus Liebigs Annalen der Chemie, 1883, 218(2): 145-167.

[6] Szwarc M. 'Living' polymers. Nature, 1956, 178(4543): 1168-1169.

[7] Yeow J, Chapman R, Gormley A J, et al. Up in the air: oxygen tolerance in controlled/living radical polymerisation. Chemical Society Reviews, 2018, 47: 4357-4387.

[8] Oh J K. Recent advances in emulsion and in controlled/living radical polymerization dispersion. Journal of Polymer Science Part A Polymer Chemistry, 2008, 46(21): 6983-7001.

[9] Matyjaszewski K, Spanswick J. Controlled/living radical polymerization. Materials Today, 2005, 8: 26-33.

[10] Wade A. Braunecker, Matyjaszewski K. Controlled/living radical polymerization: Features, developments, and perspectives. Progress in Polymer Science, 2007, 32(1): 93-146.

[11] Zetterlund P B, Kagawa Y, Okubo M. Controlled/living radical polymerization in dispersed systems. Chemical Reviews, 2008, 39(52): 3747-3794.

[12] Otsu T, Yoshida M. Role of initiator-transfer agent-terminator (iniferter) in radical polymerizations: Polymer design by organic disulfides as iniferters. Macromolecular Rapid Communications, 1982, 3(2): 127-132.

[13] Sciannamea V, Jéröm R, Detrembleur C. In-situ nitroxide-mediated radical polymerization (NMP) processes: their understanding and optimization. Chem Rev, 2008, 108: 1104-1126.

[14] Wang J, Matyjaszewski K. Controlled/"living" radical polymerization. Atom transfer radical polymerization in the presence of transition-metal complexes. J. Am. Chem. Soc., 1995, 117: 5614-5615.

[15] Kato M, Kamigaito M, Sawamoto M, et al. Polymerzation of methyl methacrylate with the crbon tetrachloride/dichlorotris-(triphenylphosphine)ruthenium(Ⅱ)/methylaluminum bis (2,6-di-tert-butylphenoxide) initating system: possibility of living radical polymerization. Ma cromolecules, 1995, 28(5): 1721-1723.

[16] Barner-Kowollik, C. Handbook of RAFT polymerization. Weinheim: Wiley-VCH, 2008.

[17] Zhou J, Yao H, Ma J. Recent advances in RAFT-mediated surfactant-free emulsion polymerization. Polym. Chem., 2018, 9: 2532-2561.

[18] Chiefari J, Chong Y K, Ercole F, et al. Living free-radical polymerization by reversible addition-fragmentation chain transfer: the RAFT process. Macromolecules, 1998, 31(16): 5559-5562.

[19] Kolb H C, Finn M G, Sharpless K B. Click chemistry: diverse chemical function from a few good reactions. Angew. Chem. Int. Ed., 2001, 40: 2004-2021.

[20] Moses J E, Moorhouse A D. The growing applications of click chemistry. Chem. Soc. Rev., 2007, 36: 1249-1262.

[21] Binder W H, Sachsenhofer, R. 'Click' chemistry in polymer and materials science. Macromol. Rapid. Commun., 2007, 28: 15-54.

[22] Hoyle C E, Bowman C N. Thiol-ene click chemistry. Angew. Chem. Int. Ed., 2010, 49: 1540-1573.

[23] Lowe A B. Thiol-ene "click" reactions and recent applications in polymer and materials synthesis. Polym. Chem., 2010, 1: 17-36.

[24] Nair D P, Podgórski M, Chatani S, et al. The thiol-Michael addition click reaction: a powerful and widely used tool in materials chemistry. Chemistry of Materials, 2013, 26(1): 724-744.

第三章　聚合物的接枝反应

第一节　聚合物的接枝反应概述

一、接枝聚合物的结构和性质

接枝聚合物具有两个链结构特征：一是主链聚合物 A，二是接枝在主链上的许多支链 B 或侧基功能团（如图 3-1 所示）。主链和接枝链的化学性质不同，因而形成了一系列接枝聚合物[1]。目前，一些重要的接枝聚合物材料已被大量工业化生产，例如抗冲击聚苯乙烯（HIPS）、接枝型 ABS 和甲基丙烯酸酯-丁二烯-苯乙烯（MBS），以及利用反应挤出设备制备的马来酸酐或丙烯酸接枝聚烯烃（如聚乙烯、聚丙烯）等[2-4]。

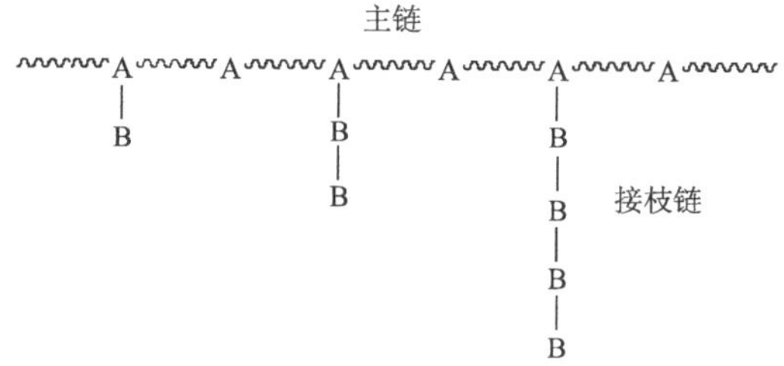

图 3-1　接枝聚合物的链结构

接枝聚合物的性能决定于主、支链的组成、结构、长度以及支链数。长支链的接枝物类似共混物，支链短而多的接枝物则类似无规共聚物。也可把这类聚合物看作是由化学键联结起来的均聚合物对，因此在很多方面和嵌段聚合物相似。通过共聚可将两种性质不同的聚合物接在一起，形成性能特殊的接枝物[5,6]。例如酸性和碱性的，亲水的和亲油的，非染色性的和能染色的，以及两互不相溶的聚合物接枝在一起。

二、聚合物接枝反应原理

本书主要是针对在聚合物的基础上形成接枝物的反应类型的讲解，所以在此对于由单体聚合形成的接枝共聚物不进行阐述。通过化学反应，可以在某聚合物主链上接上结构、组成不同的支链或功能性侧基，这一过程称作聚合物接枝反应，所形成的产物称作接枝聚合物。

聚合物接枝反应首先要在主链上（非端基）形成活性接枝点，然后在活性点处将单体通过自由基、阴离子或阳离子加成（或开环）聚合方式接枝到聚合物上。适用于这些方法的主链聚合物类型列于表 3-1。依据接枝聚合原理可分为下列两类。

表 3-1　用于接枝的典型反应型主链[1]

机理	反应位置	主链结构
自由基	烯丙基氢	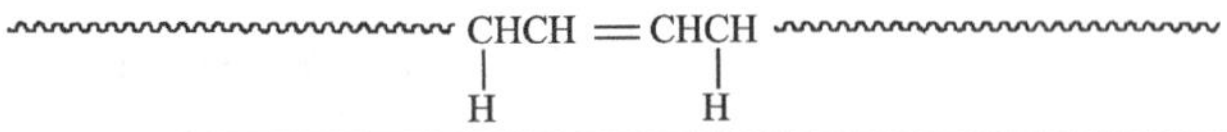 ～～CH(H)CH=CH(H)CH～～
自由基	叔碳氢	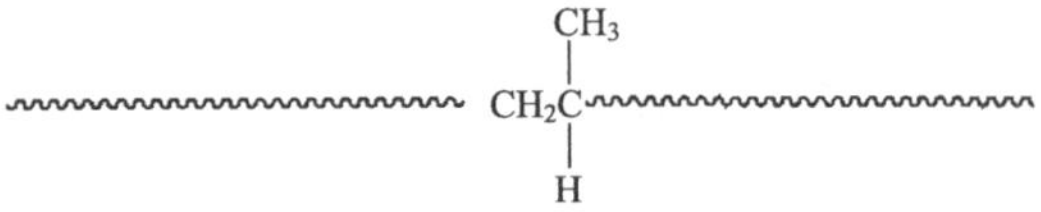 ～～CH$_2$C(CH$_3$)(H)～～
自由基	羟基	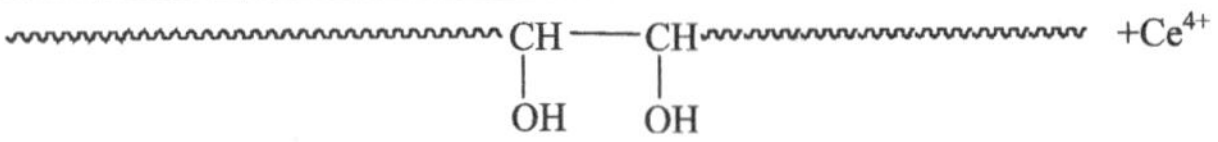 ～～CH(OH)—CH(OH)～～ +Ce^{4+}
阳离子	PVC 上的烯丙氯或叔氯	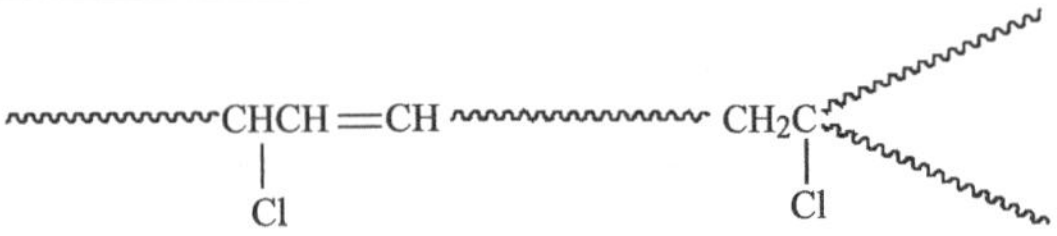 ～～CH(Cl)CH=CH～～ CH$_2$C(Cl)(～～)～～
阴离子	金属化的聚丁二烯	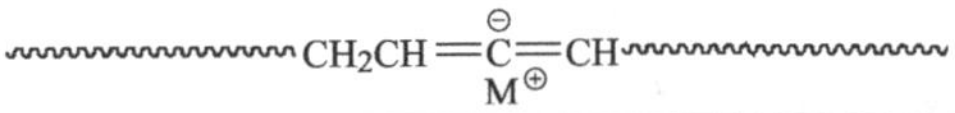 ～～CH$_2$CH=C$^{\ominus}$(M$^{\oplus}$)=CH～～
阴离子	酯基	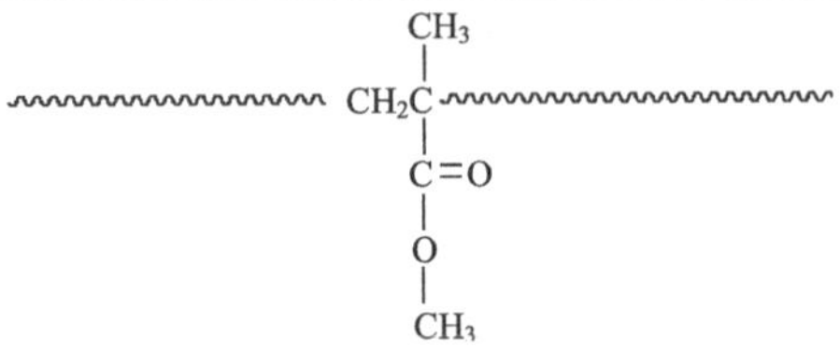 ～～CH$_2$C(CH$_3$)(C=O—O—CH$_3$)～～

1. 自由基型接枝聚合

自由基型接枝聚合方法是公认的最引人注目的方法，也是工业上最常用的方法。自由基型接枝聚合的方法可再分成两大类。

第一类方法，先通过过氧化物引发剂、光或辐照等方式引发主链形成大分子自由基，然后使烯烃单体在大分子自由基作用下聚合形成接枝链。该主链聚合物可以是不饱和聚烯烃，也可以是饱和聚烯烃。例如将苯乙烯接枝到不饱和聚烯烃聚丁二烯上，通过过氧化物、辐照或加热等方法引发形成聚丁二烯大分子自由基，然后苯乙烯单体接枝反应；再例如将马来酸酐接枝到饱和聚烯烃聚丙烯上，通过过氧化物引发聚合时，过氧化物自由基或生长链自由基从主链上吸取不稳定氢原子，而使主链上形成自由基。主链和接枝链间的联结，是通过主链自由基引发单体，或者通过与支链的重结合反应而形成的。

第二类方法，利用主链上已有的活性基团或先在主链上形成活性基团，然后以此引发单体聚合。属于这一类的例子有：①通过铈离子氧化还原引发甲基丙烯酸甲酯接枝聚合至纤维素或聚乙烯醇上；②通过聚丙烯链上的过氧化氢基团引发苯乙烯单体聚合。用以上方法制得的接枝聚合物的工业产品，其组成不均一，并混杂有较多的均聚物。

2. 离子型接枝聚合

离子型接枝聚合要比自由基型接枝聚合容易控制产物的结构，而且混杂的均聚物也少。其中一个例子是以烷基铝引发异丁烯阳离子接枝聚合到聚氯乙烯（PVC）链上的烯丙氯和/或叔氯位置上（见表 3-1）。但是，至今链转移至单体的问题仍没有解决，限制了这一过程的效率[7]。活性阴离子共聚的效率可能就高得多，这是由于在阴离子体系中，自发链终止的倾向要低得多。

阴离子接枝聚合方法也可分成两类：①主链引发；②主链偶联。第一种类型可用金属化的聚丁二烯（见表 3-1）来引发苯乙烯为例说明之。通过聚丁二烯和有机锂反应就形成具有引发作用的主链。显然，这种方法仅适用于能进行阴离子聚合的单体，如苯乙烯或双烯。为了使形成均聚物副产物的量达到最少，必须保证有机锂试剂在金属化过程中全部消耗掉。主链引发的另一个例子，是通过大分子上面的酯基团（见表 3-1），如苯乙烯-甲基丙烯酸甲酯共聚物上的酯基团，引发己内酰胺阴离子聚合。酯基团和己内酰胺阴离子反应生成乙酰化内酰胺，产生大分子中心。第二种类型是通过主链偶联的方式接枝，如可用活性聚苯乙烯阴离子与带有侧酯基的大分子，以聚甲基丙烯酸甲酯的反应为例，反应后，甲氧基团被取代生成酮基接枝键。

接枝聚合物可能是非交联聚合物中最难以准确表征的聚合物类型。除了混杂有大量均聚物的问题外，每个分子的接枝链数目、间距和接枝链平均长度的不同使体系变得复杂，更不用说还要加上接枝链和主链的多分散性等因素。迄今为止，这些难题仍然悬而未决。因此想要为某种应用目的去设计接枝聚合物的结构，将遇到严重的障碍。所以，聚合物表征技术的重要进展，必然会在很大程度上促进接枝聚合物技术的发展。

三、聚合物接枝反应方法

聚合物接枝反应的常用方法主要有以下几种：溶液法、熔融法、固相法等。溶液法和熔融法属于聚合物本体接枝反应，固相法属于聚合物粉体表面接枝反应。

1. *溶液法*

溶液法是在 20 世纪 60 年代发展起来的。如将聚烯烃溶解在有机溶剂中（氯苯、二甲苯、甲苯等），在一定温度下加入引发剂和单体，接枝反应在均相的液相体系中进行。介质对单体的链转移常数和极性对反应的影响很大。对接枝物中未反应的单体经萃取后得到成品。该方法得到的产物接枝率高、反应副产物少。但由于使用大量有毒溶剂，会造成环境污染，且生产成本高，反应时间长，故后期在工业生产上很少采用。Priola 等[8]研究了 LDPE 接枝马来酸酐（MAH）单体的反应，以三种二甲苯异构体为溶剂体系，反应过程中 MAH 一部分接枝在 LDPE 上，但更多是与溶剂反应；反应性越强的溶剂体系，产物的接枝率越高。在对 EPR/马来酸二丁基酯（DBM）/过氧化二苯甲酰（BPO）体系的研究中发现接枝反应受形成的溶剂自由基阻碍，使二甲苯体系的接枝率低于氯苯体系。在二甲苯体系中，全同聚丙烯（IPP）/马来酸二乙基酯（DEM）/DCP 接枝反应后，用正庚烷萃取产物，未发现不溶物出现接枝单体有关的特征峰，表明反应体系即使为均相，也会因为低的反应温度及立构位阻，使接枝反应发生在低规整性链段。

2. 熔融法

熔融法是在聚合物的熔点以上，由引发剂分解引发的接枝反应，接枝反应过程一般是在挤出机中进行，是现今应用最广、研究最多且方法简单的一种接枝方法[9-11]。聚合物的熔融温度一般都较高，容易发生副反应。如 PE 在反应过程中会发生交联，而 PP 则倾向于裂解。熔融法实质上是反应体系存在两相的非均相接枝方法，即单体相和溶有单体的聚合物相，引发剂分配在两相的单体中，与单体接触的聚合物相才会发生接枝反应。在熔融条件下，引发剂在两相中的分配和单体在聚合物相中的溶解度，取决于引发剂、单体的种类、反应温度及用量等因素。控制反应速率的步骤一般被认为是单体在聚烯烃相中的扩散，尤其是在单体和引发剂的浓度较高的条件下。反应工艺和设备也会对接枝反应产生影响，由于挤出机螺杆或密炼机转子剪切引起的熔体相界面更新，故接枝反应和其他副反应会受混合强度与方式的影响。在一定条件下，螺杆和转子的转速提高可以使接枝率提高。在相同条件下，使用锥形双螺杆挤出机，所得产物的接枝率比使用单螺杆挤出机和密炼机要高。

3. 固相法

固相法是一种非均相的化学接枝方法。固相法接枝反应是将聚合物固体与接枝的单体在反应器中混合，用引发剂引发接枝聚合，反应温度介于引发剂分解温度和聚合物的熔融温度之间。固相法以接枝 PP 为主，接枝单体多以 MAH 为主，基体多要求采用粉状料，因粒径越小，越有利于提高接枝率。有别于溶液法和熔融法，固相法是一种局部本体改性的方法，接枝反应一般发生在聚烯烃的结晶面、结晶缺陷以及无定形区，故在相同条件下，所用的 PP 等规度越高，产物的接枝率越低，且接枝率对聚烯烃的结晶度影响不大，因此固相接枝 GMA 的研究相对较少。加入少量的溶剂作为界面剂可以提高接枝率，一是溶剂的溶胀作用有利于提高接枝反应效率，二是溶剂的加入提高了反应散热，稳定体系温度。界面剂多采用甲苯、二甲苯以及苯等。由于四氢萘能溶解 PP 并在其在颗粒表面形成一层溶剂层，反而阻碍接枝反应，使接枝率下降。更加详细的固相反应将在第五章中进行讲解。

第二节　聚合物的接枝反应

一、不饱和聚合物的接枝反应

以合成抗冲聚苯乙烯（HIPS）为例，利用聚丁二烯（PB）分子结构中的不饱和双键，在过氧化引发剂的作用下引发苯乙烯单体接枝聚合是工业上常用的自由基接枝反应之一。将聚丁二烯和过氧化物引发剂溶于苯乙烯中，引发剂受热后分解成初级自由基，一部分引发苯乙烯单体聚合成均聚苯乙烯，另一部分向聚丁二烯大分子转移，进行下列三种接枝反应：

（1）初级自由基与聚丁二烯中的乙烯基侧基加成，所形成的活性接枝点引发苯乙烯单体聚合形成支链。

$$\mathrm{R\cdot} + \sim\!\mathrm{CH_2\underset{\displaystyle HC{=}CH_2}{\underset{|}{C}}HCH_2}\!\sim \xrightarrow{k_1} \sim\!\mathrm{CH_2\underset{\displaystyle \dot{C}HCH_2R}{\underset{|}{C}}HCH_3} \xrightarrow{n\mathrm{H_2C{=}CH{-}Ph}} \sim\!\mathrm{CH_2\underset{\displaystyle \underset{\displaystyle (CH_2\underset{\displaystyle Ph}{\underset{|}{C}}H)_n\sim}{\underset{|}{C}HCH_2R}}{\underset{|}{C}}HCH_2}\!\sim \quad (3\text{-}1)$$

（2）初级自由基与聚丁二烯主链中双键加成，另形成接枝点引发单体聚合，形成支链。

$$\mathrm{R\cdot} + \sim\!\mathrm{CH_2CH{=}CHCH_2}\!\sim \xrightarrow{k_2} \sim\!\mathrm{CH_2\underset{\displaystyle R}{\underset{|}{C}}H{-}\dot{C}HCH_2}\!\sim \xrightarrow{n\mathrm{H_2C{=}CH{-}Ph}} \sim\!\mathrm{CH_2\underset{\displaystyle R}{\underset{|}{C}}H{-}\underset{\displaystyle (CH_2\underset{\displaystyle Ph}{\underset{|}{C}}H)_n\sim}{\underset{|}{C}}HCH_2}\!\sim \quad (3\text{-}2)$$

（3）初级自由基夺取烯丙基氢而链转移，形成接枝点。

$$\mathrm{R\cdot} + \sim\!\mathrm{CH_2CH{=}CHCH_2}\!\sim \xrightarrow{k_3} \mathrm{RH} + \sim\!\mathrm{\dot{C}HCH{=}CHCH_2}\!\sim \xrightarrow{n\mathrm{H_2C{=}CH{-}Ph}} \sim\!\mathrm{\underset{\displaystyle (CH_2\underset{\displaystyle Ph}{\underset{|}{C}}H)_n\sim}{\underset{|}{C}}HCH{=}CHCH_2}\!\sim \quad (3\text{-}3)$$

上述三种反应速率常数相对大小为 $k_1>k_2>k_3$，可见乙烯基侧基含量高的聚丁二烯有利于接枝，因此低顺丁胶（含 30%～40%的 1,2-加成结构）优先选作合成抗冲聚苯乙烯的接枝母体。

上述方法合成的接枝产物实际上是接枝共聚物 P[B-g-S]和均聚物 PB、PS 的混合物，接枝物含量虽然较低，但已达到提高抗冲性能的目的。

二、饱和聚合物的接枝反应

聚合物在合成过程或者在聚合物接枝过程中，反应体系的黏度往往越来越高。当聚合物黏度在 10～10000Pa·s 时，聚合物原料在传统反应器中已不能进行接枝反应，需要聚合物质量 5～20 倍的溶剂或稀释剂来降低黏度，改善混合和传递热量才能保证反应进一步持续进行下去。而反应挤出机却可以在此高黏度下实现接枝聚合反应。其主要原因是螺杆和料筒组成的塑化挤压系统能将聚合物熔融后黏度降低，利用熔体的横流使聚合物相互混合达到均匀，并提供足够活化能使物料间的反应得以进行；同时利用新进物料吸收热量和输出物料排除热量的连续化过程来达到热量匹配，利用排气孔将未反应单体和反应副产物逸出，从而把聚合物化学反应与挤出加工有机地结合成一个完整连续的反应性聚合物加工过程。

通过反应挤出工艺实现的聚合物接枝反应的体系因饱和聚合物基体、接枝单体和过氧化引发剂的不同，其反应工艺和反应历程也不同。

1. 饱和聚合物基体

利用反应挤出可以将含有官能团的单体接枝到聚合物的分子主链上，从而达到聚合物改性的目的。根据反应挤出的工艺特点，凡是热稳定性好的聚合物均可通过反应挤出进行接枝改性，这些聚合物有 HDPE、LDPE、LLDPE、PP、PS、ABS、PA、PMMA、PC 等。其中报道最多且最具工业化价值的是 PE 和 PP 材料的接枝反应[12-16]。

2. 接枝单体

用于反应挤出的反应单体一般应具有以下特点：

（1）含有可进行接枝反应的官能团，如双键等；

（2）沸点高于聚合物熔点和/或黏流温度 T_f；

（3）含有羧基、酸酐基、环氧基、酯基、羟基等官能团；

（4）热稳定性好，在加工温度范围内单体不分解，没有异构化反应；

（5）对引发剂不起破坏作用。

接枝单体主要有三类：①丙烯酸系单体，包括丙烯酸（AA）、甲基丙烯酸（MAA）、甲基丙烯甲酯（MMA）、甲基丙烯酸缩水甘油酯（GMA）等。②马来酸系单体，包括马来酸（MA）、马来酸酐（MAH）、马来酸二乙酯（DEM）、马来酸二丁酯（DBM）、马来酸二异丙酯、低偶联马来酸酯（LDME）、对苯二胺双马来酸（*p*-PBM）等。③不饱和硅烷系单体，包括乙烯基三甲氧基硅烷（VTMS）、乙烯基三乙氧基硅烷（VTES）、3-甲基丙烯酰氧基丙基三甲氧基硅烷（VMMS）等。

不同的接枝单体，其均聚反应和接枝反应的竞争率不同，导致接枝产物的链结构差异很大。易于均聚的单体，其接枝链较长，产物中也可能存在着单体的均聚物。这种产物特性与基础聚合物（base polymer）的物理性质可能完全不同，理想的接枝应是接枝链很短，甚至仅由 1 个单体分子单元组成，在这种情况下，接枝物的物理性能、力学性能与基础聚合物差异不大，但化学性能却有很大的不同，单体与聚合物的有效混合、摩尔比例、引发剂的用量、助单体的选择以及反应温度、反应时间等因素均可用来控制接枝产物的分子链结构，使均聚物含量达到最低程度。

3. 过氧化引发剂

适用于反应挤出工艺的聚合物接枝反应大多数为自由基反应类型，所使用的引发剂基本上为过氧化物引发剂。表 3-2 列出了几种主要引发剂的类型及半衰期。

表 3-2 几种主要引发剂的类型及半衰期

引发剂	缩写	$\tau_{1/2}$=1min 的温度（℃）
过氧化二异丙苯	DCP	171
过氧化二叔丁烷	DTBP	193
过氧化二苯甲酰	BPO	130
叔丁基过氧化苯甲酰	BPD	166
1,3-二叔丁基过氧化二异丙苯	/	182
2,5-二甲基-2,5 双（叔丁基过氧基）乙炔	AD	179

1）与丙烯酸（AA）的接枝反应

在挤出机中存在自由基催化剂时，在熔融状态下进行的丙烯酸（AA）接枝到聚乙烯（PE）或聚丙烯（PP）上的接枝共聚反应生成了含有聚丙烯酸长支链的接枝共聚物。用类似的方法，将 AA 接枝到具有弹性的乙丙共聚物（EPR）上的接枝共聚反应则生成了聚丙烯酸接枝链的弹性体。在生成接枝聚合物的同时也伴随着产生了聚丙烯酸均聚物（PAA）以及聚烯烃的交联或降解副反应。

（1）目标反应历程如下：

①引发剂分解： $$\mathrm{ROOR} \longrightarrow 2\mathrm{RO}\cdot \tag{3-4}$$

②自由基引发： $$\mathrm{RO}\cdot + \mathrm{P} \longrightarrow \mathrm{ROH} + \mathrm{P}\cdot \tag{3-5}$$

③链转移和链增长： $$\mathrm{P}\cdot + \mathrm{M} \longrightarrow \mathrm{P{-}M}\cdot \tag{3-6}$$

$$\mathrm{P{-}M}\cdot + (n-1)\mathrm{M} \longrightarrow \mathrm{P{-}M}_n\cdot \tag{3-7}$$

④链终止： $$\mathrm{P{-}M}_n\cdot + \mathrm{P{-}M}_m\cdot \longrightarrow \mathrm{P{-}M}_{n+m}\mathrm{{-}P} \tag{3-8}$$

（2）均聚副反应历程如下：

①引发剂分解： $$\mathrm{ROOR} \longrightarrow 2\mathrm{RO}\cdot \tag{3-9}$$

②自由基引发： $$\mathrm{RO}\cdot + \mathrm{M} \longrightarrow \mathrm{ROH} + \mathrm{M}\cdot \tag{3-10}$$

③链转移和链增长： $$\mathrm{M}\cdot + (n-1)\mathrm{M} \longrightarrow \mathrm{M}_n\cdot \tag{3-11}$$

④链终止： $$\mathrm{M}_n\cdot + \mathrm{M}_m\cdot \longrightarrow \mathrm{M}_{n+m} \tag{3-12}$$

（3）交联或降解副反应历程如下：

在聚乙烯体系中，主要以交联为主，其交联反应的历程如下：

①引发剂分解： $$\mathrm{ROOR} \longrightarrow 2\mathrm{RO}\cdot \tag{3-13}$$

②自由基引发： $$\mathrm{RO}\cdot + \mathrm{P} \longrightarrow \mathrm{ROH} + \mathrm{P}\cdot \tag{3-14}$$

③链终止： $$\mathrm{P}\cdot + \mathrm{P}\cdot \longrightarrow \mathrm{P{-}P} \tag{3-15}$$

在聚丙烯体系中，主要以降解为主，其降解反应的历程如下：

①自由基引发： $$\mathrm{RO}\cdot + \mathrm{P{-}(CH_3)CH{-}CH_2{-}(CH_3)CH{-}CH_2{-}P} \longrightarrow \mathrm{ROH} + \mathrm{P{-}(CH_3)\,CH{-}CH_2{-}(CH_3)C}\cdot\mathrm{{-}CH_2{-}P} \tag{3-16}$$

②β-断裂： $$\mathrm{P{-}(CH_3)CH{-}CH_2{-}(CH_3)C}\cdot\mathrm{{-}CH_2{-}P} \longrightarrow \mathrm{P{-}(CH_3)C{=}CH_2} + \mathrm{CH_3{-}CH}\cdot\mathrm{{-}CH_2{-}P} \tag{3-17}$$

③歧化终止：$2H_3C—CH\cdot —CH_2—P \longrightarrow P—(CH_3)C{=}CH_2 + P—(CH_3)CH—CH_3$ (3-18)

其中，ROOR 为过氧化物，P 为聚乙烯（PE）或聚丙烯（PP）或乙丙共聚物（EPR），M 为单体。

基于以上反应历程，聚烯烃（PO）接枝物的形成过程的总方程式表述为

$$P—\underset{H}{\overset{R}{C}}\sim + n\,H_2C{=}\underset{COOH}{CH} \longrightarrow P—\overset{R}{C}\sim \text{ with side chain } [CH_2\underset{COOH}{CH}]_n \quad (PO\text{-}g\text{-}AA) \tag{3-19}$$

丙烯酸均聚物的形成过程的总方程式表述为

$$n\,H_2C{=}\underset{COOH}{CH} \longrightarrow [CH_2—\underset{COOH}{CH}]_n \quad (PAA) \tag{3-20}$$

PE-g-AA、PP-g-AA 和 EPR-g-AA 都是含有羧基的聚合物。这些聚合物均不能通过 AA 与乙烯、丙烯或者乙烯-丙烯混合物的共聚而制得，因为极性的羧酸单体会与用于这些烃类高聚物制备中的金属催化剂反应，阻止单体自身的聚合反应。

2）与马来酸酐（MAH）的接枝反应

在 DCP 引发下，聚烯烃与 MAH 的熔融接枝反应机理十分复杂，迄今为止尚无定论，争议很大，主要争论焦点为[17]：

（1）在反应挤出条件下是否存在马来酸酐的均聚物 P(MAH)；

（2）马来酸酐是以单分子还是多分子（即短支链）接枝于 PE 支链上；

（3）接枝于 PE 链上的 MAH 是饱和结构还是不饱和结构。

以 K. E. Russell[18-20]为代表的学者认为，熔融聚合物与马来酸酐在自由基催化剂的催化作用下，反应生成了主链上悬挂着单个丁二酸酐单元和马来酸酐单元的聚合物，不会出现 MAH 的短支链。在这一反应过程中，不会产生 MAH 均聚物 P(MAH)，原因是反应挤出的温度一般均超过了形成 P(MAH)的上限温度（ceiling temperature）160℃。其反应机理表达如下：

①引发剂分解： $ROOR \longrightarrow 2RO\cdot$ (3-21)

②自由基引发： $RO\cdot + P \longrightarrow ROH + P\cdot$ (3-22)

③链增长： $P\cdot + MAH \longrightarrow P—MAH\cdot$ (3-23)

④链终止：$P—MAH\cdot + P—MAH\cdot \longrightarrow$ P—MAH（饱和）+P—MAH（不饱和） (3-24)

其中，ROOR 为过氧化物引发剂，P 为饱和聚合物（主要为 PE、PP），MAH 为马来酸酐。

因此，按照 K. E. Russell 的观点，接枝链的歧化终止，其结果形成了饱和 MAH 和不饱和 MAH 的单分子接枝结构，接枝反应的总方程式简写如式（3-25）所示：

$$2P—\underset{H}{\overset{R}{C}}\sim + 2\,\text{(maleic anhydride)} \longrightarrow P—\overset{R}{C}\sim\text{(succinic anhydride)} + P—\overset{R}{C}\sim\text{(maleic anhydride)} \tag{3-25}$$

以 Gaylord[21-24]为代表的另一派学者认为在过氧化物引发剂存在时，由于化学诱导动态核极化会产生 MAH 的激态分子：

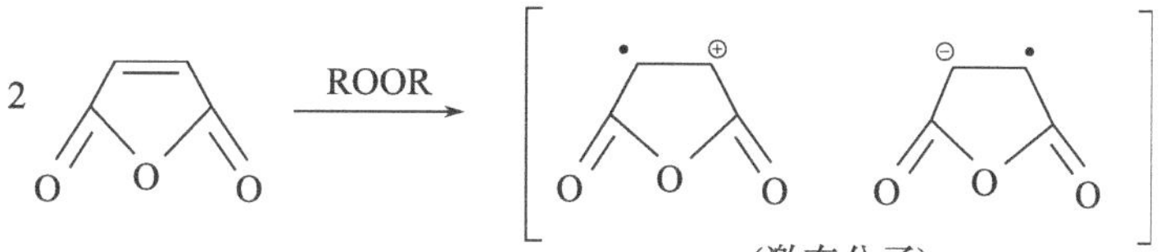

(激态分子)　　(3-26)

激态分子参与了接枝反应，使 MAH 以短支链的形式接枝于聚合物分子主链上，同时形成 MAH 的均聚物 P（MAH）。其解释为含有激态分子的接枝链末端[P—MAH$^+$·]和均聚链末端[H—MAH$^-$·]通过内部电子转移产生一个链终止自由基和一个活性单体。

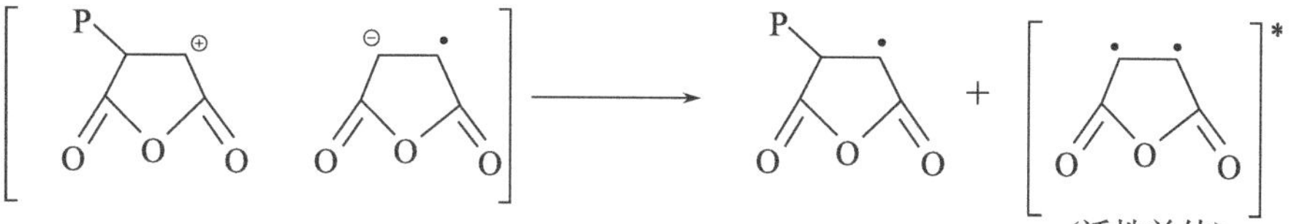

(活性单体)　　(3-27)

活性单体向 MAH 贡献出一个自由电子又会形成激态分子：

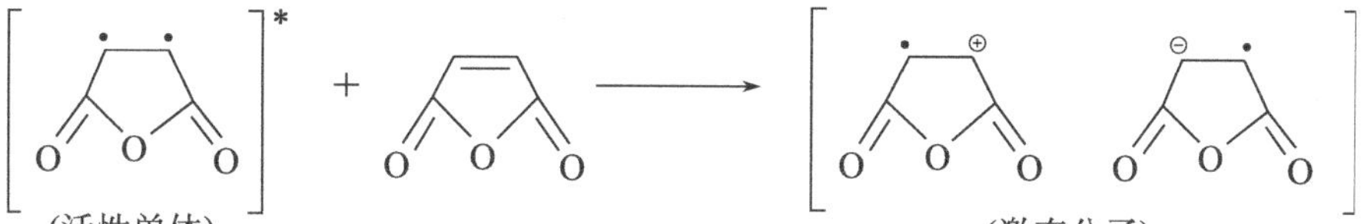

(活性单体)　　(激态分子)　　(3-28)

整个反应机理可以表述为：

①引发剂分解：　ROOR⟶2RO·　　(3-29)

②链引发：　RO·+P⟶ROH+P·　　(3-30)

2MAH⟶[·MAH$^{\oplus}$ $^{\ominus}$MAH·]　　(3-31)

P+[·MAH$^{\oplus}$ $^{\ominus}$MAH·]⟶P·+H—MAH$^{\oplus}$ $^{\ominus}$MAH·　　(3-32)

③链增长：　P·+MAH⟶P—MAH·　　(3-33)

P·+[·MAH$^{\oplus}$ $^{\ominus}$MAH·]⟶P—MAH$^{\oplus}$ $^{\ominus}$MAH·　　(3-34)

P—MAH$^{\oplus}$ $^{\ominus}$MAH·⟶P—MAH·+[·MAH·]*　　(3-35)

[·MAH·]*+MAH⟶[·MAH$^{\oplus}$ $^{\ominus}$MAH·]　　(3-36)

P—MAH·+nMAH⟶P—[MAH]$_n$—MHA·　　(3-37)

H—MAH$^{\oplus}$ $^{\ominus}$MAH·⟶H—MAH—MAH·⟶H—[MAH]$_n$—MAH·　　(3-38)

④链终止：　P·+H—[MAH]$_n$—MAH·⟶P—[MAH]$_n$—MAH　　(3-39)

2P—MAH·⟶P—MAH（饱和）+P—MAH（不饱和）　　(3-40)

H—[MAH]$_n$·+H—[MAH]$_m$·⟶[MAH]$_{n+m}$　　(3-41)

P—MAH·+P·⟶P—MAH—P　　(3-42)

其中，ROOR 为过氧化物引发剂，P 为饱和聚合物（主要为 PE、PP），MAH 为马来酸酐。

上述反应机理说明 P •可由 MAH 的激态分子引发而得到（式（3-32））；P—MAH •也可由 MAH 的激态分子引发而得到（式（3-34）和式（3-35））。P-g-P(MAH)可由 P • 与 MAH 均聚链的偶合终止反应而得到（式（3-39））；P—MAH • 均聚链的歧化终止方式，形成了末端为饱和 MAH 和不饱和 MAH 的单分子接枝结构（式（3-40））；MAH 均聚链的偶合形成 MAH 均聚物 P(MAH)（式（3-41））。

3）与甲基丙烯酸缩水甘油酯（GMA）的接枝反应

由于马来酸酐常温为固态粉末，不易与聚烯烃进行预混，影响产物的接枝效果；而且马来酸酐易挥发，刺激性强，特别是在熔融接枝条件下，马来酸酐挥发气体对人体（黏膜甚至皮肤）的危害比较严重。近年来采用丙烯酸及酯类单体替代马来酸酐单体也是一种趋势。甲基丙烯酸缩水甘油酯（GMA）单体常温为油状，对人体无害，沸点高，不易挥发，接枝物官能团为环氧基团，不但可以与碱性化合物反应，还可以与酸性化合物及含羰基的化合物反应，这样使 GMA 接枝物作为反应性增容剂应用于多种复合材料体系。接枝单体 GMA 与 MAH 的物理和化学性能比较见表 3-3。

表 3-3　接枝单体 MAH 与 GMA 的比较

性能	MAH	GMA
性状	白色、针状固体	无色、透明、油状液体
毒性	低毒、强刺激性	无毒
分散性	固体、混合不均、需分散剂	液体、混合均匀
腐蚀性	强	无
反应性	副反应多、易自聚	副反应少、不易自聚

甲基丙烯酸缩水甘油酯在过氧化物引发下接枝到聚烯烃（如聚乙烯）上的反应除了在聚乙烯侧基形成聚甲基丙烯酸缩水甘油酯的接枝支链的目标反应外，还形成了存在聚乙烯的交联和甲基丙烯酸缩水甘油酯的自聚反应（即副反应）。其反应过程如下。

（1）目标反应：

①过氧化物分解形成初级自由基：

$$\text{ROOR} \longrightarrow 2\text{RO}\bullet \tag{3-43}$$

②初级自由基引发接枝反应：

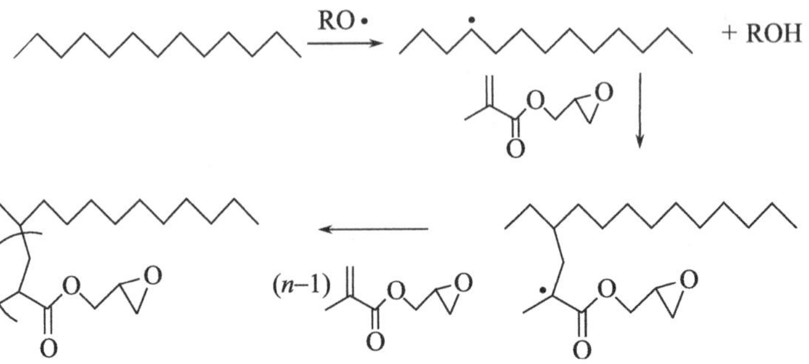

RO• 　+ ROH

(n−1)

(3-44)

（2）副反应：

①交联聚乙烯：

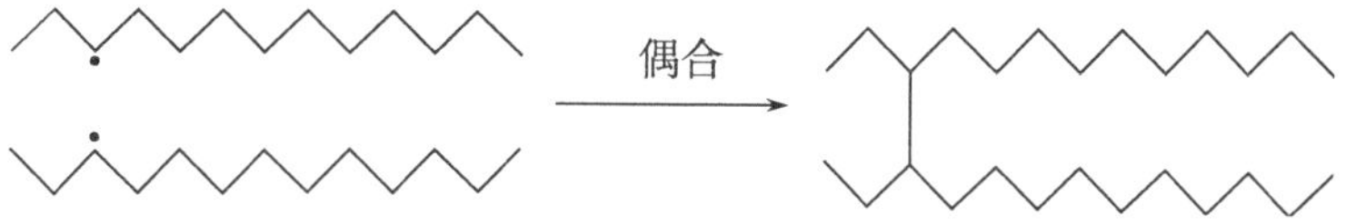

偶合 (3-45)

②聚甲基丙烯酸缩水甘油酯：

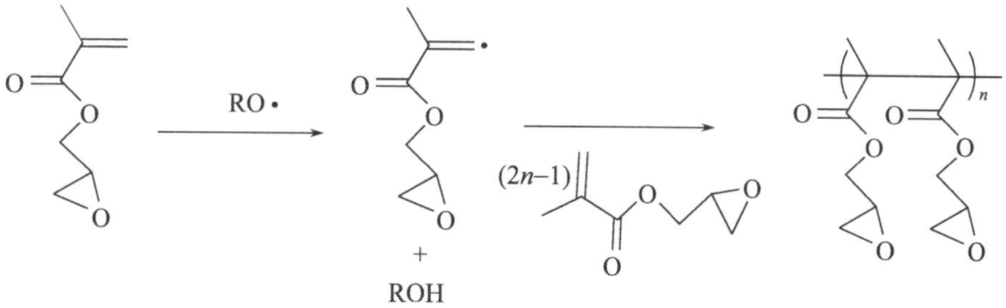

RO· + ROH (2n−1) n (3-46)

三、接枝反应的影响因素

1. 单体浓度的影响

聚乙烯接枝可选用的单体研究比较多的是马来酸及马来酸酐（MAH）、丙烯酸（AA）及丙烯酸酯、甲基丙烯酸缩水甘油酯（GMA）、甲基丙烯酸等。近年来关于聚乙烯接枝甲基丙烯酸缩水甘油酯成为研究热点。GMA 接枝聚乙烯研究结果表明，采用熔融接枝的方法将 LDPE 与 GMA 在密炼机进行熔融接枝反应，考察 GMA 单体浓度和引发剂浓度对共混物接枝率的影响，他们认为，GMA 单体易溶于熔融态的聚乙烯中，接枝率随着 GMA 单体的浓度增加而增大，当 GMA 单体浓度超过 15%（质量百分比）时，会出现交联现象，接枝率开始下降。Yang 等比较详细地研究了 GMA、AA 两种单体对聚乙烯的接枝，在相同条件下，单体浓度小于 4%时，随着单体浓度增加，产物的接枝率提高。高斐茜的研究结果表明在 PE 熔融接枝 GMA 过程中，反应单体浓度超过 3%之后，接枝率变化不大，且浓度超过 5%后体系的接枝率开始大幅度下降。丁永红等研究了 MAH 对 LLDPE 接枝反应的影响，认为 MAH 单体浓度控制在 1%比较合适，过高会使单体自聚产物颜色发黄，并且性能下降。陈晓丽等的研究表明，在 LLDPE 熔融接枝 MAH 过程中，单体浓度超过 2%后接枝率下降较多。蔡洪光等研究了 GMA 接枝乙烯-丁烯共聚物（POE）反应规律，结果表明，增加反应体系中的 GMA 单体浓度，可以提高接枝产物的接枝率，而产物的熔融指数则随接枝率的提高而下降。

2. 共单体的影响

共单体是在原来聚烯烃和接枝单体基础上再加入另一种更为活泼的接枝单体，来促进接枝单体与大分了之间的反应。不管是接枝 MAH 体系还是接枝 GMA 体系，苯乙烯（St）都是最常见的共单体，苯乙烯的加入不仅可以提高接枝率，而且能降低凝胶含量，即降低聚乙烯接枝过程中的交联副反应。此外油酸也能够在不影响接枝率的前提下，有效地降低产物凝胶含量。HDPE 熔融接枝 GMA 的过程中发现，单纯的 HDPE/GMA/引发剂接枝体系进行熔融接枝效果不好，反应后接枝率不高，且易交联，加入给电子单体苯乙烯（St）后接枝效果明显好转。其机理可能是苯乙烯的反应活性比第一单体高，因而苯乙烯会优先与大分子自由基反应，生成稳定性相对较高的苯乙烯-大分子自由基（PE—St •）；然后该自由基再与第一单体反应，生成 PE-g-St 第一单体接枝物。由于 PE—St • 的稳定性比大分子自由基 PE • 的稳定性要好，此时，第一单体能有较充分的时间与 PE—St • 反应，故 St 的加入能在一定程度上抑制交联，从而有利于接枝反应的进行。

3. 引发剂的影响

聚乙烯自由基接枝反应的关键是引发剂选择和浓度的控制，在聚乙烯接枝反应中采用较多的引发剂是 DCP 和 BPO。在熔融接枝过程中引发剂的用量一般不超过体系的 1%，过多的引发剂会导致严重交联，使产物的结构和性能受到影响；引发剂用量不够会使接枝反应不完全，接枝率降低。在引发剂用量较少的条件下，增加引发剂用量可以使反应体系中自由基的浓度提高，反应速率加快，进而促进接枝反应充分进行。但引发剂浓度过高，一方面易引发 GMA 和 MAH 的自聚反应，消耗体系中的 GMA 和 MAH 单体，降低接枝率；另一方面也易引发 PE 发生交联反应，使得 PE 的黏度迅速增加，进而影响接枝物在共混体系中的分散性。一般来说，不同的 PE 基体、不同的接枝单体的体系，它们的引发剂最佳用量都不一样。HDPE 体系中引发剂的最佳浓度一般高于 LDPE 体系引发剂的最佳浓度。

在研究 LDPE 接枝 GMA、AA 时，发现引发剂用量增加能提高产物的接枝率，但是当引发剂浓度超过 0.2%（质量百分比）时，LDPE/AA 体系的凝胶含量大幅度增加；当引发剂浓度超过 0.8%（质量百分比）时，LDPE/GMA 体系的凝胶含量也开始剧烈增加。在 HDPE/GMA 接枝反应体系，随着引发剂用量增加，接枝率升高，当引发剂用量达到 0.3%（质量百分比）时，接枝率最大，随后引发剂浓度继续增加，接枝率反而下降。当引发剂浓度达到 0.3%（质量百分比）时，产物交联已较严重。

熔融接枝反应通常在挤出机中进行，由于挤出机各段温度不同，用半衰期较长的引发剂只能到挤出机的后段才能有效引发接枝，而半衰期较短的引发剂在前段即可引发接枝，因此接枝反应体系用复配引发剂效果会更好。DCP 的半衰期短，而 BPO 的半衰期长，在 DCP 的引发体系中复配一定量的 BPO，增加接枝反应时间，并均匀分配各时间段中的引发剂浓度，减少交联反应，从而使接枝率有所提高（如表 3-4 所示）。当用 DCP 和 BPO 作为复配引发剂，在复配引发剂中 BPO 的加入量为 25%（质量百分比）时，接枝率较高。当 BPO 量再增加时，接枝率下降，这是由于较多 BPO 快速分解，使自由基浓度过大，引发了较多的交联反应，从而降低了接枝率。

表 3-4　复配引发剂对接枝率的影响

DCP/BPO 配比	接枝率(%)
4/0	0.41
3/1	0.64
1/1	0.22

注：单体为 MAH，用量为 5%（质量百分比），复配引发剂总量为 0.4%（质量百分比）

4. 加工工艺的影响

1）反应温度

一般熔融法加工聚乙烯的温度在 140～200℃，接枝反应的温度要与体系中引发剂的分解温度对应的半衰期相匹配，即在反应结束时使引发剂反应完全；但是反应温度过高会引起体系交联加剧，因此聚乙烯的接枝反应温度一般控制在 170℃左右最佳。而且 GMA 熔融接枝反应过程中，当反应温度超过窗口温度时，GMA 聚合物会发生解聚；如在 GMA 浓度为 8%，DCP 浓度为 0.2%条件下，PGMA 的解聚窗口温度为 145℃，超过该温度后，GMA 的聚合与解聚同时发生，直至平衡。

2）反应时间

通常依据所采用的引发剂在反应温度下的半衰期长短来确定接枝反应时间，一般为引发剂半衰期的 6～7 倍。一般熔融接枝反应是在挤出机中进行，挤出机螺杆长度和螺杆转速基本就决定了反应时间，螺杆长度是固定的，只有通过调节螺杆转速来控制物料在机筒中的停留时间；另一方面，螺杆转速同样影响着反应体系的混合程度，一般高转速有利于反应体系混合均匀，使单体接枝到聚合物上的概率增加。因此，在利用挤出设备进行反应时需要既保证反应时间，又能够提高混合程度。当以 DCP 作为引发剂对 HDPE/LDPE 混合物熔融接枝改性时，如反应时间小于 8min 时，接枝率较低；当反应时间达到 8min 时，接枝率增加明显；继续增加反应时间，接枝率基本不变，认为其原因可能与引发剂的分解速率有关。在 180℃，DCP 半衰期约 50～70s，接枝反应时间一般为半衰期 6～7 倍时反应才比较完全，故比较合适的反应时间为 8min。继续增加反应时间，接枝率不再增加，而此时虽然 DCP 基本消耗尽，但在热和机械剪切作用下还能产生大分子自由基并导致产物产生交联。

第三节　接枝物的表征

在接枝共聚过程中，通常有三种聚合物混合：未接枝的原聚合物、已接枝的聚合物以及单体的自聚物或混合单体的共聚物。因此，在接枝聚合物中需要考虑接枝率的问题。接枝率的表达式如式（3-47）所示。接枝率是研究接枝产物组分构成和分析反应机理的主要参考依据，接枝率表征是研究接枝反应的必要技术手段和关键环节。因为聚烯烃接枝物的接枝率不高，产物含杂质较多，并且溶解性极差，在常温下不溶于任何溶剂，故准确定量分析接枝率是研究聚烯烃接枝反应的难点之一。目前应用最多的方法为化学滴定法（非水溶液滴定法）、红外光谱法和核磁共振法等。

$$\text{接枝率}\ (\%)=\frac{\text{已接枝单体的质量}}{\text{聚合物基体质量}+\text{已接枝单体的质量}}\times 100\% \tag{3-47}$$

一、化学滴定法

化学滴定法分为 2 个步骤，即接枝物的纯化和非水溶液滴定。

1. 接枝物的纯化

聚烯烃经自由基接枝改性后，反应粗产物中主要包括聚烯烃接枝物、接枝单体共聚物、未反应的接枝单体及残留的少量引发剂等。测定接枝率之前，需要分离杂质，纯化精制粗产物。通常采用沉降的方法纯化，首先按一定比例将接枝物倒入有机溶剂（甲苯或二甲苯）中，加热回流，然后待其完全溶解，趁热将溶液倒入大量极性有机溶剂（甲醇、丙酮、乙酸乙酯等）中进行沉降，将沉降物过滤、洗涤并干燥后，即得到精制接枝产物。以聚乙烯接枝物为研究对象，考察多次重复纯化洗涤对接枝率结果的影响，发现多次重复纯化洗涤后，所测接枝率与仅纯化一次相比变化不大。

2. 非水溶液滴定

化学滴定法测接枝率是利用酸或碱，与接枝聚合物上的官能团反应，然后用反滴定的方法测得与官能团反应消耗掉的酸或碱的量，通过算式计算出接枝聚合物的接枝率。由于聚烯烃只溶于较高温度的有机溶剂（甲苯或二甲苯），故滴定所选用的溶剂都是既能够与所选用的酸碱相溶又能与聚烯烃溶液相溶的有机溶剂，如乙醇、甲醇、异丙醇等。

在测 MAH 接枝物的接枝率时由于接枝单体的酸性较强，可以与碱直接反应至终点，多采用直接滴定法。在测 GMA 接枝物的接枝率时，将纯化后的聚烯烃接枝物溶于热二甲苯溶剂中，再加入过量三氯乙酸（质子酸）的二甲苯溶液；回流 90min，让 GMA 上的环氧基团充分打开（反应机理见图 3-2），再用 KOH 甲醇溶液进行反滴定，用酚酞做指示剂。根据消耗掉的 KOH 甲醇溶液的量计算出接枝率。化学滴定法测定结果是接枝率的实测值，但是比较费时，而且操作比较烦冗。

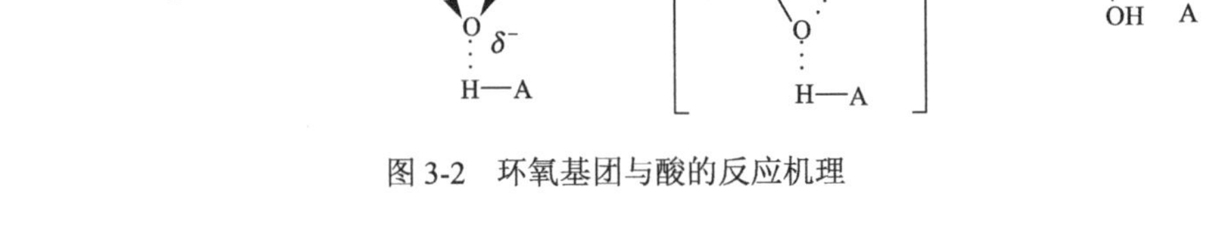

$$HA + R{-}\underset{\diagdown O \diagup}{CH{-}CH_2} \rightleftharpoons R{-}\overset{\delta^+}{CH}\ \overset{\delta^+}{-CH_2}\ (\overset{\delta^-}{O}\cdots H{-}A) \underset{}{\overset{+A^{\ominus}}{\rightleftharpoons}} \left[R{-}CH{-}CH_2\ (A\cdots,\ O\cdots H{-}A)\right]^{\ominus} \overset{-A^{\ominus}}{\rightleftharpoons} R{-}\underset{OH}{CH}{-}\underset{A}{CH_2}$$

图 3-2　环氧基团与酸的反应机理

二、红外光谱法

红外光谱法方便准确，能对化合物进行定性和定量分析，因此被广泛用于聚烯烃接枝物的分析和表征。红外光谱法是根据化合物官能团的特征吸收，对其进行定性判断；再根据吸收峰的强度进行定量分析，就可以得到化合物的相对含量。用红外光谱分析测接枝率有峰高比值法和峰面积比值法两种，结合化学滴定得到的接枝率数据作工作曲线，就可以利用红外光谱法得到的吸光度数据，换算得到接枝率的真实值。

1. 定性分析

在聚烯烃接枝改性的研究中，红外光谱对产物定性分析较为简单，通过对聚烯烃树脂与接枝产物的红外谱图进行对比，就可以判断产物是否已接枝。以MAH或GMA为例，以纯化后的接枝物为样本，若红外谱图中发现在1735～1750cm^{-1}出现了新的特征吸收峰（C═O的伸缩振动），即可判定为MAH或GMA已经接枝到了聚烯烃上。

2. 定量分析

由Lambert-Beer定律：

$$A = \lg\frac{I_0}{I} = kcl \tag{3-48}$$

式中，A为吸光度；I_0为入射光强度；I为透射光强度；k为消光系数；c为介质浓度；l为介质厚度。可知官能团吸收峰的强度与试样的吸收层的厚度和浓度成正比，将非水滴定法测得的接枝率与红外光谱中的官能团特征吸收数据关联起来，绘制定量校准曲线，可以使接枝率的测定方法大大简化。标准曲线可以通过两种方法得到，一种是用化学滴定法对纯化后的接枝产物进行接枝率测定，再与红外法的接枝率的结果拟合，另一种是直接用接枝单体或其均聚物与聚烯烃按一定比例共混后压片，再与红外法的接枝率的结果拟合。

$$\frac{A_1}{A_2} = \frac{c_1}{c_2} \tag{3-49}$$

由于在同一试样中，消光系数与试片厚度相同，因此可以选取聚乙烯C—H变形振动谱带作为内标峰，接枝官能团的C═O伸缩振动谱带作为接枝率的计量峰，二者峰强度的比值则可以近似认为是二者浓度的比值。Gallucci等在用红外分析法表征PE-g-GMA的接枝率时选取C═O伸缩振动吸收峰（1725cm^{-1}）及聚乙烯C骨架上C—H变形振动吸收峰（1380cm^{-1}），并以二者峰高的比值关系计算得出接枝率的近似值。Huang等在研究PP-g-GMA时，也采用红外法测PP-g-GMA接枝率，选取聚丙烯骨架振动特征峰（2722cm^{-1}）为内标峰，选取C═O伸缩振动吸收峰（1725cm^{-1}）为GMA接枝率的计量峰，建立标准曲线。

三、核磁共振分析法

聚烯烃接枝物的核磁共振谱图，既表现官能团的特性，也表现出该官能团所连接的大分子骨架的特性，利用核磁共振法既可以得到接枝官能团相对浓度，也可以了解接枝后的分子结构变化情况。由于聚烯烃接枝物的接枝率较低，通常摩尔百分数在2%以下，并且固体核磁的灵敏度较低，因此，测定接枝单体的碳谱比较困难，而接枝单体上氢的化学位移与高分子骨架上氢的化学位移相差较大，故氢谱在定性分析和定量分析接枝高聚物中应用较多。核磁共振法在测定接枝率时信号峰宽、分辨率低，不易得到较强信号。^{13}C 标记 MAH 上 C═C 的两个碳（这样可以提高测量的灵敏度），可用氘代四氯乙烷为溶剂测定不同聚烯烃上接枝链的位置[25]。

第四节　接枝聚合物的应用

聚烯烃接枝改性的目的是使其极性化和官能化，从而升级成为高级聚烯烃，增加附加值并拓宽应用领域。聚烯烃接枝物作为一种大分子增容剂广泛地应用于高分子合金、高分子基复合材料、极性-非极性材料表面黏结等领域[26]。高分子合金化、填充改性是提高高分子材料理化性能的主要方法。

一、在高分子合金中的应用

高分子合金（polymer alloy）是指由多种高分子材料通过共混的方法组成的复合体系，因材料组成和加工方式与金属合金相似，故称为高分子合金，也称聚合物合金。虽然人工合成的高分子材料种类数以万计，但能实际应用并实现工业化生产的高分子材料不过几十种，如聚烯烃、聚酯、聚酰胺等，而这些材料在单独加工和使用时还存在许多缺陷，不能满足实际需要。高分子合金化的目的就是通过将多种高分子材料共混，使各种材料取长补短，兼具各项优异性能，甚至使材料的性能成倍增长或派生出新的有用的性能，以满足生产和生活需要。自 20 世纪 80 年代以来，高分子合金的发展迅速，并逐渐向多功能化、高性能化方向发展。

高分子合金的关键技术是对高分子合金体系进行形态控制和界面改性，因为高分子体系多为热力学不相容体系，简单的共混很难将各种高分子材料均匀分散，致使高分子合金性能不升反降。使用增容剂对不相容体系进行增容改性，是改善高分子合金体系的相容性、增强其相界面黏结力及控制各分散相形态的主要技术方法。增容剂通常具有反应活性较强的官能团，如酸、酸酐、环氧基团等，在与高分子合金体系熔融共混时，能形成原位（in-situ）接枝或嵌段共聚物，达到反应性增容效果。近年来，聚烯烃接枝物作为高分子合金的增容剂，得到了越来越广泛的开发和应用。

1. 聚烯烃接枝物在聚烯烃/聚酰胺（尼龙）体系中的应用

尼龙（PA）是一类高极性、高结晶度的聚合物，具有强度高、弹性好、耐磨、耐化学腐蚀等一系列优良性能，属用途广泛的工程塑料之一。但其缺点是耐水性差，吸水后导致强度下降，形状和尺寸稳定性变差，另外价格较高，使其应用受到限制。PO/PA 共混物克服了 PO 及 PA 塑料固有的缺点，提高了耐热性、耐磨性、着色性、耐水性，改善了尺寸和形状稳定性。对于 PO/PA 的简单共混，由于 PA 属于极性聚合物，而 PO 是一类非极性高聚物，两者相容性差，直接共混所得材料的界面作用很弱，界面清晰，相分离严重，呈典型的不相容共混体系特征，几乎没有实用价值。由于 PA6 分子链末端有氨基或羧基，主链上有酰胺基，所以在共混体系中加入含有反应性官能团的聚烯烃接枝物就可以显著地改善共混组分间的相容性。

目前应用于 PO/PA6 共混体系的增容剂主要是一些含有羧基、酸酐、酯基等的聚烯烃接枝物。马来酸酐作为合金增容剂易产生刺激性有毒气体，所以近年来采用挥发性低、化学反应能力强的 GMA 接枝物（PO-g-GMA）作为合金增容剂的研究较为广泛。PA6 与 PO-g-MAH、PO-g-GMA 的反应分别如图 3-3 和图 3-4 所示。

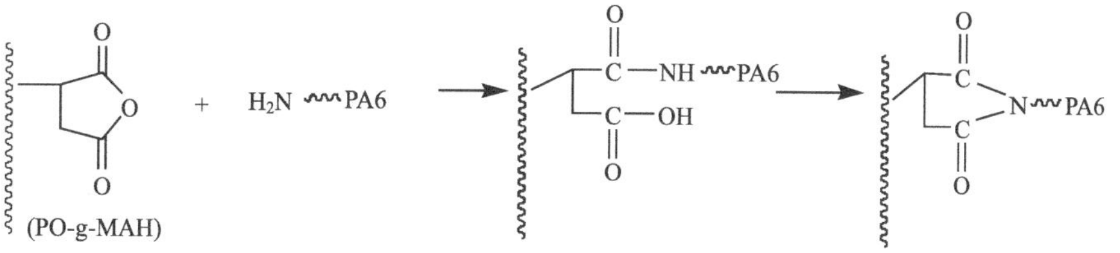

图 3-3　PA6 与 PO-g-MAH 的反应机理

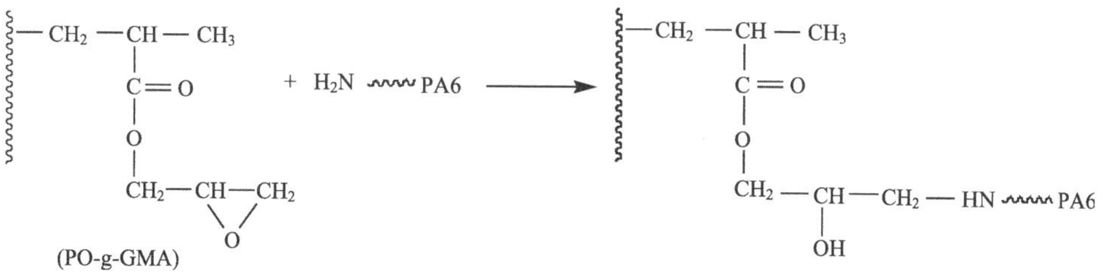

图 3-4　PA6 与 PO-g-GMA 的反应机理

目前已有多种方法直接或间接证明增容剂与 PA6 之间发生了化学反应。PA6/PP/PP-g-MAH 共混体系用甲酸萃取除去 PA6 后所得产物的红外光谱图中无 PP-g-MAH 的特征吸收峰（$1780cm^{-1}$），而在 $1743cm^{-1}$ 处出现一个新的吸收峰，PA6 在此处也无吸收峰，故该峰可能是酸酐与氨基反应而生成的酰亚氨基的特征吸收峰。而 Satte 等发现用 PP 接枝丙烯酸丁酯增容的 PA6/PP 共混物，经甲酸萃取后所得的产物在甲酸中能形成稳定的乳液。这表明该体系中形成了具有乳化作用的嵌段共聚物 PP-g-PA6。Zhang

等研究了 PP-g-GMA 反应性增容 PP/PA1010 共混体系的过程，通过分析 PP/PA1010 和 PP/PA1010/PP-g-GMA 的萃取物的能谱，发现 PP/PA1010/PP-g-GMA 体系的不溶物中含有 N 和 O，说明在共混过程中，增容剂 PP-g-GMA 与 PA1010 发生化学反应，最终形成 PP-g-GMA-g-PA 共聚物。Wei 等在 PA6/LDPE 共混过程加入一系列 PO-g-GMA 进行增容改性，通过 SEM 研究共混物的微观结构，发现增容剂有效地改善了共混体系的分散结构，随着增容剂接枝率提高和浓度增加，分散相的粒径逐渐减小，结合共混过程中体系的流变行为的改变，认为 GMA 接枝物的环氧官能团与 PA6 的氨基发生反应，使共混体系的分子量变大，增加了体系的黏度。赵梓年等采用 HDPE-g-GMA 作为增容剂，对 PA6/UHMWPE 共混体系进行增容改性，同样采取了红外分析萃取物的方法，证明 HDPE-g-GMA 起到反应性增容作用，研究结果表明，少量的 HDPE-g-GMA 即可提高 PA6/UHMWPE 共混物的冲击性能和拉伸性能，降低共混物的吸水率。尽管大多数研究结果表明 PO-g-GMA 在 PO/PA 体系中有着明显的增容作用，但有研究者指出，在 PP/PA 共混过程中，PP-g-GMA 中环氧基团的反应活性相比 PP-g-MAH 的酸酐基团的反应要弱很多，对共混物的分散作用很小。

2. 聚烯烃接枝物在聚烯烃/聚酯体系中的应用

聚酯是由多元醇和多元酸缩聚而得的聚合物总称，主要指聚对苯二甲酸乙二酯（PET），习惯上也包括聚对苯二甲酸丁二酯（PBT）和聚芳酯等线型热塑性树脂，是一类性能优异、用途广泛的工程塑料。聚酯具有良好的成纤性、力学性能、耐磨性、抗蠕变性、低吸水性以及良好的电绝缘性能，目前，聚酯在化纤、饮料包装和电子器件等领域的应用较为广泛。但其玻璃化转变温度和熔点较高，在常温下，结晶速度慢、抗冲击性差等不足阻碍了其在某些方面的应用。共混改性是提高聚合物力学性能的一种途径。近年来，聚酯与其他聚合物共混改性的研究越来越多。将 PET 与 PO 共混不仅可延伸二者原有的性能和应用领域，进一步优化其性能，而且可实现性能互补，提供力学性能和阻隔性的平衡，从而扩大其应用范围。另一方面，随着塑料制品的大量使用，废旧塑料的回收再利用也成为目前研究重点，聚烯烃和聚酯的共混改性，成为解决这类问题的关键。聚酯的化学结构单元为酯基，极性较强，与聚烯烃的相容性很差，为改进共混材料的性能，通常在聚合物混合物中加入增容剂进行增容，以降低二者间的界面张力，使得一相在另一相中较好地分散，改善共混物的物理、力学性能。

聚烯烃接枝物作为一种高性能增容剂在聚烯烃/聚酯体系中得到广泛应用。Boutevin 等采用自制的 HDPE 接枝物，对 HDPE/PET 体系进行增容改性，通过对比一系列不同单体的接枝物对 HDPE/PET 体系增容效果，发现 GMA 和 MMA 单体接枝物增容效果明显，使 HDPE/PET 共混物的力学性能得到改善，微观形貌分析显示，添加这两种接枝物的共体系相界面连续，分散相颗粒不明显，认为 GMA 的环氧基团相比马来酸酐的酸酐基团，在反应性增容过程中与酯基的反应活性更强。采用反应挤出的方法制备出一系列的 LLPDE-g-GMA，并将接枝物作为增容剂加入 PET/PE 体系，考察接枝物的接枝率对增容效果的影响，发现共混物的性能随着增容剂的接枝率增加而提高，达到一定值后趋于平缓。由于挤出加工后接枝单体的残留，接枝物内含有一定量的单体低聚物，通过对比实验，发现残留物对增容效果存在影响。有学者研究了 PP-g-GMA 对 PP/PET 共混体系的增容效果，通过比较 PP/PET 和 PP/PET/PP-g-GMA 共混物的流变性能和微观分散形貌，认为 PP-g-GMA 在 PET 中分散得更为均匀，说明其与 PET 的相容性更好，并且在共混过程中，PP-g-GMA 与 PET 发生反应，使得共混物的塑化扭矩增加。Nashar 等用辐射法制备了丙烯酸和丙烯腈接枝低密度聚乙烯（LDPE-g-AA 和 LDPE-g-AN）对 LDPE/PET 体系进行增容实验，研究了增容剂浓度对共混物的性能影响，认为增容剂加入量 7%（质量百分比）为最佳值。Pazzagli 等研究 GMA 接枝 HDPE 的接枝反应的影响因素，将制备的接枝物与 PET 共混，观察 PET/PE 和 PET/PE-g-GMA 两种共混物的微观形貌，发现 PET/PE-gGMA 共混物微观结构紧密连续，说明 PE-g-GMA 在 PET 中的分散良好。张师军等认为 LLDPE-g-GMA 可以作为 PET/LLDPE 良好的反应性增容剂，可以有效地改善 PET/LLDPE 合金的力学性能，用量为 5%～10%（质量百分比）时，可以使 PET/LLDPE 合金中所有力学性能均得到显著提高，冲击强度可提高 1 倍；而且 LLDPE-g-GMA 的加入可有效降低 PET/LLDPE 合金体系的玻璃化转变活化能，但对玻璃化转变温度影响不大。孙东成等采用茂金属聚乙烯接枝 GMA（mPEg）为增韧剂，通过对 PET/mPEg 共混体系的力学性能和形态结构的研究，发现 mPEg 接枝 GMA 所得接枝物是 PET 的良好的增韧剂，适量的 mPEg 可以大幅度提高 PET 的抗冲击性能。

二、在复合材料中的应用

改善高分子材料性能的有效方法之一是向高分子材料中加入填料改性，合成高分子基复合材料。高分子材料中加入适量的各种填料后，可以提高材料的物化性能：如硬度、强度、模量、耐热性、耐候性以及加工稳定性和制成品的耐螺变性等；甚至还可得到功能性材料：如阻燃复合材料、导电复合材料、发光材料及储能材料等。

同高分子合金材料所遇到的问题一样，复合材料体系中高分子材料与填料极性差异较大，相容性差，难分散均匀，两相界面黏合力低，导致材料的力学性能降低。为改善填料在高分子材料中的分散性，通常用小分子表面活性剂（偶联剂），如铁酸酯、硅烷、硬脂酸及其盐等处理填料颗粒表面，使填料颗粒表面非极性化；并且偶联剂的有机小分子链还可以与高分子基体进行交联缠绕，增强两相之间的界面黏结作用，达到提高材料整体力学性能的目的。但这种方法对材料力学性能的提高有限，因为偶联剂的分子链较短，与高分子基体作用小，填料与基体界面之间的黏结程度较弱。

近年来，使用高分子增容剂对复合材料增容改性，逐渐引起人们关注。增容剂多为高分子接枝或嵌段共聚物，它克服了传统偶联剂与基体作用弱的缺点，其双亲性大分子结构可以促进复合材料不相容相的分散；增容剂的活性官能团可以与填料表面原位反应形成复合粒子，而大分子链与高分子基体缠绕黏结能力较强，使填料与高分子材料相界面黏合更加紧密，从而使复合材料的综合性能得到大幅提高。增容剂在聚合物和填料的界面的物理化学作用如图 3-5 所示。不少国内外相关科研机构对增容复合材料进行了探索和研究。

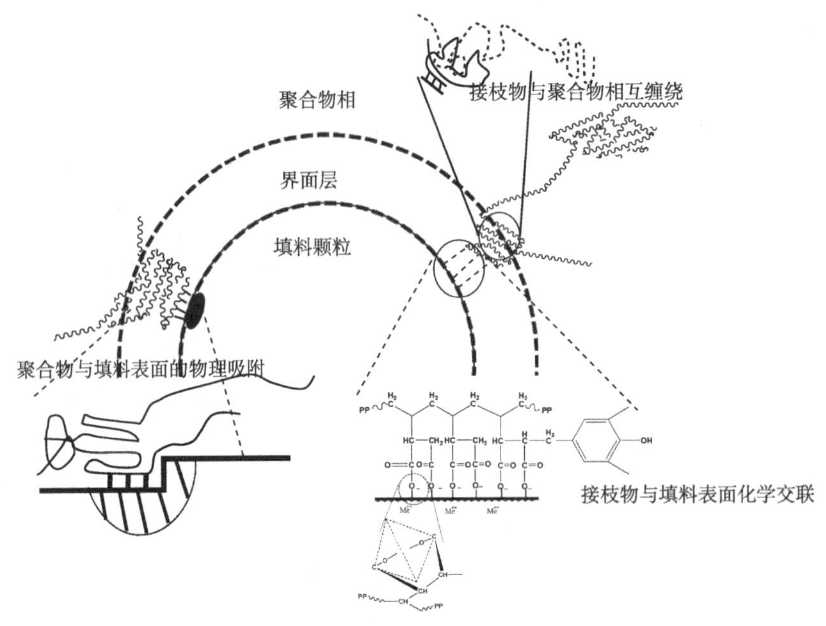

图 3-5　增容剂在聚合物和填料的界面的物理化学作用

思 考 习 题

（1）简述接枝聚合物的链结构特征，列举几种工业化的接枝聚合物，写出其结构式。

（2）聚合物的接枝反应可以分为自由基型接枝聚合和离子型接枝聚合，简述两种方法合成的接枝聚合物结构上的差异，并分析其原因。

（3）用于反应挤出的反应单体一般具有哪些特点？

（4）采用丙烯酸接枝聚乙烯可改性聚烯烃的极性，请写出该反应的主反应和副反应。

（5）采用马来酸酐接枝聚乙烯也是改性聚烯烃极性的一种常用方法，请写出该反应的主反应和副反应。

（6）接枝反应的影响因素有哪些，请分析这些因素是如何影响接枝反应的。

（7）接枝率的概念是什么？采用何种测试方法可以表征接枝率？

（8）什么是高分子合金，请分析接枝聚合物在高分子合金材料中的作用，并举例说明其实际应用。

（9）接枝聚合物可以作为高分子增容剂对复合材料进行增容改性，请分析其增容作用机理。

参 考 文 献

[1] A 诺谢伊, J E 麦格拉思. 嵌段共聚物: 概论与评述. 吴美琰, 李执芬, 施曼丽, 等译. 北京: 科学出版社, 1985.

[2] 王琛, 严玉蓉. 高分子材料改性技术. 北京: 中国纺织出版社, 2007.

[3] 戚亚光, 薛叙明. 高分子材料改性. 第 2 版. 北京: 化学工业出版社, 2009.

[4] 张邦华, 朱常英, 郭天瑛. 近代高分子科学. 北京: 化学工业出版社, 2006.

[5] Sperling L. Recent advances in polymer blends, grafts, and blocks. Berlin: Springer, 2013.

[6] Klempner D. Polymer alloys: blends, blocks, grafts, and interpenetrating networks. Berlin: Springer, 2012.

[7] 张倩. 聚氯乙烯制备及生产工艺学. 成都: 四川大学出版社, 2014.

[8] Priola A, Bongiovanni R, Gozzelino G. Solvent influence on the radical grafting of maleic anhydride on low density polyethylene. European polymer journal, 1994, 30(9): 1047-1050.

[9] Xanthos M. Reactive extrusion: principles and practice. Munich: Hanser Publishers, 1992.

[10] Moad G. The synthesis of polyolefin graft copolymers by reactive extrusion. Progress in Polymer Science, 1999, 24(1): 81-142.

[11] Carraher C E, Moore J A. Modification of polymers. Berlin: Springer, 2012.

[12] Ho R M, Su A C, Wu C H, et al. Functionalization of polypropylene via melt mixing. Polymer, 1993, 34(15): 3264-3269.

[13] Shi D, Yang J, Yao Z, et al. Functionalization of isotactic polypropylene with maleic anhydride by reactive extrusion: mechanism of melt grafting. Polymer, 2001, 42(13): 5549-5557.

[14] De Roover B, Sclavons M, Carlier V, et al. Molecular characterization of maleic anhydride-functionalized polypropylene. Journal of Polymer Science Part A: Polymer Chemistry, 1995, 33(5): 829-842.

[15] 仉荣花, 朱雨田, 曾宪标, 等. 马来酸酐接枝聚丙烯的分子结构及反应机理. 高分子材料科学与工程, 2005, 21(1): 67-70.

[16] Ho R M, Su A C, Wu C H, et al. Functionalization of polypropylene via melt mixing. Polymer, 1993, 34(15): 3264-3269.

[17] 张广成. 聚烯烃的反应挤出研究. 西安: 西北工业大学, 2001.

[18] Russell K E, Kelusky E C. Grafting of maleic anhydride to n-eicosane. Journal of Polymer Science Part A: Polymer Chemistry, 1988, 26(8): 2273-2280.

[19] Lee N, Russell K E. Free radical grafting of N-methylmaleimide to hydrocarbons and polyethylene. European polymer journal, 1989, 25(7-8): 709-712.

[20] Russell K E. Grafting of maleic anhydride to hydrocarbons below the ceiling temperature. Journal of Polymer Science Part A: Polymer Chemistry, 1995, 33(3): 555-561.

[21] Gaylord N G, Mehta M. Role of homopolymerization in the peroxide-catalyzed reaction of maleic anhydride and polyethylene in the absence of solvent. Journal of Polymer Science: Polymer Letters Edition, 1982, 20(9): 481-486.

[22] Gaylord N G, Mehta M, Mehta R. Degradation and cross-linking of ethylene-propylene copolymer rubber on reaction with maleic anhydride and/or peroxides. Journal of applied polymer science, 1987, 33(7): 2549-2558.

[23] Gaylord N G, Mehta R. Peroxide-catalyzed grafting of maleic anhydride onto molten polyethylene in the presence of polar organic compounds. Journal of Polymer Science Part A. Polymer Chemistry, 1988, 26(4): 1189-1198.

[24] Gaylord N G, Mehta R, Kumar V, et al. High density polyethylene-g-maleic anhydride preparation in presence of electron donors. Journal of applied polymer science, 1989, 38(2): 359-371.

[25] Heinen W, Rosenmöller C H, Wenzel C B, et al. ^{13}C NMR study of the grafting of maleic anhydride onto polyethene, polypropene, and ethene-propene copolymers. Macromolecules, 1996, 29(4): 1151-1157.

[26] Olabis O. Polymer-polymer miscibility. Amsterdam: Elsevier, 2012.

第四章　聚合物的嵌段反应

第一节　概　　述

嵌段聚合物是通过共价键将两种或两种以上不同组成和性质的聚合物链段（链端）连接在一起形成的杂化聚合物。为了指出单体单元在共聚物结构中的排列方式，常用字母“b”（block）表示嵌段，嵌段之间用“-b-”相连。例如，聚苯乙烯-聚丁二烯-聚苯乙烯嵌段聚合物可以表示为PS-b-PB-b-PS（简称SBS）。

在嵌段聚合物中决定嵌段聚合物性能的是链段的化学结构和序列结构。各组成链段的排列方式称之为链段序列结构。链段序列结构对特定链段所组成的嵌段聚合物所能达到的固有性能，还起着决定性的重要作用，因此链段序列结构是嵌段聚合物学科领域重点研究的内容。

嵌段聚合物的链段序列结构有三种基本形式（见图4-1）。最简单的排列是二嵌段结构，通常称之为A-B嵌段聚合物，它由一个重复单元构成的链段A和另一个重复单元构成的链段B所组成。第二种形式是三嵌段，即A-B-A嵌段聚合物结构，由一个重复单元构成的链段B，连接在两个重复单元链段A之间而组成。第三种基本形式为$-\!\!\left(\text{A—B}\right)_n$多嵌段聚合物，它由多个交替的A和B链段组成。此外，还有一种不常见的类型，是放射型嵌段聚合物，它是由三个或多个二嵌段链段从其中心向外放射，形成星状大分子结构，图4-2是这类结构的示意图。

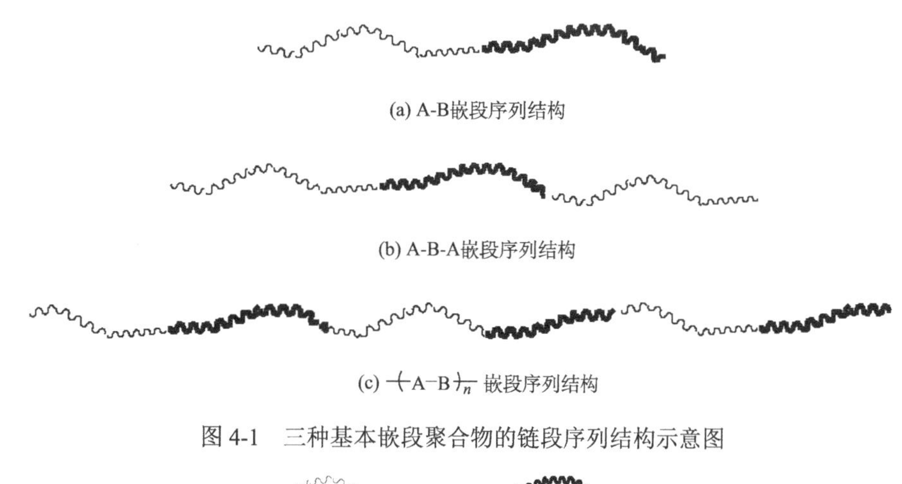

(a) A-B嵌段序列结构

(b) A-B-A嵌段序列结构

(c) $-\!\!\left(\text{A—B}\right)_n$ 嵌段序列结构

图4-1　三种基本嵌段聚合物的链段序列结构示意图

为链段A；为链段B

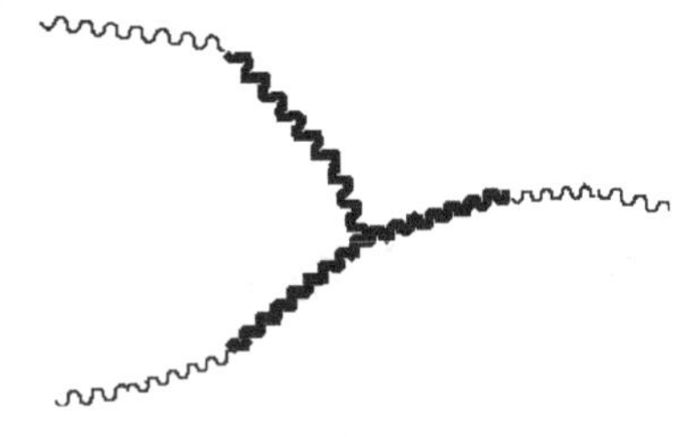

图 4-2　放射状嵌段聚合物的链段序列结构

现代合成高分子化学的主要目标之一是制备具有可控分子量和规整结构的聚合物，即不仅实现分子量、聚合链的多分散度可控，而且可实现组成、结构和端基功能团可控。结构明确的嵌段聚合物会表现出一系列优异的性质，不但在高分子溶液理论方面而且在实际应用中都具有很大意义。近年来，具有复杂结构的多嵌段聚合物以其独特的结构与性能引起了人们的广泛关注，多嵌段聚合物的设计与合成及其结构-性能关系的研究已成为高分子化学领域的前沿课题之一。

第二节　嵌段聚合物的性质

嵌段序列结构对嵌段聚合物的玻璃化转变温度、弹性行为和透光性等有很大的影响。而耐化学性、热稳定性、电性能等仅与链段的化学性质有关，与链段的序列结构基本无关[1,2]。以下将讲述嵌段聚合物的玻璃化转变温度、力学性能、透光性和增容性能。

一、玻璃化转变温度

嵌段聚合物的模量-温度关系的类型取决于嵌段间的相分离程度。依据嵌段间相分离程度，可分为单相嵌段和两相嵌段。共聚物中的两嵌段高度相容时称之为单相嵌段；两嵌段不相容时，各嵌段保持其固有的性质，称之为两相嵌段。

单相嵌段聚合物的模量-温度关系与无规共聚物相似。如图 4-3 所示，无规共聚物的

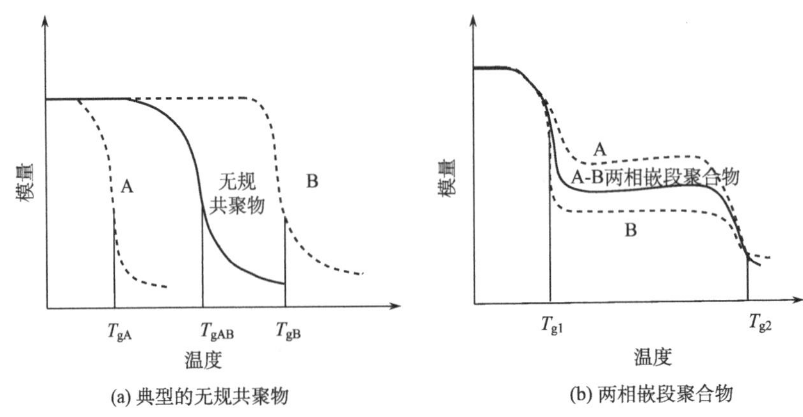

图 4-3　共聚物模量与温度的关系

模量-温度曲线介于均聚物 A 和均聚物 B 之间。同时只有一个玻璃化转变温度（T_g）处于两均聚物的 T_g 之间。无规共聚物的 T_g 位置与 A 和 B 两单体的组成含量有关。相应地，单相嵌段聚合物的 T_g 位置与嵌段 A 和嵌段 B 的含量相关。

两相嵌段聚合物的模量-温度关系与物理共混共聚物相似，有两个明显的玻璃化转变温度。在两个 T_g 数值之间，有一个模量平台部分，这种平台的平坦程度取决于相分离的程度，相分离越完善，则模量对温度的敏感性越低。某些高度相分离的嵌段聚合物体系与理想的情况十分接近。然而，与前面所述无规共聚物的行为相反，两相体系中的两个 T_g 值与其两嵌段含量没有显著关系，而模量平台的位置却与两嵌段含量有关。简而言之，组成含量的变化使嵌段聚合物的模量曲线上下移动，但使无规共聚物或单相嵌段聚合物的模量曲线左右移动。显然，以上情况只适用于两相嵌段聚合物的嵌段长度大到数均分子量（M_n）不再影响 T_g 时。

例如，SBS 是苯乙烯-丁二烯-苯乙烯三嵌段聚合物，为两相结构，同样有两个玻璃化转变温度：橡胶相 T_{g1}=83～90℃和塑料相 T_{g2}=77～94℃。这两个玻璃化转变温度限定了它们作为弹性固体的使用温度范围应介于橡胶相 T_{g1} 和末端嵌段相 T_{g2} 之间。T_{g1} 和 T_{g2} 既取决于聚合物链段自身的属性，也取决于溶解于它的任何材料的属性。这是一个非常重要的性质，它使得我们有可能利用和末端嵌段相容的高熔点树脂来提高使用温度的上限，利用和中间嵌段相容的低软化点树脂或增塑剂来降低使用温度的下限。

这种模量-温度关系有重要的实际用处。在单相刚性体系中，为获得较高的热变形温度，将相容的另一个高 T_g 的链段进行嵌段共聚。另一方面，两相嵌段聚合物呈现的模量平台特性在弹性体系应用中有很大的用处。这种关系可使嵌段聚合物弹性体的热性能与化学交联弹性体的热性能相媲美。

二、力学性能

（1）模量：根据在室温下模量的大小把嵌段聚合物分为两类，刚性嵌段聚合物和弹性嵌段聚合物。刚性嵌段聚合物由两个硬嵌段或一个硬嵌段与一个短的软嵌段组成。弹性嵌段聚合物一般含有一个软嵌段与一个短的硬嵌段。其中硬嵌段的定义是 T_g（或熔融温度 T_m）在室温以上的嵌段；软嵌段的定义是 T_g（也可以是 T_m）在室温以下的嵌段。嵌段聚合物也有可能含有两种软嵌段，但在力学性能上并没有显著的优点。

由两种硬嵌段组成的刚性嵌段聚合物，例如芳族聚酯-芳族聚酰胺嵌段聚合物，其抗蠕变或抗应力松弛等力学性能好。

本来是脆性的刚性聚合物，通过与小部分软嵌段组成嵌段聚合物，在韧性方面得到很大改善。这是由于此体系中具有两相特性以及软嵌段较低的玻璃化转变温度。

（2）形态结构类型：形态结构类型在决定弹性嵌段聚合物的力学性能上极其重要。A-B 型形态结构的嵌段聚合物与无规共聚物弹性体相比，在力学性能上无显著改善。A-B 型嵌段聚合物和无规共聚物都必须用化学交联或硫化来得到良好的弹性。然而，具有 A-B-A 型（线型或星型）或 $\left(\text{A—B}\right)_n$ 形态结构的弹性共聚物具有十分独特的性能。苯乙烯-丁二烯（SB）（A-B 型）和苯乙烯-丁二烯-苯乙烯（SBS）（A-B-A 型）嵌段聚合物可以很好地说明这两种类型在弹性方面的不同。SBS 为三嵌段或星型嵌段聚合物，由于聚苯乙烯和聚丁二烯段溶度参数的差异，嵌段聚合物会出现相分离形成海岛状结构，从而具有很好的拉伸强度。双嵌段 SB 虽然也能形成相分离结构，但由于不能形成网络形态，因此力学性能很差。当 SB 和 SBS 混合在一起时，对 SBS 的某些力学性能将产生影响。

这种 A-B-A 型和 $\text{+}(\text{A}-\text{B})_n\text{+}$ 型共聚物，叫作热塑性弹性体，它既有交联橡胶的力学性能，又具有线型热塑聚合物的加工性能。同时具有两种性能的独特性，是近几十年来深入研究嵌段聚合物的主要推动力。

热塑性弹性体是由大量的软嵌段和少量的硬嵌段组成的两相嵌段聚合物。软、硬两种嵌段各有各的用处，软嵌段提供柔韧的弹性，而硬嵌段则提供物理交联点，提供了强度和硬度。之所以能够如此，是因为体系出现了不寻常的两相形态结构。由于微观的相分离，使得硬嵌段在弹性体中相互聚集，从而产生了分散的小微区（10～30nm），并用化学链与软嵌段部分连接。这些微区形成链间有力的缔结，使之形成物理交联。这种物理交联与硫化弹性体中的化学交联有同样的功能。但热塑性弹性体中的硬嵌段微区交联点与化学硫化的弹性体的情况又有不同，热塑性弹性体在 T_g 或 T_m 以上，这种硬微区将变软或熔融，因而热塑性弹性体可以用熔融加工的方法进行加工。另外，这种玻璃态或晶态的硬嵌段微区还有个好处，就是使弹性体增强而产生高强度。

热塑性弹性体的性能依靠软、硬嵌段的相对分子质量所占的体积分数而定。各嵌段的长度必须大到可以形成两相体系，但又不能大到影响其热塑性质。软、硬嵌段比例的变化对模量、弹性回复和力学性能都会有影响。如果想得到高弹性回复和高拉伸强度，硬嵌段所占的体积分数必须高于一定程度（≥20%），以便有足够的物理交联。但是硬嵌段过多时（接近 30%），能使硬段微区从分散的小球变成连续的层状结构，这种层状结构破坏了弹性回复的性能。由于热塑性弹性体的性能很大程度上取决于网络结构的完善性，所以任何能破坏嵌段聚合物网络结构的不纯物必须尽量除去。通常 A-B 型嵌段聚合物就能破坏 A-B-A 型热塑性弹性体的网络结构。

三、透光性

无论是刚性的还是弹性的嵌段聚合物，在光学透明度上，都比均聚物共混物要好得多。这是由于共混体系中各均聚物间存在相容性的差异，形成明显的相分离，各个宏观相的折射率不同使材料呈现出较差的透明性。嵌段聚合物仅能产生微观的相分离而形成很小的微区结构，这种微区远小于光的波长（100nm），所以即使各嵌段的折射率相差很大也是透明的。例如，有机硅氧烷和苯乙烯/二烯类就是这样。微区的大小随相对分子质量增加而增加，但是除非相对分子质量很高，一般都是透明的。

四、增容性能

两相嵌段聚合物有一个特性，就是可以与共嵌段组分相同的均聚物有部分相容性。

这种特征可用将嵌段聚合物作为相容剂制备相容性良好的两均聚合物共混物。由于相间黏附力好和分散得细，这种共混物有很好的“力学”相容性。在这些共混物内，由于嵌段聚合物的第二链段的性质不同，完全相容（即相互溶解）是不可能的。这种部分相容性很有实用价值，比如均聚物通过与弹性嵌段聚合物共混以改善其冲击性能。例如，少量聚砜-b-聚（二甲基硅氧烷）嵌段聚合物与聚砜均聚物共混，可以大大改善后者的缺口冲击强度。这种部分相容性的另一个用途是将均聚物与含此均聚物链段和一个化学稳定性较好的链段的嵌段聚合物共混，可改善均聚物化学稳定性，例如，聚砜与聚砜-b-尼龙6嵌段聚合物的共混物。这种部分相容性还可以用于改善弹性体的加工性能，例如将聚丁二烯加到苯乙烯-丁二烯嵌段聚合物中，以改善苯乙烯-丁二烯嵌段聚合物的加工性。

两相嵌段聚合物也可作为表面活性剂。含有水溶和油溶两种嵌段的共聚物，如环氧乙烷-环氧丙烷，是很有用的非离子型洗涤剂。有机硅氧烷嵌段聚合物是非常有用的泡沫表面活性剂。同样，亲水-疏水的聚氨酯可以选择吸附脂类化合物（例如，胆甾醇），因而，在生物学上可能是很重要的嵌段聚合物。

第三节　嵌段聚合物的合成

嵌段聚合物是由两种或者两种以上不同性质的聚合物链段通过适当的方法合成的一种具有特殊功能的大分子链。近年来，嵌段聚合物的制备已经引起了高分子化学领域研究者的广泛关注。在制备某个具有特定结构的嵌段聚合物时，必须首先考虑嵌段聚合物链段序列结构，以便选用相应的合成方法。按照嵌段聚合的反应机理，制备嵌段聚合物最常用的方法可分为活性加成聚合和各种类型的逐步生长（step-growth）缩合[3-6]。

A-B 和 A-B-A 序列结构主要是通过阴离子活性聚合法制备。相反，$\mathrm{-\!(A-B)_{\mathit{n}}\!-}$ 结构常通过逐步生长方法来制备。另一方面，活性加成聚合法也不便于用来制备结构清楚的 $\mathrm{-\!(A-B)_{\mathit{n}}\!-}$ 结构，这是由于在重复地顺序加入单体的循环过程中，偶然产生的杂质引起早期链终止概率高。

按照嵌段链的形成次序，嵌段聚合物的合成方法又可分为三种。第一种方法，顺序加料活性聚合法，既可以用来形成链段也可以用来形成链段间的键合（intersegment linkage）。第二种方法，聚合物端基间的相互反应，是指预先制好两种具有末端官能团的聚合物，再经过化学反应形成链段间的链。第三种方法，聚合物端基的再生长聚合，是指在预先制好的第一种嵌段末端基团上进行聚合生成第二种嵌段。第二种和第三种方法是在聚合物的基础上制备嵌段聚合物的方法，基于本书侧重点是以聚合物为反应基体展开的讲述，所以本章节重点讲述第二种和第三种合成方法。

一、顺序加料活性聚合法

活性聚合过程中只有引发和增长两个步骤，实质上没有终止反应的步骤。这种特点，使它可用于合成预期的结构可控聚合物。这一点对制备嵌段聚合物来讲十分宝贵。为了得到嵌段聚合物所固有的最佳性能，往往需要严格地控制其结构。这种方法在理论上能用来合成各种嵌段体系。这些体系中有些很接近上述的理想情况，有些与理想情况有一定的差异。本节将按照可能的结构规整程度的下降顺序来讨论各种体系。

活性聚合法，不但可用于烯类聚合，也可用于开环聚合。至少在理论上，这种方法能通过阴离子、阳离子和配位机理来进行。阴离子路线更具有无终止反应的特色，这是由于阴离子的增长末端具有更高稳定性，因此，合成嵌段聚合物时适合采用这种方法。

丁基锂引发的苯乙烯和丁二烯聚合是阴离子活性聚合法合成规整结构的嵌段聚合物最好的例子。这个方法主要应用于苯烯烃和二烯，它是先通过聚合苯乙烯，随后顺序加入丁二烯进行聚合，制备 A-B 型的两嵌段聚合物，其反应如式（4-1）～式（4-4）所示。

（1）引发：

$$\mathrm{RLi} + \mathrm{H_2C{=}CH(C_6H_5)} \longrightarrow \mathrm{R{-}CH_2{-}\overset{\ominus}{C}H(C_6H_5)\,\overset{\oplus}{Li}} \tag{4-1}$$

（2）第一增长：

$$\mathrm{R{-}CH_2{-}\overset{\ominus}{C}H(C_6H_5)\,\overset{\oplus}{Li}} + (a-1)\,\mathrm{H_2C{=}CH(C_6H_5)} \longrightarrow \mathrm{R{+}CH_2{-}CH(C_6H_5){+}_{a}\overset{\ominus}{\ }\overset{\oplus}{Li}} \tag{4-2}$$

（3）交叉引发：

$$\mathrm{R{+}CH_2{-}CH(C_6H_5){+}_{a}\overset{\ominus}{\ }\overset{\oplus}{Li}} + \mathrm{H_2C{=}CH{-}CH{=}CH_2} \longrightarrow \mathrm{R{+}CH_2{-}CH(C_6H_5){+}_{a}CH_2{-}CH{=}CH{-}\overset{\ominus}{C}H_2\overset{\oplus}{Li}} \tag{4-3}$$

（4）第二增长：

$$\mathrm{R{+}CH(C_6H_5){-}CH_2{+}_{a}CH_2{-}CH{=}CH{-}\overset{\ominus}{C}H_2\overset{\oplus}{Li}} \xrightarrow{(b-1)\text{丁二烯}} \mathrm{R{+}CH_2{-}CH(C_6H_5){+}_{a}{+}CH_2{-}CH{=}CH{-}CH_2{+}_{b}\overset{\ominus}{\ }\overset{\oplus}{Li}} \tag{4-4}$$

任何嵌段聚合物的链段序列（例如，A-B、A-B-A 和 +A—B+_n ）都能用活性聚合法合成。其中可用单官能团引发剂（如 RLi）并选用一定的顺序加入单体次数的方法。也可如图 4-4 所示，用双官能团引发剂（如 Li—R—Li），制备 A-B-A 和 +A—B+_n 结构的产物。用双官能团引发剂时需要加入单体的变换次数比用单官能团引发剂少。

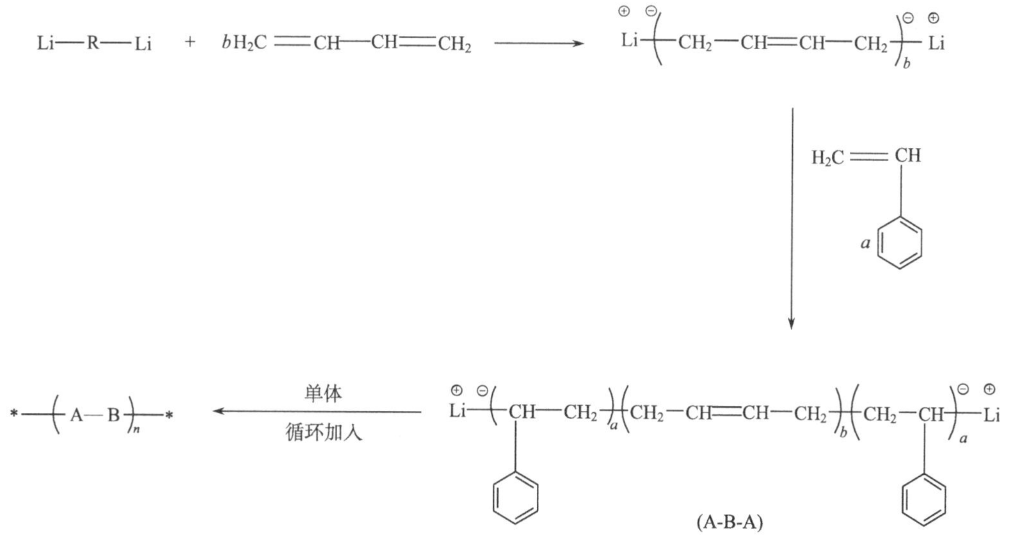

$$Li-R-Li + bH_2C=CH-CH=CH_2 \longrightarrow \overset{\oplus}{Li}\overset{\ominus}{\ }\!\!\left(CH_2-CH=CH-CH_2\right)_b\overset{\ominus}{\ }\overset{\oplus}{Li}$$

$$\xrightarrow{a\ H_2C=CH-C_6H_5} \overset{\oplus}{Li}\overset{\ominus}{\ }\!\!\left(\underset{C_6H_5}{CH}-CH_2\right)_a\!\left(CH_2-CH=CH-CH_2\right)_b\!\left(CH_2-\underset{C_6H_5}{CH}\right)_a\overset{\ominus}{\ }\overset{\oplus}{Li}\ \ (A\text{-}B\text{-}A)$$

$$\xrightarrow[\text{循环加入}]{\text{单体}} *\!-\!\left(A-B\right)_n\!-\!*$$

图 4-4　由双官能团引发剂合成 A-B-A 和 $\left(A-B\right)_n$ 段聚合物

同时用逐渐过渡嵌段技术，从单体混合物可直接合成 A-B-A 嵌段聚合物。活性聚合法的另一个特性是能合成嵌段很长，即分子量很高的嵌段聚合物。这是我们所期望的，因为要得到好的性能，常常需要很长的嵌段。

二、聚合物端基间的相互反应

通过末端官能团的聚合物间的反应，可以制备各种嵌段聚合物。至少在理论上，许多种类的官能团都可以用。用这种方法，在嵌段聚合反应时，仅仅形成链段间的键合。原则上，两个单官能团低聚体可用来合成 A-B 两嵌段序列结构；一个单官能团低聚体和一个双官能团低聚体可用来合成 A-B-A 三嵌段序列结构。一般说来，两个双官能团低聚体可用来合成 $\left(A-B\right)_n$ 型嵌段聚合物。

带有末端官能团的聚合物通常采用两种方式制备：①逐步生长反应，②合适的加成或开环聚合反应。在第一种方式，逐步生长聚合情况下，反应结束后自然生成末端基团。这些聚合物的端基带有过量单体的端基。例如，在二元酸与二元醇逐步脱水形成聚酯的反应过程，当二元醇过量时，聚酯的两端则以羟基为末端官能团。在第二种方式，加成或开环聚合的情况下，能通过选择引发剂成戴“帽子”的方式，使末端带有一定的官能团。如己内酯开环聚合形成聚己内酰胺，最终形成一端带羧基、一端带氨基的聚合物。末端官能团除了羟基以外，还有氨基、异氰酸酯基、酰卤基、氯硅烷基甚至负碳离子。唯一主要的要求条件是要有一个高效的反应基团。

上述具有末端官能团的聚合物，在生成 $\left(A-B\right)_n$ 嵌段聚合物时，可以是完全交替链段或者是按统计规律排列的链段。按照定义，当聚合物末端的官能团仅能进行相互反应，而不能自身反应时，则可得到完全交替排列的链段，如图 4-5 所示。

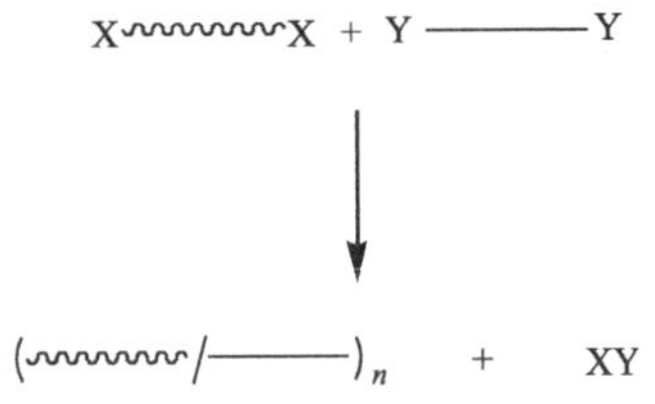

X〰〰X + Y———Y

↓

(〰〰/———)$_n$ + XY

图 4-5　两种末端官能团形成交替排列的链段序列结构

以聚砜-b-聚（二甲基硅氧烷）嵌段聚合物的合成为代表，带有羟基末端的聚砜与末端为二甲基胺的硅氧烷反应形成完全交替排列的嵌段序列结构，反应过程如图 4-6 所示。

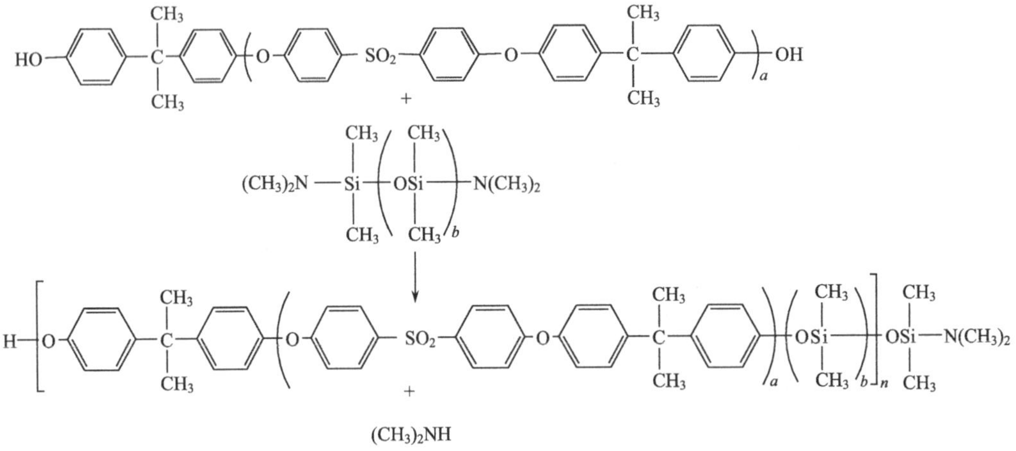

图 4-6　聚砜-b-聚（二甲基硅氧烷）嵌段聚合物的合成过程

虽然这些链段是完全交替排列，但嵌段聚合物是具有多分散性的，分散性的大小既取决于形成低聚物的反应过程也取决于形成嵌段聚合物的反应。具有相同末端官能团的两种聚合物与第三组分发生偶联反应，则所得嵌段聚合物链段序列比较难以控制。如果两个聚合物对偶联剂反应活性相近，则将以统计规律或无规的形式组成嵌段聚合物，如图 4-7 所示。典型的例子，用光气偶合羟基末端聚环氧乙烷和双酚 A 聚碳酸酯低聚体。以上反应得到的嵌段平均分子量高于相应聚合物的分子量。这是由于一种聚合物可以自身偶合也可以与另一种聚合物偶合。如果这两种聚合物对于偶联剂的反应活性相差很大，则可能得到含有相同链段的长序列结构。至于在好的交替体系中，链段分子量直接决定于聚合物分子量。相比之下，按统计规律偶联的体系也有其好处，即组成易于控制，可以不受嵌段分子量的限制。在交替偶联体系中，必须要有等摩尔质量的带官能团的聚合物才能达到反应完全。按统计规律偶联的体系中，两个聚合物的任何比例都能用适量的偶联剂量使之反应完全。

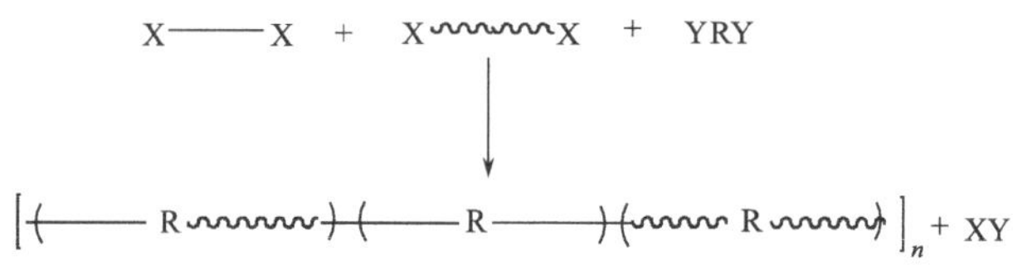

图 4-7　统计规律或无规的形式组成嵌段聚合物

YRY 为偶联剂

除上述通过具有末端官能团聚合物偶联形成嵌段聚合物外，嵌段聚合物也可能自身偶合来改变它们的序列结构。例如，A-B 和 A-B-A 结构可以分别偶合成 A-B-A 或 $\left(A-B\right)_n$ 体系。这种方法能用于比较稳定的“末端基团”，如碳阴离子、硅氧烷根和硫醇根及各种偶联剂（例如，光气、二卤代烷和二卤硅烷）。聚苯乙烯-聚丁二烯的线型偶联即是一个例子，如图 4-8 所示。

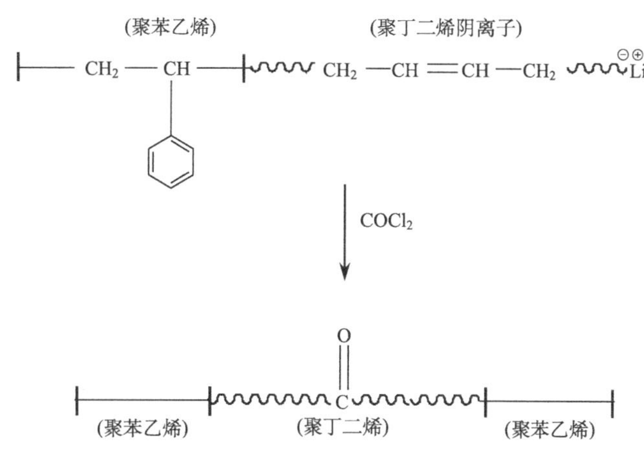

图 4-8　聚苯乙烯-聚丁二烯的线型偶联

所谓的星型嵌段聚合物可以用相似的方法制成，即用一个多官能团偶联剂，例如，用四氯化硅来产生星型结构，如图 4-9 所示。

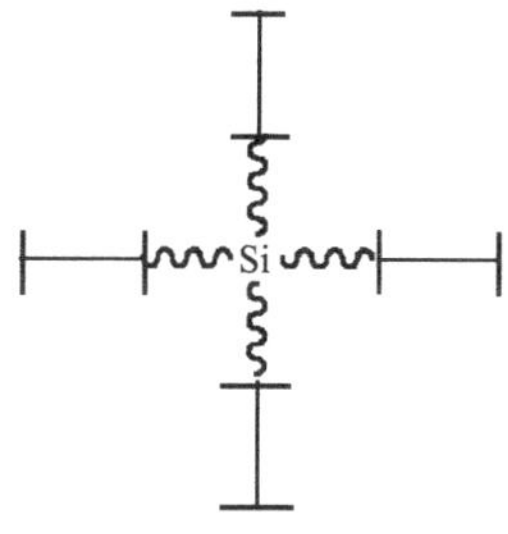

图 4-9　由四氯化硅形成的星型结构

三、聚合物端基的再生长聚合

这种方法实质上是上述两种方法的结合，既使用单体，又使用预先制好的具有末端官能团的低聚体进行反应来制备嵌段聚合物，也可称之为“低聚体-单体”嵌段聚合物。一般说来，该路线比低聚体-低聚体的方法更经济，因为可进行本体聚合，同时不需要分离第二低聚体。大家都知道聚合物-聚合物有不相容的现象，所以用低聚体-低聚体的方法一般不可能进行本体聚合。再者，这种方法还有个优点，即可以在溶液聚合时得到既含无定形链段、又含结晶链段的嵌段聚合物。用低聚体-低聚体方法时，结晶链段的不溶性很难实现，却能很容易地通过一个预制的可溶性低聚体的末端官能团引发聚合生成结晶聚合物链段而实现。

这种制备嵌段聚合物的方法，可以用下列各种原料组合：

（1）加成或开环低聚体，加上加成或开环单体；

（2）逐步生长低聚体，加上加成或开环单体；

（3）加成或开环低聚体，加上逐步生长单体；

（4）逐步生长低聚体，加上逐步生长单体。

第二嵌段的生长与嵌段间键的形成是同时发生的。嵌段间键的性质取决于预制低聚体的末端基团，而末端基团又与所用的引发剂、“帽子”剂或所用共聚单体的化学计量有关。

所有的三种链段结构的嵌段聚合物都能用这种低聚体-单体方法来合成。嵌段聚合物的序列结构依赖于单体的类型和低聚体的功能度。单官能团或双官能团的低聚体与加成单体或开环单体反应时，分别生成 A-B 和 A-B-A 的结构（图 4-10）。逐步生长单体反应时情况比较复杂，这是由聚合反应的统计规律所决定的。

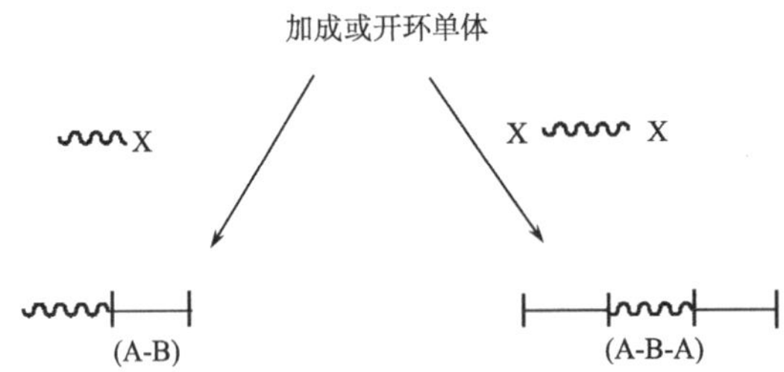

图 4-10　加成或开环法合成 A-B 和 A-B-A 嵌段聚合物

在准确的化学计量条件下，逐步生长单体能与单官能团和双官能团的低聚体反应分别生成基本上是 A-B-A 和 $\left(\text{A—B}\right)_n$ 结构的嵌段聚合物（图 4-11）。但即使在准确的化学计量的情况下，也可能产生统计规律链段序列的缺点，特别是用单官能团低聚体时这种缺点就更为显著。此外，如果化学计量不准确时，其产品将更加不均匀，将在嵌段聚合物中出现不希望含有的链段（或甚至夹杂有均聚物）。

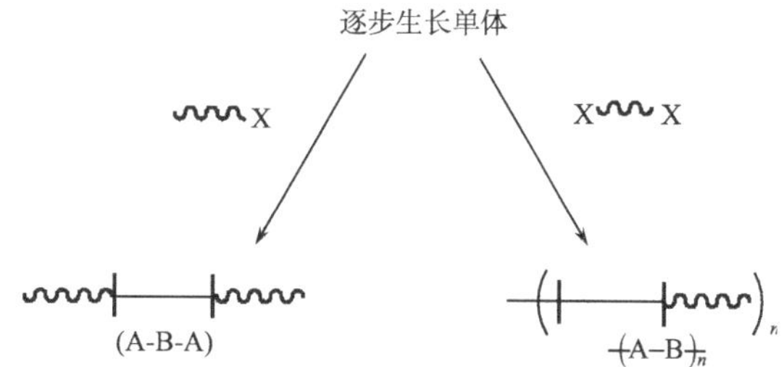

图 4-11 逐步生长法合成 A-B-A 和 $\text{+}A—B\text{+}_n$ 嵌段聚合物

此低聚体-单体方法能用来制备许多种嵌段聚合物，包括加成-开环嵌段和逐步生长嵌段。为了说明其用途，现举出四个典型的合成例子（a）～（d）。

（a）加成低聚体-开环单体：

$$\sim CH_2-\overset{\ominus\ \oplus}{CH}Li\ (C_6H_5) \xrightarrow[(2)\ H^+]{(1)\ H_2C\overset{O}{—}CH_2} \sim CH_2-CH(C_6H_5)-CH_2-CH_2OH$$

(单羟基-末端聚苯乙烯)

$\xrightarrow{(H_2C)_5\text{—}C(=O)\text{—}O\ (b)}$

$$\sim\!\!\left(CH_2-CH(C_6H_5)\right)_a CH_2-CH_2\!\left(O(CH_2)_5\overset{O}{\overset{\|}{C}}\right)_b *$$

(聚苯乙烯) (聚己内酯)

A-B嵌段聚合物

（b）逐步生长的低聚体-开环单体：

$$Cl-C_6H_4-SO_2-C_6H_4\left[O-C_6H_4-C_6H_4-O-C_6H_4-SO_2-C_6H_4\right]_n Cl$$

$$\xrightarrow[\text{碱}]{NH\ (CH_2)_5—CO}$$

$$\sim\overset{O}{\overset{\|}{C}}-(CH_2)_5-HN-C_6H_4-SO_2-C_6H_4\left[O-C_6H_4-C_6H_4-SO_2-C_6H_4\right]_n NH-(CH_2)_5-\overset{O}{\overset{\|}{C}}\sim$$

(尼龙-6) (尼龙-6)

A-B-A嵌段聚合物

（c）开环低聚体-逐步生长单体：

$$HO\text{-}\!\!(CH_2-CH_2-CH_2-CH_2-O)_b\!\!\text{-}H + CH_3O-\overset{O}{\overset{\|}{C}}-C_6H_4-\overset{O}{\overset{\|}{C}}-OCH_3 + HO\text{-}\!\!(CH_2)_4\!\!\text{-}OH$$

(羟基-末端聚四亚甲基二醇)　(对苯二甲酸二甲酯)　(1，4-丁二醇)

$$\downarrow$$

$$\left[\overset{O}{\overset{\|}{C}}-C_6H_4-\overset{O}{\overset{\|}{C}}-O\text{-}\!\!(CH_2\text{-}CH_2\text{-}CH_2\text{-}CH_2\text{-}O)_b\!\!\sim\!\!(\overset{O}{\overset{\|}{C}}-C_6H_4-\overset{O}{\overset{\|}{C}}-O-CH_2-CH_2-CH_2-CH_2-O)_a\right]_n^{*}$$

(聚(四亚甲基二醇))　(聚对苯二甲酸丁二醇酯)

$\text{-}\!\!(A-B)_n\!\!\text{-}$ 嵌段聚合物

（d）逐步生长低聚物-逐步生成单体：

$$H\left[OCH_2-CH_2-CH_2-CH_2-O\overset{O}{\overset{\|}{C}}-CH_2-CH_2-CH_2-CH_2-\overset{O}{\overset{\|}{C}}\right]_b OCH_2-CH_2-CH_2-CH_2-OH$$

(羟基-末端聚(己二酸丁二酯))

$$+\ HO-CH_2-CH_2-CH_2-CH_2-OH\ +\ OCN-C_6H_4-CH_2-C_6H_4-NCO$$

(1,4-丁二醇)　(MDI)

$$\downarrow$$

$$\left\{\left[O(CH_2)_4O\overset{O}{\overset{\|}{C}}(CH_2)_4\overset{O}{\overset{\|}{C}}\right]_b O(CH_2)_4O\left[\overset{O}{\overset{\|}{C}}NH-C_6H_4-CH_2-C_6H_4-NH\overset{O}{\overset{\|}{C}}O(CH_2)_4O\right]_a\overset{O}{\overset{\|}{C}}NH-C_6H_4-CH_2-C_6H_4-NH\overset{O}{\overset{\|}{C}}\right\}_n$$

聚酯-聚氨酯嵌段共聚物 $\text{-}\!\!(A-B)_n\!\!\text{-}$

虽然这种方法能用来合成为数众多的嵌段聚合物，但也有其缺点，即无法将第二嵌段从共聚物中分辨出来以确定它的分子特征。再者，反应（c）和（d）所制备的 $\text{-}\!\!(A-B)_n\!\!\text{-}$ 嵌段聚合物结构中，预制的低聚体进入嵌段结构时按统计规律进行，而不完全是交替排列。这是因为低聚物的末端官能团与逐步增长单体的末端官能团完全相同的缘故。因此，正如前面讨论的按统计规律进行的低聚体-低聚体路线那样，嵌段聚合物中链段分子量高于相应的低聚体。值得注意的是反应（c）和（d），它们被认为是工业上用来生产两类高性能热塑性弹性体的方法。

本章所讨论的合成方法，都是对可熔的热塑性嵌段聚合物而言的。然而，最近某些文献中指出，交联的热固性嵌段聚合物也能通过方法（c）来制备。例如，用具有末端官能团的低聚体使环氧树脂交联时所产生的结构为线型链段和三维交联链段两种链段的混合体，这进一步说明了这种结构的变化范围很大。显然，作为很重要的刚性或弹性泡沫和固体的热固性聚氨酯材料，也属于这一类型。

四、其他方法

除了上述方式外，还可通过链交换反应制备嵌段聚合物。两种聚合物混合熔融后，能产生链交换反应，生成部分嵌段聚合物。如聚酯和聚酯共混、聚酯和聚酰胺共混，通过链交换反应，可以形成聚酯-聚酯和聚酯-聚酰胺的嵌段聚合物。该嵌段反应一般采用固相缩聚的方式进行，本内容在第五章中详细讲解。

第四节　嵌段聚合物的鉴别与结构表征

曾经有许多化学家以制备嵌段聚合物为目标，但达到或接近此目标的程度如何则必须依靠恰当地应用表征方法来确定。准确地测定嵌段聚合物结构，是一项很困难的工作。嵌段聚合物的表征不像均聚物的表征发展得较为完善，所以嵌段聚合物大部分都没有得到很好的表征，仅有少数（主要是通过阴离子活性聚合方法制备的苯乙烯-二烯嵌段聚合物）有详细的结构研究。大多数嵌段聚合物的结构，几乎都是靠从所用的合成方法中推断出来的。

许多对均聚物有效的分析方法，也可以用来分析嵌段聚合物的结构，例如，用元素或光谱分析的方法来测定平均组成。但是，没有一个单一的方法能够用来全面描述这种复杂大分子的性质，而必须同时采用几种方法，包括采用聚合机理的知识来协同解决，甚至即使用了协同方法，仍然有许多问题得不到解决。所有均聚物固有的复杂性，在嵌段聚合物中也会同样遇到。此外，还要加上嵌段聚合物的长度、链段排列方式、多分散性和各组分链段的非均一性等未得到确定的因素。例如，必须知道某一反应产物是嵌段聚合物还是无规共聚物，或是均聚物的混合物，或是两种以上物质的复杂混合物。另外，决定嵌段聚合物的链段序列结构（即 A-B 或 A-B-A 或 $\left(A-B\right)_n$ ）、分子量、链段的分散性以及整个共聚物的分子量、分散性等都很重要。嵌段聚合物的超分子结构（supermolecular structure）及其他结构层次也特别重要。超分子结构在半结晶均聚物的形态学上所起的作用，是众所周知的。相应地，确定嵌段聚合物这种复杂大分子的超分子结构同样十分重要。

下面将讨论各种表征方法，以用于或能用于阐明上述嵌段聚合物体系的结构特性。首先，必须回答的问题是，一个反应产物确实是按照原反应设计生成了嵌段聚合物，还是聚合反应不符合原有的设计，形成的是两个均聚物的混合物？如果测试表明确实是形成了聚合物，那么，就必须确定是无规共聚物，还是嵌段聚合物。假如能证明是嵌段聚合物的结构，下一步要测定链段结构（例如在聚合物内嵌段的数目）。同时需要测定主要组分是否夹杂有均聚物，或者夹杂其他结构的嵌段聚合物。解决了以上这些问题后，则可进一步确定各个组分链段的分子量和分子量分布。最后，必须测定产品的超分子性质。下面讨论的方法是这些步骤中最有用的方法，为了便于参考，将各种方法列于表 4-1 中。

表 4-1　嵌段聚合物的表征方法

嵌段聚合物与均聚物共混物的比较	分子结构
1. 溶解度表征	1. 渗透压法
a. 固相抽提	2. 溶液光散射
b. 溶解分级	3. 超离心分散
2. 薄膜透明度	4. 凝胶色谱
3. 溶液相容性	5. 溶液黏度测试
4. 分子量分布	6. 低聚物分析
a. 密度梯度超离心分离	7. 选择降解
b. 凝胶色谱	**链段结构及纯度**
5. 流变特征	1. 弹性回复
嵌段聚合物与无规共聚物的比较	2. 流变特征
1. 核磁共振	3. 凝胶色谱
2. 红外光谱	4. 密度梯度超离心分离
3. 动态力学行为	**超分子结构**
4. 差热扫描量热	1. 动态力学行为
5. 电子显微镜	2. 差热扫描量热
6. 小角 X 光散射	3. 流变特征
7. 力学性能	4. 电子显微镜和扫描电子显微镜
8. 流变特征	5. 广角 X 光散射
9. 结晶特征	6. 小角 X 光散射
10. 溶液光散射	7. 双折射
11. 热机械分析	8. 小角光散射

一、嵌段聚合物的鉴别

1. 嵌段聚合物与均聚物共混物的鉴别

1）溶解度

选择不同的溶剂来抽提和用溶剂-非溶剂的分级方法，例如分级沉淀、柱分级、浊度滴定的方法等，对于嵌段聚合物和均聚物共混物都会有不同的结果。这些方法简便且具有一定成效，对于含有显著不同的化学结构链段和（或）物理形态的体系，例如极性-非极性、结晶-无定形体系，尤其合适。均聚物共混物相对来说比较容易分离。用各组分的选择溶剂顺序进行抽提，可使共混物完全溶解，不遗留残渣。但是嵌段聚合物的抽提结果却难以实现分离。相似的实验，如果是用在理想的、纯的单分散共聚物，并且这种嵌段聚合物是由两个当量相等、链长相等的化学不相似的链段所组成时，则基本上不溶解，即 100%是残渣。这是由于以化学键相结合的两嵌段，其中不溶解的链段对第二链段的溶解度的屏蔽影响。然而大多数真正的嵌段聚合物不是理想的嵌段聚合物，而是有组分分布和链段分子量分布的产物。因此，嵌段聚合物中链段 A 占据分布优势的组分，可完全溶解于链段 A 的选择溶剂中。因此在抽提后，被遗留下来的嵌段聚合物残渣不能正确地反映整个合成嵌段聚合物的真实组成。至于用此法能使组分分级的程度，可通过测定抽提溶液中 B 链段的含量来估算。

在对任一链段选择性都不高的溶剂中，则链段之间的键合增强了嵌段聚合物的可溶性。因此嵌段聚合物的溶剂比同时可溶解两种均聚物的溶剂类型多，这是由这种化学键合部分增加相容的效果所致。由于两个高度缠结大分子的分离与具有时间依赖性的扩散现象有关，从而使得上述不易确定的问题更加复杂化。因此，嵌段聚合物的链段对共聚物的溶解度，根据上述不同情况可发生正的或负的影响。

2）薄膜透明度

薄膜的透明度是用来区别嵌段聚合物与均聚物共混物的另一个常用方法。许多共混物具有互不相容的特点，从而形成不透明的薄膜。这是在两相之间的界面上发生高度光散射的结果。但也有罕见的例外，即是两个均聚物具有相似的折光指数。另一方面，嵌段聚合物形成透明的薄膜，这是由于嵌段聚合物常常处于微观相分离形态。在这种形态下，微区（domain）小到不能使可见光散射。这些光学的特性使得我们可以很迅速地将无定形体系中的嵌段聚合物与共混物区别出来。显然，当一个或两个嵌段发生高度结晶时，这种方法的应用将受到限制。然而，结晶体系的观察可以在熔融的情况下进行。熔融时共聚物变为透明，而共混物则不透明。薄膜透明实验虽然易做，但仅仅是定性的。用此法可能检验不出夹杂的少量均聚物。

3）溶液透明度

嵌段聚合物与不相容共聚物之间的区别，也可以通过其高浓度聚合物溶液（例如聚合物浓度＞10%）的透明度来鉴别。因为嵌段共聚是一种单一的化合物，能形成透明的单相溶液。而不相容的均聚共混物形成云雾状的溶液，依据熟知的热力学不混溶现象，最后分离成为两个液层。

4）分子量分布

另外一个区别的方法可以依据是否呈现单一式的或两重式的分子量分布。单一化合物的嵌段聚合物，基本上显示单一式。相反，均聚物的共混物容易呈现出两重式。研究此现象的一种较好方法是利用密度梯度超离心分离法。假设两个组分的密度不同，则由两者的混合物可检验出两重式的分布，而具有中间密度的嵌段聚合物将出现单一式的分布。凝胶色谱（GPC）是测定分子量分布的一个最普通的方法，也能用于判断分子量分布是单一式还是两重式。然而，由于这个方法是根据分子尺寸来进行分离的，因此，仅仅能用来检验组成分子尺寸有很大差异的共混物的双态分布。

最后，某些流变测试方法常常能检验是否存在着嵌段聚合物结构。例如嵌段聚合物的熔体黏度常常显著地高于相同分子量的均聚物共混物，对于 A-B-A 和 $\left[\!\!-\text{A}-\text{B}-\!\!\right]_n$ 结构尤其如此，这是由于其在熔融状态尚能保持某种程度的物理网络结构。当嵌段共聚物是由长链段以及溶解度参数相差很大的链段组成时，即链段间相容性差别很大时，这种影响更大。

2. 嵌段聚合物与无规共聚物的鉴别

上述各种方法主要是关于区别嵌段聚合物与均聚物共混物的方法，下一步则要确定共聚物是嵌段聚合物还是无规共聚物。那么，对序列分布和超分子结构的鉴别最有说服力。研究序列分布的方法有 ^{1}H NMR 或 ^{13}C NMR 核磁共振和红外光谱法。探测超分子结构可以通过各种热分析和形态学的方法，例如，动态热机械分析、差示扫描量热法（DSC）、显微镜和 X 射线衍射法等方法。

无规共聚物含有同类型重复单元的短序列，例如二元组、三元组、四元组以及交替的序列，经常可通过红外光谱或核磁共振方法来定量测定这些序列类型的分布。嵌段聚合物代表了另一极端，序列很长，同时交替序列的交替次数很少，仅仅发生在链段交接处。因此，这种方法对于辨别无规和嵌段聚合物是一个非常有效的方法。

嵌段聚合物所表现出的行为通常是与它的超分子结构有关的，而无规共聚物则不同，这是在大多数嵌段聚合物中存在着两相的结果，证明两相存在特别有效的方法是通过动态热机械分析或 DSC 的方法测定其热性质。嵌段聚合物显示出各嵌段链段独立的玻璃化转变温度（T_g）；相反，无规共聚物显示出单一的 T_g，该 T_g 数值一般与其相应单体形成的均聚物 T_g 及单体组分的比例相关。但嵌段聚合物的链段能相容时（例如苯乙烯-α-甲基苯乙烯），就不遵循这个规律。这样的材料即使含有长链段，也只表现出一个简单相转变温度的行为。

用形态学的方法，如透射电子显微镜（TEM）、扫描电子显微镜（SEM）和小角 X 光散射（SAXS），也能将两相嵌段聚合物与单相材料区别开来。用这些方法时，均相的单相共聚物相对而言没有什么特征，而两相结构的电子显微镜图却能直接提供直观的两相微区共存的证明。SAXS 方法与电镜法互相补充，因为前者提供的是材料内部的形态，而不是在材料的外部特征。

其他方法也可确定共聚物是嵌段类或无规类。例如某些力学性质和流变性质，如弹性回复和熔体黏度可以区分形成物理网状结构的嵌段聚合物结构与无规共聚物的结构。也可利用 X 射线或 DSC 方法来测量嵌段聚合物的结晶性。如果组分 A 和（或）组分 B 是能结晶的，则在一个共聚物内存在的结晶度提示了此共聚物内存在嵌段序列而不是无规序列。在某些特殊体系中，溶解度性质也可以有效地作为一种手段来区别嵌段和无规共聚物。溶液光散射的测量能进一步证明共聚物的嵌段性质，因为嵌段聚合物的行为比无规共聚物更类似于均聚物。一个结构清楚的嵌段聚合物的重均分子量应当与溶剂介质无关，而链组分均度差异较大的无规共聚物，将引起重均分子量对溶剂的依赖性。

二、嵌段聚合物的结构表征

1. 分子结构

一旦某一体系证实为一种嵌段聚合物，则下一步就是测定其大分子结构的性质，如分子量和分子量分布。这些性能可用许多以均聚物建立起来的方法来研究，例如膜渗透压法、蒸气压渗透压法、光散射、超离心机法、凝胶色谱和黏度测定法。对实验数据的解释一般与均聚物相似。然而有些方法，例如光散射法，对于某些嵌段聚合物可能得不到肯定的解释。对结构清楚的嵌段聚合物由实验数据很容易得出重均分子量；但是，结构不太清楚的、高度无规化的嵌段聚合物则可呈现无规共聚物特有的偏移现象，即为组分不均一效应。再者，通过光散射现象和其他溶液方法测定分子链尺寸，从现有的理论来看是不可能的。这是由于不能同时测定嵌段聚合物中两种链段真实的 θ 值。

除了对整个嵌段聚合物表征外，测定链段本身的分子结构也很重要。通过精准地控制合成方法制备的某些嵌段聚合物（如活性聚合和反应性低聚物之间的相互反应），可能测定其链段结构。在活性聚合中，每加完一次单体可取样进行分析，以供最后产物表征用。在以低聚体相互反应的方法合成嵌段聚合物时，可先将低聚体组成加以分析表征，因反应前后参与反应的低聚体的分子结构是不发生变化的。除了一般均聚物的表征方法外，反应性低聚体还可通过化学的或物理的方法来表征，例如末端官能团分析或核磁共振谱（NMR）。另外一个阐明链段分子结构的方法是嵌段聚合物的选择降解。嵌段聚合物中所含的一个链段可以完全被降解，遗留下另一个链段作为分析之用。显然，这个方法只限于少数嵌段聚合物体系。

2. 链段序列结构与纯度

在完成了前面所叙述的表征测试后，还有一个主要问题仍然没有解决，即嵌段聚合物的链段序列结构，例如 A-B、A-B-A、$\text{+}(A—B)_n$ 。再者，查明其链段结构的纯度也很重要，即混有均聚物或低级链段结构的嵌段聚合物的程度。这个预先设计的链段序列，可从所用的聚合程序预测。其成功的程度可从最后产品中不纯物的类型和数量来衡量。例如，一个 A-B 嵌段聚合物可以混有一个或两个均聚物。同样一个 $\text{+}(A—B)_n$ 嵌段聚合物，可能含有均聚物、A-B 和（或）A-B-A 不纯物。在对聚合方法没有了解的情况下，要确定嵌段聚合物的链段结构是非常困难的。

因此，现有的用于确定链段结构的方法显然非常有限。如事先了解聚合方法，情况就会有所改善。了解了聚合方法，可从溶液分级的数据解释链段序列结构，否则单从数据是得不到结果的。而且，这种了解也可将主要产品中的不纯物鉴别出来。一般采用测定分子量分布的 GPC 和密度梯度超离心机方法，当两种或多种分子在尺寸或密度上有足够的差距时，就能测出有多种大分子的存在。因此，就可以测定出杂质存在的数量、分子量和相对浓度。这些数据和已知的聚合机理，都有助于确定主要产物和夹杂物链段的结构。例如，用顺序加入单体的聚合方法合成的 A-B-A，不纯的嵌段聚合物用 GPC 分析的结果见图 4-12。这个产物的图谱显示出除了一个主要的高分子量外，还有中等分子量和低分子量的两个峰。这是一个强有力的证明，说明主要产物是 A-B-A 链段结构，同时夹杂有两种不纯聚合物，中等分子量为 A-B 嵌段聚合物，低分子量为均聚物。研究

$\left[A-B \right]_n$ 体系时，亦可用类似方法。

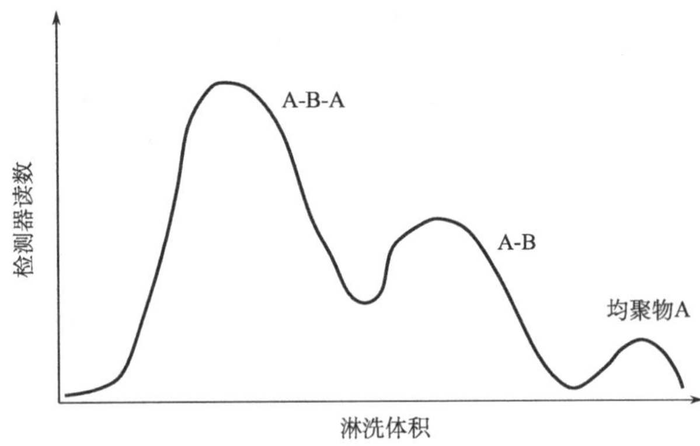

图 4-12　不纯 A-B-A 嵌段聚合物的 GPC

3. 超分子结构

前面讨论的是从均聚物共混物和（或）无规共聚物中区分出嵌段聚合物，以及确定嵌段聚合物的分子结构、链段结构和纯度的方法。除上述分子表征外，嵌段聚合物还表现出超分子结构行为。超分子结构是由聚合物的链段聚集形成复杂形态体系的结果，这种体系是强迫两个不相容的相共同存在而组成的，此时形成了胶粒大小的多微相结构。微区大小与观察到的不相容的聚合物混合物的大小相比起来，要小得多。这是由于链段之间存在着化学键，它对体系的熵起到抑制作用，这些特点使嵌段聚合物具有许多新的有用的性能。并不是所有的嵌段聚合物都表现出超分子结构。由微观相分离（由于链段不相容性而引起的）形成超分子结构的程度，依赖于链段的三个重要特性：①组成的不相似性，②分子量，③结晶度。当因链段组成相似和（或）链段短的原因而相容时，在形态学上产生单一相。相反，当链段的化学组分有显著的差异而互不相容时，则产生两相结构。溶解度参数（δ）可以半定量地估计嵌段组成的特征。因此，溶解度参数的差值（Δ），被定义为 $\delta_A - \delta_B$，便是表征这两个无定形高分子量链段相分离的一个重要参数，Δ 越高，则相分离的可能性也越大。

嵌段分子量对获得两相体系所必需的最小临界 Δ 值，有很大的影响。比如两种低分子量链段出现两相的性质，仅仅是由于 Δ 值相当大。反之，两种高分子量的链段，尽管 Δ 值非常小，也能产生两相体系。上述的原则主要适用于全部是无定形嵌段聚合物的体系。当一个链或两个链有结晶性时，则结晶性质便是一种关键性的因素。根据定义，结晶作用对两相分离是一个强有力的驱动力，即使嵌段的化学性质相似和链段分子量低时亦是如此。的确，这种特性类似于半结晶均聚物所显示出的特性，即这种半结晶的均聚物可认为是由组分相同的结晶链段和无定形链段两者所组成。

比例（即链段 A 和 B 的体积分数）和样品的制造方法是影响微区形态的主要因素。主要组分一般以连续相形式存在，而含量较少的组分则呈现为不连续微区。不连续微区在体积分数很低的情况下（例如＜20%时）是球形；在体积分数稍高的情况下则为圆柱形；当两相体积接近相等时，则以共连续相的层状结构形态而存在（见图 4-13）。这些形态结构的变化显然对那种很大程度上取决于连续相情况的物理性能起重要的影响。样品的制造情况对其形态结构上也有影响，如嵌段聚合物在含有体积接近相等的两种链段时，大多数情况下会发生使人惊异的连续相逆转情况。选择合适的浇注溶剂对控制产物的形态结构是一个特别有效的方法（见表 4-2）。当溶剂蒸发时，浇注溶剂中溶解性最小的链段（最大收缩链段）易于首先沉淀出来。这些链段形成互相分离的区域，分散在第二个链段的连续基体中。通过选择第一链段溶解度大的浇注溶剂也可以使之产生形态结构的逆转。

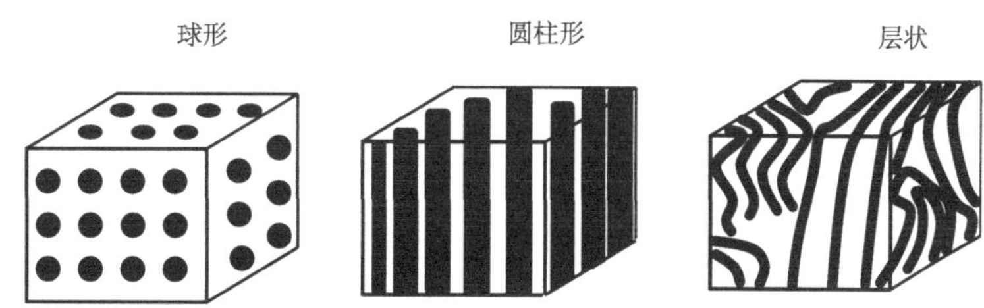

图 4-13 嵌段聚合物中的形态结构示意图

表 4-2 浇注溶剂对嵌段聚合物力学性能的影响[a]

浇注溶剂	1%应变模量（MPa）	抗拉强度（MPa）	断裂伸长率（%）
四氢呋喃	245	23	410
苯	154	21	520
甲苯	116	16	310
二甲苯	66	13	350

a. 聚砜-b-聚（二甲基硅氧烷）嵌段聚合物，链段分子量为 5000

超分子结构界面形态结构的性质是嵌段聚合物的一个很有趣的性质。原则上，界面可以很明显也可能相当模糊，这取决于相界的性质。不相容的分子量高的嵌段一般有明显的边界和很小的界面体积。相容性差异比较大的两嵌段，则产生比较模糊的界面。模糊的界面区域与单相的嵌段聚合物类似，理论上的分析也证明了应该有界面清晰的两相嵌段共聚物和界面模糊的单相嵌段共聚物两种类型。

有几种方法可用来研究超分子结构和某些参数（如嵌段分子量）对微区的影响。在这些方法中，有些方法是测定热性质和流变性质与形态的关系，有些是根据显微镜或光散射方法。用热分析方法（例如模量-温度关系、差示扫描量热）和流变测量能探测到超分子结构的存在，但是不容易区别相的形态结构类型。前面已讨论过，用模量-温度关系和差热扫描量热法，可以通过存在多重玻璃化转变温度和（或）多重熔点知道两相的存在。所观察到的不寻常的高熔体黏度，是有两相物理交联网的超分了结构的一个特征。透射电子显微镜和扫描电子显微镜可以显示出嵌段聚合物样品表面的微区大小和形状。

研究不同角度切割的样品（例如，与平面平行或垂直），能够得到更多关于微区形状的数据。某些嵌段聚合物，由于嵌段的电子密度有很大的不同，可直接用这些方法来研究，而有些嵌段聚合物则必须选择染色法才能进行观察。

如果在嵌段聚合物中有一种或两种链段是结晶的，用广角 X 光散射（WAXS）来进行形态学的研究是有效的。但是，在无定形嵌段聚合物内，广角 X 光散射法的用处有限，而小角 X 光散射（SAXS）对于研究无定形嵌段聚合物的形态却是很有力的工具。与电子显微镜不同，SAXS 可以提供表面下形态的情况。除了研究表征微区大小外，SAXS 对于研究微区间距离和交界区的性质也非常有用。

双折射测定，例如应力光学系数，可以用于测定某一组成和用某种加工方法得到哪一种链段是最连续的。两嵌段间折光指数差别很大的嵌段聚合物，双折射角可以很大。从而能够反映出相界面的各向异性的形状。小角激光光散射（SALS）也可用于鉴别形态结构的形状和大小，对于半结晶体系特别是如此。

第五节　嵌段聚合物的应用

对嵌段聚合物的研究逐步发展出了一类新型的工业材料。现在市场上的几种品种，大多是近几十年来开始生产的。这些产品可分为三类，即弹性体、高分子增韧增容材料、自组装材料等。现有嵌段聚合物产品的应用，将在本节中分别讨论，但所讨论的仅限于现在工业大量生产的产品。

一、弹性体

嵌段聚合物最突出的结构特点是具有两相形态，这种两相形态赋予了材料热塑性弹性体的性能。但是，并不是所有的嵌段聚合物都是热塑性弹性体，反之，也不是所有的热塑性弹性体都是嵌段聚合物。在前面的章节中所讨论的条件（如嵌段序列结构、嵌段长度和组成等）必须得到满足，才能产生热塑性弹性体的性能。现有的工业上的热塑性弹性体有的不是嵌段聚合物结构，例如，两相接枝共聚物和物理共混物。物理共混物可接近嵌段聚合物结构的模量-温度性能。然而由于没有确定的物理交联，不能有最好的弹性回复等力学性质。下面所讨论的只是有嵌段共聚结构的热塑性弹性体。

工业上生产的有三种结构类型的两相嵌段聚合物弹性体：①苯乙烯-二烯类 A-B-A 型或星型嵌段聚合物及其氢化衍生物，即壳牌化学公司的 Kratons 和 Phillis 石油公司的 Solprenes；②聚酯-聚醚 $\mathrm{+\!\!(A—B)\!\!+_{\mathit{n}}}$ 型嵌段聚合物，即杜邦公司的 Hytrels；③亚氨酯-酯 $\mathrm{+\!\!(A—B)\!\!+_{\mathit{n}}}$ 型嵌段聚合物，即杜邦公司的 Pellethanes、B. F. Goodrich 公司的 Estanes 和 Mokay 公司的 Texins。Spandex 类型的弹性纤维和杜邦公司的 Lycra 代表另一类型的脲-亚氨酯嵌段聚合物。热塑性弹性体典型性能的比较见表 4-3，在下面将进一步讨论。

表 4-3　各种嵌段聚合物热塑性弹性体的性能优点

性能	苯乙烯-二烯	氢化苯乙烯-二烯	酯-醚	亚氨酯-酯
拉伸强度			+	+
弹性回复	+	+		
使用温度上限			+	+
使用温度下限	+	+		
老化稳定性		+		
抗酸-碱性	+	+		
抗油性			+	+
电性能	+	+		
抗磨性				+
熔融加工型			+	
价格	+			

注：+表示优良的性能

最先工业化生产的苯乙烯-二烯类弹性嵌段聚合物是 Solprenes 苯乙烯-丁二烯类的 A-B 型产品。因为其没有物理网络结构，回弹性能较差，所以只能称作丁苯生胶，而不能称之为热塑性弹性体。未经硫化的丁苯生胶应用价值较小，而丁苯生胶经硫化后其硬度、强度均得到提高，可制成的具有广泛应用的产品，例如鞋类、密封圈等。

与 A-B 型不同，A-B-A 型或 $\left(\text{A}-\text{B}\right)_n$ 形态结构的嵌段聚合物，因物理网络结构的形成使其具有良好的弹性，几乎所有工业化的热塑性弹性体都是该类型的嵌段聚合物。这些嵌段聚合物同时具有热塑性和弹性，可应用于许多独特领域，如在汽车、机械、电器、电子设备、密封材料、填隙料、胶黏剂和制鞋等方面。与通用的化学交联的热固性橡胶对比，这些材料能经济地用类似热塑性塑料的加工方法来加工成为最终产品，例如用注射、吹膜、挤压、真空成型和溶液浇注等成型方法。由于不需要硫化过程，因而可再重复加工。这种热塑性弹性体除了由于其非常经济的加工特点可与通用橡胶竞争外，也可与有柔韧性但无弹性的热塑性塑料相竞争，例如低模量的乙烯共聚物和增塑的聚氯乙烯。与热塑性塑料相比，热塑性弹性体的优点是弹性回复性能好，模量-温度曲线上有一稳定不变的平台（即对应于可使用温度的宽度范围），并且在许多情况下力学性能也较好。在许多高要求的情况下，虽然使用热塑性弹性体的成本较高，但还是合算的。

表 4-3 中是权衡性能与成本比较，四种嵌段聚合物体系的拉伸强度和延伸性能都很好。聚酯和聚氨酯可在形变下结晶，因此拉伸强度特别高。玻璃态的聚苯乙烯-二烯嵌段不易发生永久变形，因此弹性回复好。聚酯-聚醚和聚氨酯-聚酯体系由于结晶熔点高，所以使用温度上限高。反之，苯乙烯-二烯体系则由于软嵌段的 T_g 低，所以低温性能好。

苯乙烯-二烯体系的老化稳定性较差，但经过氢化后得到显著的改善，这是去除了不饱和二烯嵌段中双键的结果。苯乙烯-二烯体系的全碳氢化物性质使之有抗稀酸和抗碱性能；但极性的聚酯-聚醚和聚氨酯-聚酯共聚物，则抗油性好；全部由碳氢化合物组成的材料，电绝缘性能好。

聚氨酯有突出的抗磨损能力。聚酯-聚醚嵌段聚合物在熔融加工性能上的优越性超过了苯乙烯-二烯体系，这是由于结晶硬嵌段较短以及软、硬嵌段在熔融时溶解度参数差异小。聚氨酯-聚酯嵌段聚合物也具有同样特点，但是加工温度上限受到芳族氨基甲酸酯键的热稳定性的限制。苯乙烯-二烯体系可溶于多种溶剂，因此，特别易于用溶剂浇注方法来加工。

上述各种类型热塑性弹性体的性能提供一个线索，可借以确定何种热塑性弹性体最适于何种应用目的。在汽车上应用可再分为车厢内部用、外部用、发动机部分用三类。车厢内部柔韧部件所用的增塑的烯类聚合物可用上述四种热塑性弹性体中的任一种代替。究竟要用哪一种，这要根据力学性能和弹性来决定，其中可能需要加入阻燃剂。汽车外部的应用要求较高，因为需要抗气候和进行喷漆，同时还要起结构功能，例如吸收震动的保险杆。对于喷漆需要极性较高的嵌段聚合物，以便有好的涂层黏附力以及抵抗常用的高烘烤温度。在发动机部分的应用，例如各种管子，除了要求弹性好外，还需要抗油和抗热。

嵌段聚合物在机械部件中的应用，例如柔韧的连接器、圆环、密封材料、密封衬垫和挤制的油压机管及其他软管等，最重要的性能是尺寸稳定性、回弹性、压缩形变、使用温度的上下限，以及在某种情况时的抗油、抗化学和抗磨损性能。电器和电子的应用包括电线电缆的绝缘以及变压器绝缘线等，显然，在这里首要考虑的是低介电常数和低损耗因子以及在某些情况下的抗气候性能。

嵌段聚合物弹性体的其他重要用途是做密封剂、衬垫及胶黏剂等。嵌段聚合物与一般胶黏剂相比，其优点是可用溶液和熔融加工方法，同时不需任何固化步骤即可产生高强度和高回弹性能。制鞋工业是一般柔韧性热塑树脂，特别是热塑性弹性体的一个需要量很快增长的市场。熔融加工性能好、弹性性能好、动态摩擦系数高（例如 Kratons）和优良的抗磨损性（例如亚氨酯）使得热塑性弹性体在制鞋应用上特别引人注目。一般的热固性聚氨酯嵌段聚合物比相应的高价热塑性塑料在制鞋工业上更有用。虽然以前常常不把这种热固性聚氨酯看作是嵌段聚合物，但它的确是从聚二元醇、二异氰酸酯（例如 TDI）和二胺扩链剂及交联剂得到的复杂的嵌段聚合物。根据配方不同可以制成各种各样的产品，从泡沫到固体产品，从刚性到弹性产品。这个复杂结构的嵌段聚合物是嵌段聚合物在工业上历史最悠久、应用量最广的代表。

大家熟知的 Spandex 弹性纤维，也是用聚氨酯制成的，这种基本上为线型的弹性嵌段聚合物在服装工业上有许多用途。某些含有氨基甲酸酯硬嵌段的聚氨酯是热塑性弹性体，能经过熔融纺丝制成纤维。然而在纤维中更常使用的是含聚脲硬嵌段的高熔融温度的聚氨酯，因为它有更好的回弹性能。这些材料因为在高温的熔融纺丝过程中热稳定性差，所以必须用溶液纺丝法来制成纤维。

二、增韧增容材料

1. 增韧树脂

改善硬而脆的聚合物的冲击强度的最常用方法，是与弹性体共混或者将弹性体接枝上去。另外一个方法是制成含有高体积分数的硬嵌段和低体积分数的软嵌段的共聚物。例如，工业上生产的无定形星型苯乙烯-丁二烯嵌段聚合物（即 Phillips 公司的 Kresins），含有质量 75%的聚苯乙烯。这种材料的韧性与一般橡胶改性的聚苯乙烯一样，但是它有透明的优点，这是聚丁二烯相的微区很小的缘故。由于韧性好、透光性好，尽管价格较高，这种树脂还是很有吸引力的透明包装材料。

结晶的硬热塑性塑料也可以用嵌段聚合物的方法使之韧化，例如聚乙烯和聚丙烯的嵌段聚合物或聚丙烯与无规乙烯丙烯共聚物的嵌段聚合物。甚至在乙烯含量非常低时（如低于质量的 5%），这种嵌段聚合物比丙烯均聚物或比聚乙烯-聚丙烯共混物的韧性和低温性能都好。属于这种类型的有几种已工业生产，早期生产的是 Eastman 的聚合物合金（polyallomers）。在需要高韧性和较低模量时，可以用这些材料来代替丙烯均聚物。

2. 增容材料

与无规共聚物相比，嵌段聚合物在两相聚合物共混中可作为较好的界面改性剂，起到增容的作用。最为典型的是大分子表面活性剂。

大分子表面活性剂的化学结构特征是含有亲水嵌段和疏水嵌段，例如聚环氧丙烷-环氧乙烷 A-B 或 A-B-A 嵌段聚合物，Wyandotte 公司的 pluronics 产品为典型的环氧丙烷-环氧乙烷嵌段聚合物，某些聚硅氧烷-聚环氧乙烷嵌段也是很好的例子。这些表面活性剂的性能非常有用，可以应用于乳化水和非水体系及湿润表面，在不能应用通常的阴离子或阳离子表面活性剂的情况下，这种非离子型的表面活性剂特别有用。

硅氧烷-环氧烷烃嵌段聚合物也是一种典型的嵌段聚合物表面活性剂，可作为聚氨酯的泡沫稳定剂。起稳定作用时环氧烷烃嵌段溶于亚胺酯连续相中，而高度不相容的聚硅氧烷嵌段在气相-亚氨酯界面上。因此就能对泡沫的晶核作用和蜂窝增长过程进行控制，从而产生非常均匀的泡沫结构。

三、自组装材料

关于嵌段聚合物体系的物理行为的研究一直颇具吸引力。近年来，超分子、自组装等概念的提出以及在化学、材料及生物领域中的应用都显示出嵌段聚合物将会有更广阔的前景[7]。嵌段聚合物自组装形成微结构的几何尺寸可以在 10～100nm 调控。采用适当的材料及分子设计方法，其有序微结构的尺寸可以增大到微米级。这一尺寸范围正好填补了传统的自上向下的微结构加工方法（如光刻技术）与新兴的自下向上的微结构加工方法（如化学合成技术）能形成的结构尺寸的空白地带。而这一尺寸空白地带却是科学技术发展到今天最为重要的尺寸地带，它有两个典型的物理特征，其一是当尺寸在 1～100nm 内，即纳米材料，这一尺寸正好与电子的物理特征尺寸（如德布罗意波长）相当，电子在这样的微结构材料中的物理行为与在体块材料中的行为相比发生了非常大的变化，体系通常都会显示小尺寸效应、量子隧道效应及表/界面效应等，从而在微电子领域内得到重要的应用；其二是当尺寸大于 100nm 而小于微米级，这一尺寸正好与一般可见光、红外及紫外线的波长量级相当，该尺寸范围的一维、二维及三维有序微结构即为该波段光的光子晶体。这类新型材料可以对光子流进行调控，从而有望实现一束光对另一束光的处理，将为利用光来传递和处理信息提供材料基础。

1. 嵌段聚合物光子晶体

嵌段聚合物还可用来制备周期性自组装光子带隙材料。第一个报道的相关工作是用高分子嵌段聚合物的层状结构来作为简单的“维光子晶体”。嵌段聚合物层状结构中交替的层状堆栈很容易通过两玻璃基片之间的自组装来形成，并且能显示出近乎完美的垂直入射光子带隙属性。通过在相应的微区中混杂均聚物的方法可以实现微区厚度的变化，进而实现贯穿整个可见光谱的光子带隙的可控性。基于嵌段聚合物的光子带隙具有低绝缘率，这样选择性地在嵌段聚合物上附加纳米粒子就可以改变目标微区的有效绝缘率。二维光子晶体展示出可见光范围内局部带隙。通过滚动成膜可使嵌段聚合物（PS/PI）成圆柱形结构。双连续螺旋立体结构可以用作三维光子晶体。通过对嵌段聚合物（PS/PI）紫外线刻蚀，选择性地去除 PI 基质，可以改善双连续 PS/空气结构的绝缘率，导致对可见光波长范围内具有更强的局部光子带隙的光子晶体。通过选择性地往嵌段聚合物中合成液晶可以制备出可温控的光子带隙材料。

Kang 等[8]报道了疏水嵌段亲水共聚物电解质能形成简单的二维周期层状结构，如图 4-14 所示。通过亲水层的溶胀，亲水层和疏水层的相对厚度可以连续地进行调节，从而使光的折射率发生改变，使这种材料具有很大的光学性能可调变性。其一维布拉格堆栈可对从紫外-可见光区到近红外区的入射光进行反射，阻带位置的变化超过 575%，这个工作说明聚电解质型光子材料可能具有极高的响应特性。这些嵌段聚合物光子材料将带来许多新的应用，包括色度传感器、电控可调光泵浦激光器、光子开关和多频带滤波器。

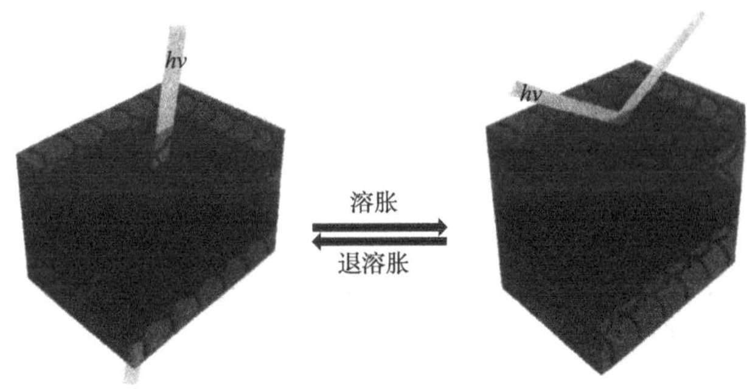

图 4-14　可调控的嵌段聚合物光学材料[8]

2. 纳米光刻的掩模

嵌段聚合物的周期性纳米结构对于用作纳米光刻的掩模来说有着十分重要的作用。Mansky 等第一次提出了两嵌段聚合物微区的单层薄膜能被用作纳米光刻的掩模，最小尺寸能达到几十个纳米。对柱状和球状两嵌段聚合物（PS/PB）来说，30×30 晶格常数的纹理是很容易实现的。用嵌段聚合物旋转成膜，形成高度有序的球状或圆柱状微区的薄膜可以作为刻蚀掩模。高密度周期性排列的孔和槽能在硅、氮化硅和锗上被加工出来，微区尺寸大约宽 20nm、深 20nm、间隔 40nm。在 3in（1in＝2.54cm）薄片上获得了 5×10^{11} 孔/cm^2 的模板结构。此外，砷化铝纳米粒子也可以在六边形有序阵列纳米孔中，通过金属有机物的气相沉积（蒸镀）方法来形成，密度约为 10^{11} 孔/cm^2。在球状结构嵌段聚合物薄膜下面插入聚酰亚胺可以制备高深度比的纳米光刻掩模。

超高密度存储媒介能通过转移简单的二维周期性嵌段聚合物图案到磁性薄膜基片上来实现。例如，利用嵌段聚合物硬掩模磁性层方案可以制备磁性粒子模板。通过在氧等离子区离子刻蚀两嵌段聚合物（PS/PFS）中的 PFS 球状嵌段可以生成嵌段聚合物光刻掩模，因为 PFS 嵌段包含铁和硅，PFS 被氧化后生成硅-铁氧化物，所以同 PS 基质相比具有极好的刻蚀比（大约 1:10）。嵌段聚合物微区可以有选择地去除形成纳米图案结构，接下来这个图案可以被转移到钨硬模板上以便得到更好的各层之间的表面黏附力；再接下来的离子铣削工艺把硬模板结构转移到一个磁性层片上产生了纳米尺度的磁性模板结构；最后得到的钴纳米点能小到单个微区磁性粒子，密度达到 3×10^8 点/cm^2，这些图案的磁性点矩阵的矫顽性使得平面内形状各向异性，也使得非零晶态各向异性。Thurn-Albrecht 等[9]也报道了一种方法，用嵌段聚合物模板制造出了高密度铁磁钴纳米线结构，密度高达 1.9×10^{11} 线/cm^2，并发现矫顽力得到了提高，为超高密度存储媒介提出了新的路径。

Bai 等[10]采用嵌段聚合物光刻法制备新的石墨烯纳米结构——石墨纳米网眼，图 4-15 所示为该方法制备过程。作为起始原料的石墨烯是通过机械剥离的方法得到的，采用其他方法得到的石墨烯同样可以使用。一个 10nm 厚的氧化硅薄膜首先被蒸镀到石墨烯上作为保护层，同样也作为嵌段聚合物层的基底。接下来，具有与表面垂直的柱状微区的苯乙烯-甲基丙烯酸甲酯二嵌段聚合物[P(S-b-MMA)]薄膜被涂于氧化硅薄膜之上，并作为刻蚀的模板。最后，通过 CHF_3 活性离子刻蚀（REI）以及氧等离子刻蚀来得到石墨纳米网眼结构。这种结构可以打开大尺寸石墨烯薄膜中的禁带，使其成为半导体薄膜。采用这种结构作为场效应晶体管，其可通过的电流为石墨烯纳米带的近 100 倍。

嵌段聚合物自组装的热力学驱动力较小，因此很容易形成低能量的缺陷。在光刻微米尺度结构模板上，通过制图或化学方法控制嵌段聚合物微区图案，可以实现对纳米尺度的嵌段聚合物微区进行控制，把自上而下和自下而上两种方法有效地结合在了一起。Ruiz 等[11]开发了一种光刻化学图案引导的嵌段聚合物自组装方案，见图 4-16。采用这种方案可以制备密度高达 1TB 每平方英寸的无缺陷的线段共聚物离域阵列。与初始的电子束光刻图案相比，这种组装结构的密度增加了 4 倍，尺寸减小了一半，且均一性得到大大提高。

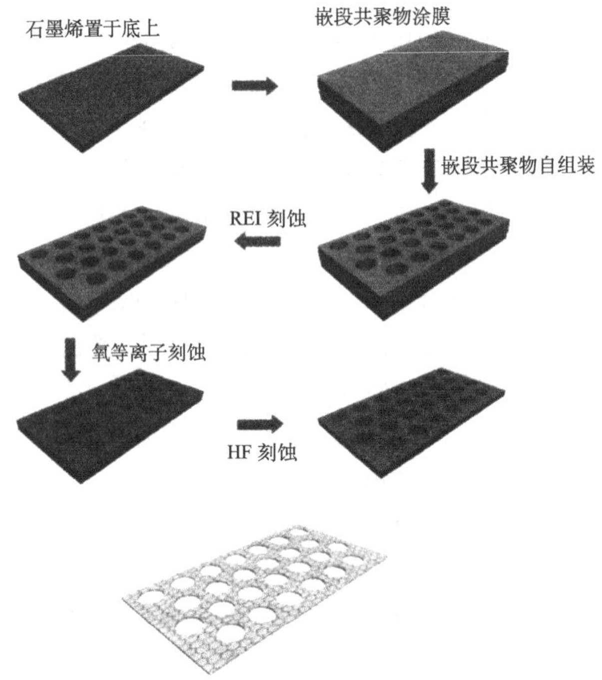

图 4-15　采用嵌段聚合物光刻法制备石墨纳米网眼

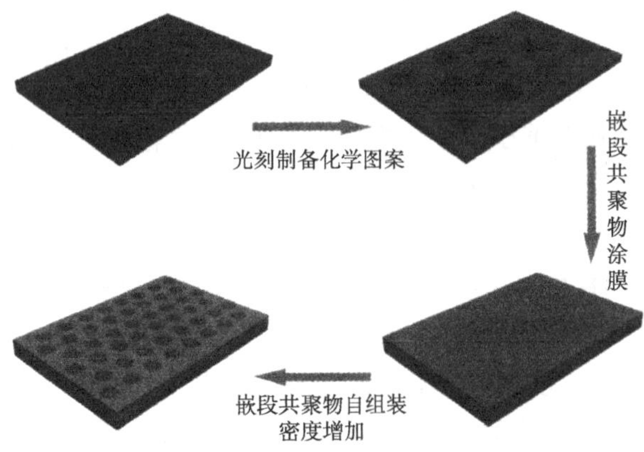

图 4-16　光刻化学图案引导的嵌段聚合物自组装方案

另一种可以有效引导嵌段聚合物自组装的方式是采用制图外延法。Bita 等描述了一个制图外延技术控制的嵌段聚合物自组装，从而获得长程有序且精确定位的二维周期性纳米结构薄膜。用于自组装的衬底表面预排布有稀疏的纳米柱构成的二维晶格，这些纳米柱在物理及化学性质上都与嵌段聚合物实体非常接近，从而能够作为嵌段聚合物的部分替代品实现嵌段聚合物的外延生长。球形阵列微区的方向和周期性是由嵌段聚合物的周期与模板的周期之间的可通约性决定的，这种现象可通过一个自由能模型准确地进行描述。这种采用低密度模板制备高密度阵列的方法，将在半导体领域（如高密度应用的微电子结构的制备中）起到重要作用。

采用类似的思想，Park 等[12]用具有锈齿状表面的蓝宝石晶片引导嵌段聚合物微区自组装（图 4-17），采用这种方法可以在任意尺寸的表面上制备长程有序的微区阵列。圆柱形的有序微区直径为 3nm，其面密度可达到每平方英寸 10TB。基底上的锯齿状结构为嵌段聚合物的自组装提供方向性引导，而嵌段聚合物的自组装能够在具有这种表面缺陷的情况下很好地进行。这种方法适用于不同的基材和嵌段聚合物，提供了一个制备超高密度系统的通用路线。

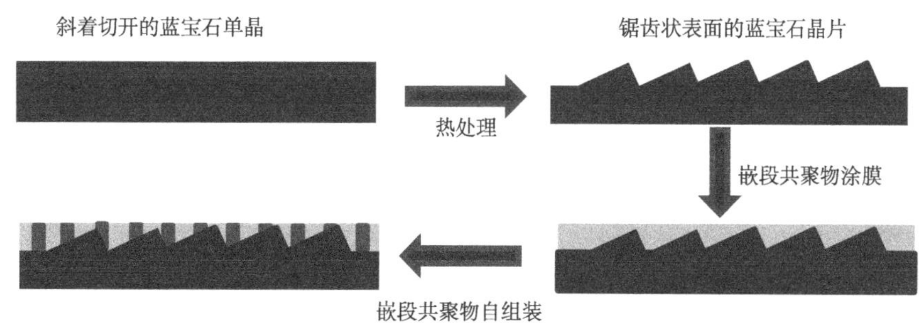

图 4-17　采用具有锯齿状表面的蓝宝石晶片引导嵌段聚合物的微区自组装

提出以上方案的目的是加强、扩大光刻工艺并使其进步，而不是试图发展替代技术。所用到的起始图案已经达到或接近目前光刻工艺极限，而得到的最终产品的分辨率和品质则大大超越了传统材料和工艺的极限。由以上这些结果可以看出，通过扩大嵌段聚合物的使用范围，半导体产业中所需要的更复杂的模式也可能通过这种方案实现。用嵌段聚合物自组装技术制备用于不同纳米技术应用的有序纳米微结构最主要的局限性在于局部自组装结构是非常精确的，但在大范围内很难控制其整体一致性。的确，微区由不同嵌段组成，尺寸在几十个纳米左右，典型地成核生长生成复合粒状构造，周期性、有序性仅仅保持在几个晶格常数（例如，一个典型的晶粒尺寸仅有 1～2μm）。除了有位错缺陷，样品还呈现出台阶状结构。尽管有规则的微区，但是长程有序性差，并且高度上也存在着变化。这些都限制了在许多纳米技术中应用这种图案模板。大范围领域的工程应用对控制微区的取向、微区的定位和薄膜的厚度都有所要求。所以，如何实现按照人的意志来调控样式多样、长程有序的自组装纳米微结构，是当今纳米研究领域的热点问题之一。

思 考 习 题

（1）嵌段聚合物的链段序列结构有三种基本形式，请简述其结构特征，并分别列举与三种基本形式对应的工业化嵌段聚合物。

（2）苯乙烯-丁二烯无规共聚物和苯乙烯-丁二烯-苯乙烯三嵌段聚合物（SBS）的模

量-温度曲线有何差异？请分析其原因。

（3）采用聚合物端基间的相互反应可制备嵌段聚合物，例如由带有端羟基的聚合物HO—A—OH和带有端羧基的聚合物HOOC—B—COOH进行反应可制备嵌段聚合物，请写出反应的化学方程式。

（4）A-B和A-B-A序列结构主要是通过阴离子活性聚合法制备，$\left[\!\!-\text{A}-\text{B}-\!\!\right]_n$结构常通过逐步生长方法来制备，请分析其原因。

（5）采用何种测试方法鉴别嵌段共聚物与均聚物？

（6）通常A-B型嵌段聚合物不具有回弹性，而A-B-A型或$\left[\!\!-\text{A}-\text{B}-\!\!\right]_n$形态结构的嵌段聚合物则具有良好的回弹性，请从结构角度分析其原因。

（7）嵌段聚合物可作为自组装材料，请举例说明其实际应用。

参 考 文 献

[1] A. 诺谢伊, J. E. 麦格拉思. 嵌段共聚物: 概论与评述. 吴美琰, 李执芬, 施曼丽, 等译. 北京: 科学出版社, 1985.

[2] R. J. 萨利沙. 嵌段与接枝共聚物. 甘景镐译. 上海: 上海科学技术出版社, 1966.

[3] Noshay A, McGrath J E. Block copolymers: overview and critical survey. Amsterdam: Elsevier, 2013.

[4] Thakur M K, Rana A K, Liping Y, et al. Surface modification of biopolymers. Hoboken: Wiley, 2015.

[5] Al-Malaika A, Golovoy A, Wikie C A. Chemistry and technology of polymer additives. Oxford: Blackwell Science, 1999.

[6] Schildknecht C E. Polymerization processes. Hoboken: Wiley, 1977.

[7] 薛冬峰, 李克艳, 张方方. 材料化学进展. 上海: 华东理工大学出版社, 2011.

[8] Kang Y, Walish J J, Gorishnyy T, et al. Broad-wavelength-range chemically tunable block-copolymer photonic gels. Nature Materials, 2007, 6(12): 957-960.

[9] Thurn-Albrecht T, Schotter J, Kästle G A, et al. Ultrahigh-density nanowire arrays grown in self-assembled diblock copolymer templates. Science, 2000, 290(5499): 2126-2129.

[10] Bai J, Zhong X, Jiang S, et al. Graphene nanomesh. Nature Nanotechnology, 2010, 5(3): 190-194.

[11] Ruiz R, Kang H, Detcheverry F A, et al. Density multiplication and improved lithography by directed block copolymer assembly. Science, 2008, 321(5891): 936-939.

[12] Park S, Lee D H, Xu J, et al. Macroscopic 10-terabit-per-square-inch arrays from block copolymers with lateral order. Science, 2009, 323(5917): 1030-1033.

第五章　聚合物的固相反应

固相反应指的是固相物质参加的化学反应，包括固-固相反应、固-气相反应和固-液相反应等。聚合物的固相反应主要指的是聚合物的固相缩聚反应和聚合物的固相接枝反应。

固相缩聚反应是将低分子量的聚合物加热至玻璃化转变温度以上、熔点以下，通过抽真空或通入惰性气体的方法，使聚合物的无定形区继续进行聚合反应。通过固相缩聚可以获得高质量、高性能、高相对分子质量的聚合物，尤其是对于那些熔点很高或在熔点以上易于分解的单体的缩聚以及耐高温聚合物，固相缩聚法更是重要的聚合方法。固相接枝反应则是在聚合物熔点以下进行的一种接枝反应。与熔融缩聚和熔融接枝相比，聚合物的固相反应温度更低，副反应更少，但反应时间更长。

第一节　固相缩聚的原理

早在 20 世纪 30 年代，Flory 就发现通过熔融缩聚得到的聚酰胺在固态下维持一定温度仍可继续发生缩聚反应。但直到 20 世纪 60 年代，固相缩聚的研究才得到广泛的关注。

固相缩聚是将分子量较低的预聚体加热至玻璃化转变温度以上、熔点以下进行缩聚反应的过程。此时的大分子链仍处于被固定的状态，而末端官能团则获得了足够的活性，通过扩散互相靠近并发生反应，生成的小分子副产物则借助于真空或惰性气流带出反应体系，从而促使缩聚反应正向进行，使产物分子量不断提高，最终获得所需要的高黏度高聚物。固相缩聚反应一般经历四个阶段：活性官能团的迁移靠近；预聚体粒子内可逆化学反应；缩聚反应生成的副产物小分子（如水）从粒子内部向粒子表面扩散；副产物小分子从粒子表面向真空或惰性保护气体扩散。

一、固相缩聚的特点

与熔融缩聚相比，固相缩聚具有如下特点[1]：

（1）反应温度比熔融缩聚低，因此副产物和降解反应显著减少。固相缩聚温度一般在聚合物熔融温度以下，而熔融缩聚则必须在其熔点以上。热降解反应活化能高，高温下反应速度明显加快，而固相缩聚温度降低，抑制了热降解过程，这样有利于提高聚合物的质量。

（2）聚合物的相对分子质量可明显提高，从而其力学性能得到明显改善。

（3）固相缩聚温度比熔融缩聚低，反应过程没有高黏熔体，无须强力搅拌，使整个缩聚过程能耗较低。

（4）固相缩聚与其他固相反应一样，反应活化能高，一般为 130～180kJ/mol，因此固相缩聚反应需要的时间很长。

（5）聚合工艺简单、灵活。目前，国内外普遍采用连续式氮气保护法和间歇式真空法两种工艺。聚合方式既可连续操作，也可间歇操作；预结晶、干燥、固相缩聚可在同一设备中进行。

（6）反应平稳，并且不要求高压，对设备材料要求较低。

二、固相缩聚的工艺过程

由于固相缩聚反应都是可逆反应，反应副产物小分子必须不断地排出反应体系，反应才能向右进行，使产物的分子量不断提高。因此，固相缩聚反应速度是由化学反应速度、小分子副产物从聚合物内部向粒子表面的扩散速度及其从粒子表面向气相的扩散速度共同控制的。而最终哪一个因素作用为主要控制因素，则与很多因素有关。缩聚反应温度的变化、预聚体颗粒尺寸的改变、惰性气体流速的改变等都可能导致固相缩聚反应控制机理的改变。

（1）化学反应速度控制过程：在固相缩聚过程中，如果反应温度较低，粒子尺寸较小（微米级），则化学反应速度起主要作用。在这种条件下，扩散的速度很快，相对于化学反应速度可以忽略不计，反应副产物水的浓度认为是零，反应不可逆，产物分子量随着反应时间呈线性增长。当温度升高至接近聚合物的熔点时，固相缩聚反应的动力学就不再遵循这个过程的规律，分子量与反应时间的关系偏离线性增长。

（2）内部扩散速度控制过程：当反应温度较高，粒子尺寸较大（毫米级）时，化学反应速度比水通过固体无定形区的扩散速度大很多，可以认为整个粒子内部化学反应处于平衡；而且由于沿着粒子表面方向聚合物分子量增大，副产物浓度降低，在整个粒子内副产物浓度存在梯度，也就是存在一个径向的黏度梯度。所以此时固相反应速度主要取决于粒子尺寸、水的扩散能力、初始分子量以及平衡常数。

（3）表面扩散速度控制过程：在气体流速较高时，粒子表面副产物浓度维持在一个平衡值，它取决于气相中的副产物浓度。因此，副产物从粒子内部向表面扩散与从粒子表面向气体传质相平衡。然而，当气体流速降低时，气相传质系数同时降低，副产物从粒子内部向表面扩散高于粒子表面向气体传质。此时，表面的副产物浓度增加，而副产物的整体扩散速度降低，导致固相缩聚反应速度降低，表面扩散速度成为主要控制因素。表面扩散速度控制一般发生在气体流速低于 1.5m/min 的情况下，目前聚对苯二甲酸乙二醇酯（PET）切片工业生产过程都是在较高的气体速度下进行的，因此在实际应用中经常会被忽略。

图 5-1 为布勒公司固相缩聚流程。

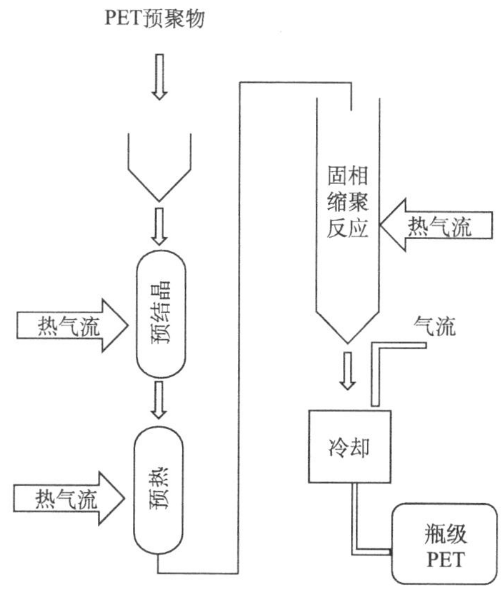

图 5-1　布勒公司固相缩聚专利示意图[2]

三、固相缩聚的工艺条件

影响固相缩聚反应速率和最终产物分子量的因素有很多，主要包括外部反应条件、聚合物本身的性质和一些小分子物质等。

（1）缩聚反应温度：缩聚反应温度是影响固相缩聚的最重要因素之一。随着反应温度的升高，固相缩聚反应速率、黏度和相对分子质量都有所增大，特别是接近聚合物熔融温度时显著增大。但温度过高将导致热降解及其他副反应和粒子黏结现象。一般情况下，固相缩聚反应温度在聚合物熔融温度以下 40～80℃为宜，如 PET 熔融温度为 260℃左右，其固相缩聚反应温度 180～220℃。

（2）缩聚反应时间：缩聚反应时间对固相缩聚反应也有重要影响。由于高扩散阻力和链段运动受限制，所以固相缩聚反应时间比熔融或溶液缩聚反应时间长。一般初始速率较大，但随缩聚反应时间延长而减小。

（3）聚合物颗粒尺寸：固相缩聚反应速率随聚合物颗粒尺寸的减小（即随体表面积比增加）而增大，但当颗粒尺寸小于 1mm 时，其对固相缩聚反应速率的影响就很小了。产物的相对分子质量随聚合物颗粒增大而减小。

（4）反应介质：包括反应介质（气体）的种类（或性质）及其流速。固相缩聚过程中，可使用的气体有氮气、氢气、空气、二氧化碳气体和燃烧尾气等，在一定范围内，反应速率随气体流速的增加而提高，其中最常用的为氮气。反应在真空中也可以进行，并且高真空比氮气更有利于反应进行。

（5）聚合物结晶度：固相缩聚反应一般在半结晶性聚合物的无定形区和无定形聚合物的内部进行，所以聚合物结晶度大小对固相缩聚速率有显著影响。一般是通过影响无定形区中副产物小分子的扩散系数和链末端基浓度而进行的。

（6）聚合物相对分子质量：最终产物相对分子质量随聚合物相对分子质量增加而增加，并且缩聚速率也随初始分子量的提高而增大。

（7）小分子物质：固相缩聚速率对少量小分子物质的参与很敏感，它们有可能成为催化剂或阻聚剂。对固相缩聚产生催化作用的小分子物质有很多，如 MgO、Na_2CO_3、磷酸、硼酸和硫酸等。需要注意的是，TiO_2 的参与可能会阻碍固相缩聚的进行。

四、分散相辅助固相缩聚

在固相缩聚的终缩聚阶段，聚合物体系黏度较高，挥发性缩聚副产物在聚合物基体内的扩散是缩聚过程速率的控制步骤。此外，脱除聚合物中未完全反应的单体、缩聚副产物、催化剂等杂质也是聚合物加工过程中的重要环节。此类杂质会对聚合物产品的气味、色值、毒性以及热物理性质等造成不利影响，也会对环境和人体健康造成伤害。因此，脱挥过程对提高聚合物分子量、改善聚合物产品质量方面均有着十分重要的意义。

反应过程中引入液相为连续相，则缩聚反应形成的小分子产物扩散速度会大幅增加，从而提高固相反应速率。这种引入液相作为连续相的固相缩聚反应称之为分散相固相缩聚。常用的液相可分为高沸点溶剂和超临界二氧化碳。

1. 高沸点溶剂

用于固相缩聚分散相的溶剂本身必须满足四个基本条件：①具有较高的沸点，如在 PET 体系中沸点应高于 250℃；②黏度较低，利于小分子及时脱除；③应尽可能无毒或者低毒且易于清洗；④水和乙二醇在该溶剂内溶解度较低，以提高小分子脱除速度。正十四烷是理想的溶剂之一，其沸点为 253.5℃，且是非极性的烷烃类物质，水和乙二醇在其中的溶解度都很低，毒性很小，也是有机合成中常用的溶剂。

溶剂辅助固相缩聚反应可分为溶胀和反应两个过程，实际操作可分为“一步法”和“两步法”两种方法：①将聚合物和引发剂在溶剂存在的条件下溶胀后，直接升高温度引发固相缩聚反应，称为“一步法”；②先将聚合物和引发剂在溶剂中溶胀，使引发剂在溶剂的协助下充分扩散到聚合物基体中，取出带有引发剂的聚合物，将其移入另一反应釜，然后引发固相缩聚反应，可称之为“两步法”。两种方法各有其优缺点[3]：一步法操作简单方便；两步法溶胀和缩聚反应两个过程在不同反应釜中进行，便于准确地研究溶胀过程中分散相对聚合物的溶胀、渗透作用。另外，两步法减小了固相缩聚反应过程中直接升温对设备的抗压要求，降低了成本。

溶剂辅助固相缩聚反应提高反应速率的原因是反应由扩散控制转变成由反应本身控制。一般认为，分散相辅助固相缩聚并未改变普通固相缩聚过程，但聚合物的比表面积在分散相的作用下变大，有利于提高聚合物分子链末端反应基团的扩散速度，也提高了反应小分子产物水和乙二醇向外的扩散速度，从而促进可逆反应向缩聚方向进行。

影响溶剂辅助固相缩聚反应的因素包括两方面，一是溶胀过程中的参数：溶胀温度和时间；另一方面是传统固相缩聚反应中存在的对缩聚反应有明显影响的参数：缩聚反应时间和温度等。

溶胀温度升高，分散相对聚合物基体的溶胀能力增强，聚合物溶胀程度增大，分散相对小分子的扩散提速效果更好，固相缩聚反应速度快；同理，溶胀时间越长，体系中溶剂含量越大，越有利于末端活性基团的内部扩散和小分子反应产物的向外扩散，固相缩聚反应速度越快。当溶胀时间超过 5h 时，固相缩聚反应速度不再随溶胀时间延长而改变。

2. 超临界二氧化碳

由于超临界二氧化碳的塑化作用可增加聚合物的自由体积，进而促进挥发组分在聚合物基体内的扩散，提高聚合物分子链及其活性反应端基的运动能力，从而可有效提高缩聚反应速率。此外，多数缩聚反应的挥发性副产物在超临界或者液态二氧化碳中均具有较高的溶解度，因此，二氧化碳作为一种吹扫流体，可以高效地将挥发性缩聚副产物从反应体系中脱除，进而推动缩聚反应向正链增长方向移动。近年来，超临界二氧化碳作为一种环境友好的流体，已被成功用于辅助聚合物脱挥、聚酯和聚碳酸酯固相缩聚增黏过程。超临界二氧化碳在促进 PET 缩聚过程，以及制备高分子量、低杂质浓度的 PET 产品方面具有巨大潜力。对比其辅助 PET 熔融缩聚和固相缩聚过程与常压 N_2 吹扫工艺，发现超临界二氧化碳对 PET 固相缩聚过程具有显著的促进作用，提高了 PET 固相缩聚反应速率。

研究超临界二氧化碳辅助聚酯和聚碳酸酯缩聚过程发现，PET 缩聚反应的主要挥发性小分子副产物乙二醇在超临界二氧化碳中的溶解度低于聚碳酸酯缩聚的挥发性副产物苯酚在超临界二氧化碳的溶解度，因此超临界二氧化碳辅助 PET 缩聚过程的反应效率低于聚碳酸酯的缩聚过程效率。在典型的超临界二氧化碳辅助缩聚过程中，首先是将聚合物置于高压二氧化碳环境中，再进行超临界二氧化碳萃取。其中，超临界萃取过程伴随着二氧化碳在聚合物基体中的溶解、聚合物的溶胀以及缩聚反应等复杂的物理、化学过程。超临界萃取过程中二氧化碳的供给可以采用动态或者静态模式。在动态萃取模式中，超临界二氧化碳连续地流经聚合物基体；而在静态萃取模式中，只有一定量的超临界二氧化碳被引入缩聚体系中，与聚合物基体相互作用。由于在动态模式中新鲜的超临界二氧化碳一直与聚合物相互作用，其具有比静态模式更高的萃取效率。在新的增黏工艺中，当二氧化碳增压至反应压力后，PET 的固相缩聚过程为静态模式；待第一个反应周期结束，再将二氧化碳压力降至常压；随后重复上述过程，即升压、静态模式下固相缩聚和泄压，直至产物达到所需的聚合度。

图 5-2 为不同二氧化碳供给模式对聚酯固相缩聚过程的影响。在动态模式下，挥发性缩聚副产物在二氧化碳相中的浓度始终维持在一较低的平衡值；而在静态模式下，随着缩聚反应的进行，副产物在二氧化碳相的浓度不断增加，从而降低了副产物在聚合物表面扩散的传质推动力。但是，当反应时间为 1h 时，静态模式和动态模式得到的 PET 产物聚合度几乎相同。较之动态模式，在 1h 内，静态模式下缩聚体系中积累的副产物浓

度 C_s 并未对其外扩散产生更高的阻力。因此，当缩聚体系中副产物浓度低于 C_s 时，PET 固相缩聚过程并不需要二氧化碳的连续吹扫。

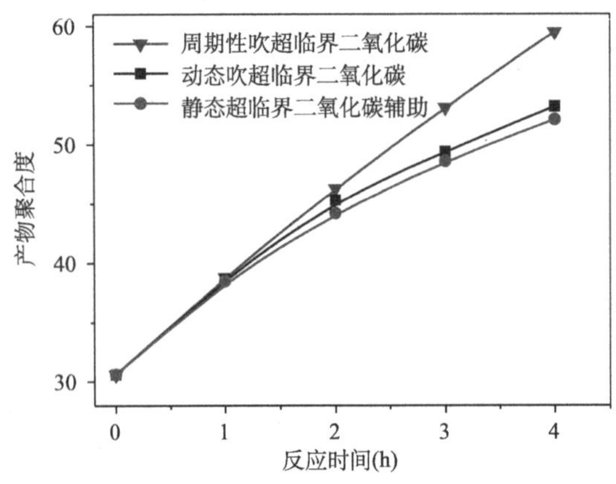

图 5-2　不同二氧化碳供给模式对聚酯固相缩聚过程的影响[4]

第二节　PET 的固相缩聚

固相缩聚（SSP）由于具有反应条件温和、产品质量好等优点，已成为广泛使用的提高 PET 分子量的工业方法。实验室规模的 PET SSP 专利是美国杜邦公司在 1968 年公开发表的；之后在 1970 年至 1978 年间，杜邦、美孚、联合化学等公司相继研究并公开发表了大量 SSP 专利。推动 SSP 工业化进程的是美国 Bepex 公司在 1979 年公开发表的连续式 SSP 专利。随着 SSP 理论研究的不断深入和工业应用的成功，SSP 已成为一种重要的提高 PET 分子量的方法。目前固相缩聚反应在工业应用最多的就是以 PET 为主的聚酯的固相缩聚，产物是高分子量的 PET，在工业上用于生产高强度的涤纶纤维和饮料瓶。

一、PET 的固相缩聚反应

PET 的固相缩聚与熔融缩聚的反应机理并没有本质的区别，可分为链增长反应和降解反应。链增长反应可分为三类反应：酯交换反应、酯化反应及端烯基缩聚反应。其中酯交换反应是主导反应，端烯基是由降解反应产生的，由于固相缩聚的反应温度较低，降解反应小，端烯基浓度低，端烯基缩聚对分子量增加的贡献不大。PET 固相缩聚时的主要反应如下[5,6]：

反应Ⅰ：酯交换反应（E_a=77kJ/mol）

$$2\sim\!\!\langle C_6H_4\rangle\!-COOCH_2CH_2OH \rightleftharpoons \sim\!\!\langle C_6H_4\rangle\!-\overset{O}{\overset{\|}{C}}-O-C_2H_4-O-\overset{O}{\overset{\|}{C}}-\langle C_6H_4\rangle\!\sim + HOCH_2CH_2OH \tag{5-1}$$

反应Ⅱ：酯化反应（E_a=74kJ/mol）

$$\sim\!\!\sim\!\!\text{C}_6\text{H}_4\text{—COOCH}_2\text{CH}_2\text{OH} + \sim\!\!\sim\!\!\text{C}_6\text{H}_4\text{—COOH} \rightleftharpoons \sim\!\!\sim\!\!\text{C}_6\text{H}_4\text{—}\overset{\text{O}}{\overset{\|}{\text{C}}}\text{—O—C}_2\text{H}_4\text{—O—}\overset{\text{O}}{\overset{\|}{\text{C}}}\text{—C}_6\text{H}_4\!\sim\!\!\sim + \text{H}_2\text{O} \tag{5-2}$$

反应Ⅲ：端烯基缩聚反应（E_a=77kJ/mol）

$$\begin{aligned}&\sim\!\!\sim\!\!\text{C}_6\text{H}_4\text{—COOCH}_2\text{CH}_2\text{OH} + \sim\!\!\sim\!\!\text{C}_6\text{H}_4\text{—COOCH=CH}_2 \longrightarrow \\ &\sim\!\!\sim\!\!\text{C}_6\text{H}_4\text{—}\overset{\text{O}}{\overset{\|}{\text{C}}}\text{—O—C}_2\text{H}_4\text{—O—}\overset{\text{O}}{\overset{\|}{\text{C}}}\text{—C}_6\text{H}_4\!\sim\!\!\sim + \text{CH}_3\text{CHO}\end{aligned} \tag{5-3}$$

降解反应可分为二酯基团的热降解反应、乙醛生成反应及水解反应。热降解反应的活化能比缩聚反应高，随反应温度的升高，热降解反应加剧。当温度高于熔点时，PET热降解反应是PET合成中的主要问题。虽然固相缩聚的反应温度（180～220℃）比熔融缩聚温度要低，但热降解反应同样存在。分子链上的二酯基团裂解生成一个乙烯基端基和一个羧酸端基，生成的端羧基可以和端羟基反应形成酯键，同样端烯基也可以进一步与端羟基反应形成酯键，同时放出一个乙醛分子。乙烯端基也可以通过分子重排形成端羧基，同时放出一个乙醛。热降解反应的主要特征是特性黏度下降，端烯基和端羧基浓度增加。生成的端烯基和端羧基都会影响产品质量，端羧基会降低PET产品的水解和热稳定性，在标准等级PET中一般要求端羧基的浓度不大于25mmol/kg。乙醛会影响PET包装产品的味道，对瓶级PET常要求乙醛含量指标要小于1ppm。由于端烯基可以进一步转化成端羧基和乙醛，因此被认为“潜在的乙醛”而加以控制。虽然固相缩聚反应温度比较低，热降解反应小，但由于随着分子量的增加，大部分端羟基被消耗，削弱了端羧基和端烯基与端羟基反应的概率，加剧了端羧基与端烯基的累积，致使分子量下降。

反应Ⅳ：二酯基的热降解反应（E_a=158kJ/mol）

$$\sim\!\!\sim\!\!\text{C}_6\text{H}_4\text{—}\overset{\text{O}}{\overset{\|}{\text{C}}}\text{—O—C}_2\text{H}_4\text{—O—}\overset{\text{O}}{\overset{\|}{\text{C}}}\text{—C}_6\text{H}_4\!\sim\!\!\sim \longrightarrow \sim\!\!\sim\!\!\text{C}_6\text{H}_4\text{—COOH} + \sim\!\!\sim\!\!\text{C}_6\text{H}_4\text{—COOCH=CH}_2 \tag{5-4}$$

反应Ⅴ：乙醛生成反应

$$\sim\!\!\sim\!\!\text{C}_6\text{H}_4\text{—COOCH=CH}_2 \longrightarrow \sim\!\!\sim\!\!\text{C}_6\text{H}_4\text{—COOH} + \text{CH}_3\text{CHO} \tag{5-5}$$

氧气的存在会加速氧化降解反应，与惰性气体氛围下相比，降解反应速度加快。降解反应首先在PET主链酯键的亚甲基处生成过氧化氢，该产物进一步分解，目前降解反应机理并不完全清楚，一般认为遵循自由基机理，分子链的断裂反应生成碳、氧自由基以及端羧基、端羟基、端乙烯基等，生成的自由基还会二次反应形成支链。

$$\sim\!\!\sim\!\text{C}_6\text{H}_4\!-\!\overset{\overset{\text{O}}{\|}}{\text{C}}\!-\!\text{O}\!-\!\text{C}_2\text{H}_4\!-\!\text{O}\!-\!\overset{\overset{\text{O}}{\|}}{\text{C}}\!-\!\text{C}_6\text{H}_4\!\sim\!\!\sim \xrightarrow{\text{O}_2}$$

$$\sim\!\!\sim\!\text{C}_6\text{H}_4\!-\!\overset{\overset{\text{O}}{\|}}{\text{C}}\!-\!\text{O}\!-\!\text{CH}_2\underset{}{\overset{\overset{\text{COOH}}{|}}{\text{CH}}}\!-\!\text{O}\!-\!\overset{\overset{\text{O}}{\|}}{\text{C}}\!-\!\text{C}_6\text{H}_4\!\sim\!\!\sim$$

$$\longrightarrow \sim\!\!\sim\!\text{C}_6\text{H}_4\!-\!\text{COOH}+\sim\!\!\sim\!\text{C}_6\text{H}_4\!-\!\text{COOCH}_2\text{CH}_2\text{OH}+\sim\!\!\sim\!\text{C}_6\text{H}_4\!-\!\text{COOCH}{=}\text{CH}_2 \quad (5\text{-}6)$$

反应Ⅵ：水解反应

PET 的水解反应是酯化缩聚反应的逆反应，也是一个自催化反应，反应产生的端羧基充当催化剂的作用，并伴随产生端羟基。水解反应在很低的温度（100℃）就可以发生，在 100～120℃温度范围内，水解反应的速度约是热降解反应速度的 1000 倍。由于 PET 在切粒及储存期间会吸收水分，因此在固相缩聚的前期结晶及预热过程中，水解反应会占优势。其次，如果所用的载气中水分含量过高，水解反应也会在固相缩聚反应温度出现。

二、PET 固相缩聚的影响因素

固相缩聚是由化学和物理因素共同决定的聚合过程，因而在此体系内存在一系列限制其反应速率的关键环节，一般认为主要有四个限制步骤：

（1）聚合物本身的化学反应活性；

（2）聚合物链端基的反应活性；

（3）小分子副产物从生成到向聚合物表面扩散的内扩散过程；

（4）小分子从聚合物表面脱离反应体系的外扩散过程。

在不同的反应温度、气体流速等因素的影响下，PET 固相缩聚的反应控制因素也不尽相同。但总的来说，影响 PET 固相缩聚反应的控制因素主要有反应温度、催化剂、初始物状态、结晶、反应介质等。

1. 反应温度

反应温度可能是固相缩聚中最重要的影响因素，随着反应温度的提高，聚合物链活性增加，固相缩聚可能由化学控制过程转为扩散控制过程，反应温度增加到 PET 熔点附近，则某些热降解副反应加剧。此外，提高反应温度，由于链运动阻力减小的原因，固相缩聚的活化能也可能随之降低。

SSP 温度一般是在 PET 熔点以下 40～80℃，反应温度升高可以促进分子链的增长，但温度过高，则会导致部分产物熔融甚至黏结，同时伴随成环或其他副反应的发生。随着反应温度的升高，PET 分子量不断增加，当温度为 170℃时，产物分子量为 48kg/mol，当温度升高至 230℃时，分子量可达到 61kg/mol，但温度更高时，产物分子量则会下降。

表 5-1 是不同温度和反应条件下 PET 固相缩聚反应的控制机理[7,8]。

表 5-1　不同温度和反应条件下 PET 固相缩聚反应的反应控制机理

反应温度	粒子大小	气速	反应机理
$T<180$℃	大	低	化学反应控制
		高	化学反应控制
	小	低	化学反应控制
		高	化学反应控制
190℃$<T<$200℃	大	低	化学反应>内部扩散>表面扩散
		高	化学反应和内部扩散控制
	小	低	化学反应、内部扩散和表面扩散共同控制
		高	化学反应控制
210℃$<T<$230℃	大	低	内部扩散>表面扩散>化学反应
		高	内部扩散>化学反应
	小	低	表面扩散控制
		高	化学反应控制

2. 催化剂

制备线型高分子量 PET 必须使用催化剂，常用的 PET 固相缩聚反应的催化剂为锑、钛、锗类化合物。锑催化剂催化活性适中、价格低廉，催化的 PET 产品有较好的分子量分布，成为生产高分子量 PET 最常用的催化剂，但它属于重金属，有一定的毒性，会对人体健康造成不良的影响。例如，随着催化剂 Sb_2O_3 含量的不断增加，酯交换反应的活化能会逐渐降低，而酯化反应活化能则保持不变，分子量不断增加。Sb_2O_3 为催化剂时其最佳用量为 100～150ppm，图 5-3 是其催化机理。

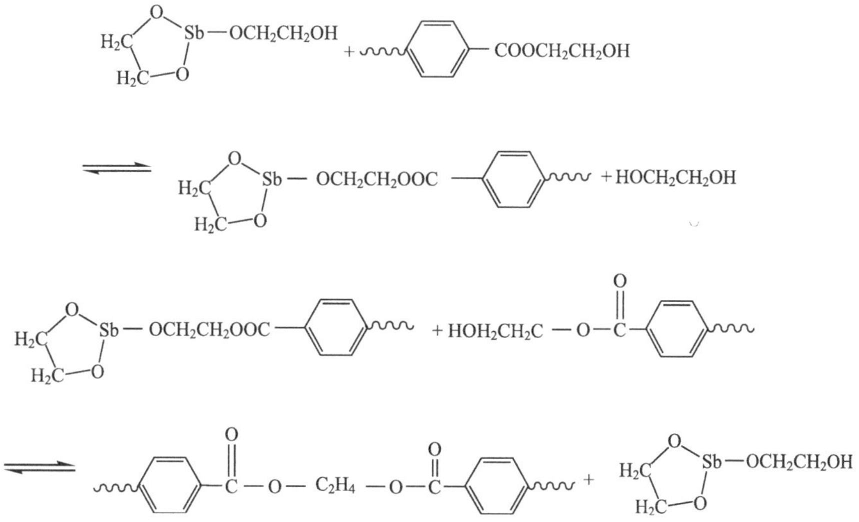

图 5-3　PET 固相缩聚中锑催化剂的催化机理

3. 反应初始物状态

理论上讲，预聚体的分子量越小，则可参与固相缩聚的活性端基也越多，反应速率应该升高。同时由于无定形态区域的面积较大，固相缩聚发生的概率也更高。但是大量的实验研究并不与以上的分析吻合，这可能是链反应活性与扩散限制共同作用的结果。同样的操作条件下，初始预聚体的分子量越高，得到的终聚物的分子量也越高。当预聚体分子量增加到某一临界值，这一增速效应不再明显。

聚合物的导热能力有限，若要固相缩聚可在很小的温差内进行，聚酯切片不宜过大。尺寸较大的切片，小分子向外扩散距离也更长，副产物脱除的能力也较差。在粒子内部，小分子副产物依靠浓度梯度向气固界面扩散，从粒子中心到边界，小分子浓度递减，因而各点反应速率递增，分子量从内到外逐渐增大。切片颗粒越大，内部小分子向界面扩散的距离越长，小分子浓度越高，固相缩聚反应速度越慢。因此，预聚物的粒子尺寸不能太大。

某一粒径的颗粒，其内部的未反应基团含量是一定的。在一定温度下，可活动的基团数以及可反应的基团数也是一个定值。当可反应的基团完全反应时，黏度达最大值，延长反应时间并不能继续增黏。所以固相缩聚颗粒的粒径大小并非越小越好，最佳粒径应该是固相缩聚时不发生黏结，对小分子副产物的扩散影响较小，其内部未反应的基团含量适中，反应最终能达到具有优良性能所需的分子量为宜。对于 PET 而言，平均粒径为 150μm 是合适的。

预聚体的几何形状涉及反应的操作性以及材料的后续加工性，对酯固相缩聚而一言也是一项重要指标。一般而言，预聚体不宜出现较多棱角，以免碰撞黏结或者烧结。而球形颗粒传质能力有限，所以工业生产中一般采用切片形态。

4. 结晶

固相缩聚过程中反应与结晶是两个始终结合的步骤。为防止在高温下固相聚合时发生黏结，通常让切片预结晶一段时间，提高黏结点，然后再转入高温聚合。

结晶使得无定形区域减少，大量的聚合物链末端基被排斥在结晶相外，使得聚合物链端基密度有所提升，减小链端基的传递距离，降低化学扩散阻力，因而一定程度上可以促进缩聚反应。结晶的低聚体作为固相缩聚的预聚体来制备高分子量的聚酯。晶区在固相缩聚中没有进行重整，无定形区的链端控制着聚合反应从而导致了更多系带分子的出现。

结晶度的增加使得聚合物聚集态变得致密有序，一方面降低了活性链端基的移动性，减小了反应概率；另一方面使得小分子扩散阻力进一步加大，限制着平衡反应的正向移动。尤其在固相缩聚后期，结晶对反应的阻碍程度很大。

5. 反应介质

反应介质对于小分子的脱除有着重要影响。传统的方法有真空抽提与氮气吹扫这两种，其中真空抽提因为能耗过大，工业普及程度不高，惰性气体吹扫可以达到至少不亚于真空提取类似的效果。

若选取的惰性气体可以被有效吸附进入聚合物内部，可增加小分子脱除的自由体积或者使得聚合物无定形区域含量增加，这些对固相缩聚都是有利的。由于氦气的分子直径要大大小于氮气，因此氦气对小分子脱除的能力可能更好。而由于二氧化碳和碳链有一定的相容性，小分子脱除的能力似乎更好。此外二氧化碳在聚合物内部具有一定的溶解度，起到某方面的塑化作用，一方面增加了无定形相的含量，帮助乙二醇脱除的同时也使得碳链末端基活性更强，有利于固相缩聚的化学与物理扩散。

总的来说，随着反应时间的延长，反应程度提高，最终产品的分子量不断增加。反应时间为40h左右时，最终PET分子量达到最大值，当继续延长反应时间时，分子量却呈现下降趋势，这是由于反应时间过长，SSP中链段降解占主要地位。

三、PET固相缩聚模型

PET 固相缩聚反应是端基官能团之间的反应，除热裂解反应和酯交换反应等副反应以外，主要是羟乙酯基间的酯交换反应与羟乙酯基与端羧基间的酯化反应。

$$2E \rightleftharpoons Z + EG$$

$$C + E = Z + W$$

其中，E代表羟乙酯基，C代表端羧基，Z代表双酯基团，EG代表乙二醇分子，W代表水分子。这一过程的反应程度与可逆化学反应平衡和小分子的扩散有很大的关系，其中小分子的扩散又包括在预聚体粒子内部的扩散和从预聚体表面向惰性气体的扩散两步，对固相缩聚反应速率起决定作用的是其中最慢的一步或几步。基于此，目前已建立了多种模拟聚酯固相过程的模型，如纯扩散动力学模型、纯化学反应模型以及化学反应和扩散共同控制模型等。现阶段的观点认为PET的固相缩聚反应与其熔融缩聚反应一样，属于表观二级反应。

需要指出的是聚酯的固相缩聚过程的机理比较复杂，所涉及的反应较多，除了主反应酯化反应外，还包括水解反应、热解消除反应以及分子内、分子间的酯交换反应等。单一的控制因素显然难以模拟这一复杂过程，因此，目前广泛应用的是化学反应和扩散共同控制模型。

事实上，固相缩聚的工艺条件对聚酯的反应速率常数以及水的扩散系数都有很大影响。如反应速率常数会随温度的升高而变大，而水的扩散系数也受多种因素的影响，如温度、真空度、粒子尺寸等。

由于不同的研究者对反应机理的认识不同，特别是反应控制机理的认识不同，形成了多种动力学机理模型，如反应控制模型、扩散控制模型及反应与扩散共同控制模型。各种模型所涉及的反应也不相同。表 5-2 列出了不同的研究者所提出的动力学模型的反应活化能。

表 5-2　PET 固相缩聚反应动力学模型

研究者/时间	反应模型	反应	活化能*（kcal/mol）
S. A. Jabarin/1986 年	经验模型	缩聚	E_p=18.4～23.2
M. Drosher/1978 年	经验模型	缩聚	/
K. Ravindranath/1990 年	扩散	缩聚	E_p=31.26
M. D. Goodner/2000 年	扩散	/	E_p=28
S. A. Chen/1987 年	反应控制<200℃	缩聚	E_p=24
	扩散控制>200℃		E_p=5.4
B. Huang/1998 年	反应控制<180℃	缩聚	/
	扩散控制>210℃		
S. Tate/1995 年	反应控制	缩聚和降解	E_p=21；E_d=40
D. Wu/1997 年	反应控制和扩散控制	缩聚和侧链反应	/
T. Y. Kim/2003 年	反应控制和扩散控制	缩聚和侧链反应	E_p=18.5；E_d=37.8
B. Duh/2002 年	半经验模型	缩聚	E_p=19.3

*E_p：缩聚反应活化能，E_d：降解反应活化能

四、PET 固相缩聚工艺

固相缩聚的 PET 增黏过程可分为原料切片预结晶、固相缩聚和产物冷却 3 个基本工序。按固相缩聚工艺的区别，PET 固相缩聚的实施方法有间歇和连续两种。连续式生产效率高，有利于自动化控制，适合大规模现代化生产，产品品质稳定。早期曾有 PET 固相缩聚企业采用间歇法实施固相缩聚反应，目前绝大部分被淘汰，而采用连续固相缩聚反应工艺技术。

1. 间歇法固相缩聚反应技术

间歇法工艺设备简化、投资少，适合中小装置，间歇法的预结晶和固相缩聚都在真空下进行，故又称真空法。预结晶工序是在真空转鼓中，在 PET 树脂冷结晶温度 100～150℃下进行，使切片结晶度达到 35%左右。预结晶在工业上通常是在真空干燥转鼓内进行，时间 5～10h。固相缩聚过程是在对顶锥真空转鼓中进行的，转鼓可以采用热载体循环或电感应方法加热。脱醛工艺条件：温度为 180～220℃；时间为 2～4h；压力不大于 133Pa。缩聚工艺条件：温度为 220～240℃；时间为 10～15h；压力不大于 66Pa。完成固相缩聚的高黏 PET 切片由气流输送至移动床冷却器顶部，与下部吹入的冷空气进行逆流风冷，冷却后的高黏 PET 切片略高于室温，产品放料、包装。

2. 连续法固相缩聚反应技术

连续法固相缩聚过程通常是在惰性气体（氮气）中进行，故又称惰性气体法。反应多采用移动床，也可用流化床。连续固相缩聚工艺的特点是停留时间较长，产品持有量较大。这是因为与熔体相比，其处理温度和切粒的表观密度均较低。以现阶段的标准，瓶级切片的固相缩聚能力约 300t/d，经典的工厂约 250t/d，按 PET 切片的表观密度为 $800kg/m^3$ 计算，相当于约 $300m^3$ 的产品体积。由于工厂利用重力垂直流动使物料通过设备，因此它们通常固相缩聚的反应器都很高，产能为 300t/d 的反应塔约 50m 高，相当于 15 层楼高。

连续法 PET 的固相缩聚过程可分为原料切片预结晶、结晶、固相缩聚和产物冷却等基本工序及氮气净化等辅助工序。图 5-4 所示的是三种工业上常用的 PET 固相缩聚工艺[9]。

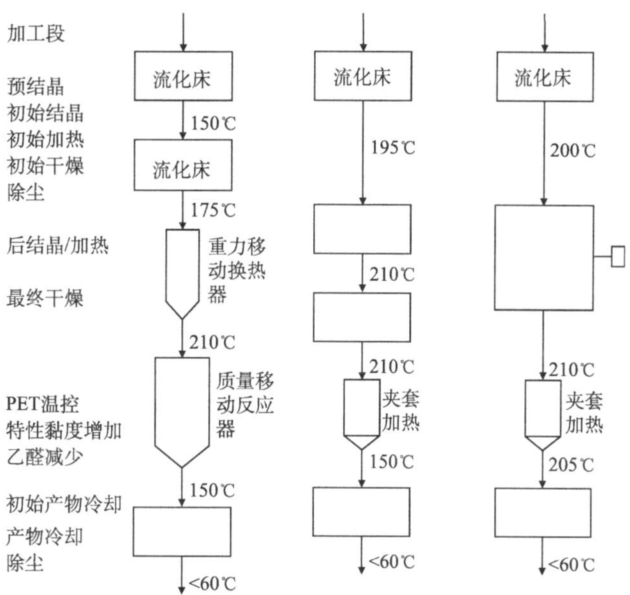

图 5-4　三种工业上常用的 PET 固相缩聚工艺

1）预结晶

由于固相缩聚的时间比较长，一般在 10h 以上，为保证反应的正常进行，关键就要保证切片在固相缩聚反应器中不黏结。因此，需要使切片在进入固相缩聚反应器之前，通过预结晶、结晶等过程，逐步提高其软化点，阻止其黏结。在预结晶过程中，低黏的 PET 切片达到了一定的结晶度，软化点也相应提高，保证下一步结晶过程的正常进行，同时原料切片中含有的大部分乙醛和其他可挥发组分也在此过程中被排出。

由于低黏无定形 PET 切片的软化点低，在 130℃左右极易黏结，因此，预结晶工艺参数的设定和预结晶器的设计应考虑切片不出现黏结，此处的关键是预结晶的风温、风压、风在预结晶器中的分布、风速、风量和切片在预结晶器中的停留时间等条件。

2）结晶

为了防止处在一定的堆积高度下的 PET 切片在固相缩聚过程中因部分熔融和受压力作用而黏结，还要使切片在较高的温度下继续结晶。在结晶过程中 PET 的结晶结构会发生结晶熔融-再结晶的变化，因此 PET 切片具有一定的晶粒尺寸，且相应的结晶度可达45%以上。结晶器的设计应使切片在较高的温度下与热风接触均匀，停留时间均匀，以保证结晶均匀。

3）固相缩聚过程

PET 的固相缩聚过程包含以下三个过程：①PET 端基的缩聚反应；②挥发性的小分子从固体聚合物的内部向表面扩散，即内部扩散；③挥发性的反应副产物从固体聚合物的表面向外扩散，即表面扩散。一般来说，当 SSP 反应温度较低时，以反应控制为主；当反应温度较高时，以扩散为主。

反应塔被设计成能提供实现物料最终特性黏度指标所必需的停留时间。尽管瓶级树脂的表观相似，但物料的停留时间变化却很大，要想达到需要的特性黏度，通常在 210℃需要的停留时间是 10～20h。氮气从反应器的底部进入，与切粒移动逆向流动以移出反应的副产物——乙二醇和水。气-固质量比通常保持在 1.0 以下。氮气流速一般不能太低，以免影响副产物从切粒向气相的质量传递。但是当气体在物料中移动时，副产物浓度增大，因此在设计反应器停留时间时需要加以考虑，最终物料黏度由停留时间和反应温度共同控制。

4）冷却

固相缩聚的 PET 产物需要冷却，切粒的冷却在反应器的出口处开始。氮气从底部进入反应器，将切粒在反应器出料段冷却到约 180℃，然后切粒进入流化床冷却器，通过新鲜空气在 5min 内冷却到低于 60℃。

3. SSP 最新技术——Easy UP 窑式 SSP 生产技术

Easy UP 窑式 SSP 生产技术是突破传统立式 SSP，利用切片自身质量垂直输送物料的思路，采用窑式连续、微倾旋转式反应器，可以大大提高单线 SSP 的生产能力，降低建设费用及运行成本，并提高了产品品质。该技术的工艺流程见图 5-5。

图 5-5 所示窑式 SSP 的料仓和预结晶器类似传统立式 SSP 预结晶采用的流动床。切片依靠重力从预结晶器经过窑式反应器顶部到达底部，而 N_2 则是从底部进入，逆向 PET 切片流动从顶部经预结晶器返回到 N_2 纯化系统，这时 N_2 气流将反应器内部的 PET 固相缩聚的分解产物乙二醇、乙醛和水分等一起带出，再经 N_2 纯化系统将灰尘滤去，通过燃烧法除去乙二醇、乙醛和低聚物，用气体干燥器除去水分，把露点降到 40℃以下，含氧体积分数小于 $10\times10^{-6}\%$，并重新使用。

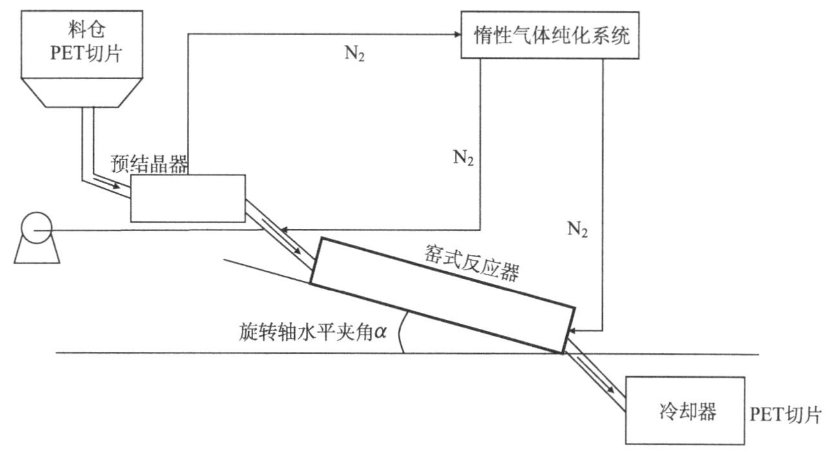

图 5-5　Easy UP 生产流程

Easy UP 工艺原理及其特点

Easy UP 窑式反应器的机械装置是借助十分成熟的生产水泥的卧式水泥窑装置的基本原理。Easy UP SSP 反应器单线的产能大于 l000t/d，甚至可达 2000t/d。而垂直立式管状反应器由于其高度和直径比（L:D）所限，产能只能限于 700t/d 以下。用于 SSP 的窑式反应器虽然外形十分类似回转窑，物料的输送利用进出两端的高差以及筒体本身的回转起到输送作用，但 Easy UP 窑式反应器内上下增加许多挡板，隔成几个部分，更有助于 PET 颗粒在其中移动接近良好柱塞流状态。

由于 Easy UP 窑式反应器突破传统立式 SSP 的思路及尺寸限制，不仅单线产能可大大增加，同时突破立式“漏斗法”因高压流而产生的不良柱塞流弊病。从图 5-5 不难看出在卧式连续微倾斜（图 5-5 所示 α 角很小）旋转反应器中 PET 颗粒间流动无挤压，形成良好的柱塞流性能，PET 颗粒在反应器内停留时间差大大小于传统立式反应器内 PET 颗粒停留时间差。由于 Easy UP 的卧式反应器中 PET 颗粒具有良好流动动力学性能，切片的特性黏度差异变得更小。

Easy UP 技术经意大利 M&G 公司中试后，第一条生产线已于 2007 年在巴西投产。该装置原设计能力为 1300t/d，经生产目前实际可达 1500t/d，现预备将装置扩建到产能 1700t/d。

M&G 公司曾对传统工艺及 Easy UP 工艺的 2 座 SSP 工厂的建筑进行比较，目前传统 SSP 工厂产能为 700t/d，其厂房长宽高为 100m×30m×20m，而 Easy UP 现有工厂产能为 1300t/d，其厂房长宽高为 80m×25m×20m，传统 SSP 工厂产能仅为 Easy UP 工厂的 54%，而总容积是 Easy UP 工厂的 2 倍多。

先进的 Easy UP SSP 工艺只需要一半容积的设备，可大大节省产品在反应器内的停留时间，时间仅为 10h，比传统工艺少 5h，同时可以降低生产工厂的基建投资、设备投资及运营成本。由于 Easy UP 产品微晶体大、晶体结构均匀，反应过程短而且反应器中心到外围切片的特性黏度变化小，使其产品聚合度分散性小于2。而产品的特性黏度可达0.90dL/g以上，完全符合瓶级切片、模压容器树脂、PET工业丝等后加工的要求。熔融挤出前易于干燥，使后加工能顺利运行，所制得后加工产品性能稳定，该产品在下游企业使用得到良好反响。

固相缩聚反应除了可以用于高分子量PET的合成外，也可以用于其他高分子量聚合物的制备，如聚酰胺[10]、聚乳酸[11]和聚碳酸酯[12]等。固相缩聚已在尼龙6（PA6）、尼龙66（PA66）、尼龙46（PA46）等聚酰胺的生产中实现了工业化。现在工业上利用这种方法来合成高分子量的聚酰胺切片，用于生产工程塑料以及轮胎上面的帘子线等。

第三节　聚合物的固相接枝反应

聚合物的固相接枝反应属于非均相化学接枝方法。与第三章所介绍的熔融接枝反应相比，固相接枝反应是在聚合物熔点之下进行，因此固相接枝反应具有反应温度低、副反应较少、无溶剂污染、后处理简单等优点。

在20世纪90年代末，Rengarajan首次报道了用固相接枝法制备马来酸酐官能化聚丙烯，随后陆续报道的用于固相接枝法改性聚丙烯的单体包括苯乙烯、甲基丙烯酸缩水甘油酯、4-乙烯基吡啶、丙烯腈、2-羟乙基丙烯酸甲酯等。

聚合物的固相接枝反应以聚丙烯（PP）为主，接枝单体以马来酸酐（MAH）为主，溶剂用量较少，反应时间较长，聚合物要求采用粉状料，粒径越小越有利于提高接枝率。在反应过程中，聚合物保持良好的流动性。不同于熔融接枝法和溶液接枝法，固相接枝法是一种局部改性的方法，接枝反应一般发生在聚烯烃的结晶缺陷以及无定形区域，因此接枝反应所用的PP等规度越高，同样条件下得到的接枝率越低，而且接枝度的大小对聚烯烃的结晶度影响不大。

一、聚丙烯固相接枝反应机理

PP固相接枝反应温度为100～140℃，此时PP依然是固相，其晶区是稳定的晶体，分子链排列致密，晶区内的吸附和扩散作用可以忽略；而非晶区是无定形相，PP分子链段间相互缠结，虽然链段不能在整个大分子内部自由迁移，但能在其附近做微弱的振动和伸缩运动。因此，PP的固相接枝反应一般仅发生在PP表层的非晶相区和晶区微陷处。接枝单体一般是小分子化合物，它们可以通过扩散和吸附作用接近PP分子链段发生固相接枝反应。由于PP分子链段运动能力受限，因此，在接枝反应过程中大分子自由基不易发生双基偶合或双基歧化终止，自由基终止主要是大分子自由基的单基终止。其次，在惰性条件下直接将PP粉末从聚合反应器转移到改性反应器，这样避免PP被空气中的氧气所氧化，当存在残留的聚合催化剂时，这种氧化作用非常明显。再者，PP固相改性反应减少了由于温度高而引起的断链反应，从而可减少改性过程中由于降解而导致的PP相对分子质量的大幅降低。

基于如上假设，目前提出了相应的自由基固相接枝反应机理。首先是引发剂分解产生的初级自由基夺取聚丙烯主链上叔碳原子上的氢，从而形成 PP 大分子自由基，但叔碳自由基很不稳定，随着单体浓度的增加，容易发生 β-断裂，形成一个长链自由基和带有不饱和双键的聚丙烯链，长链自由基部分还可以进行解聚、链转移、链终止、接枝等基元反应。以马来酸酐为例，推测出接枝共聚物的结构如图 5-6 所示。

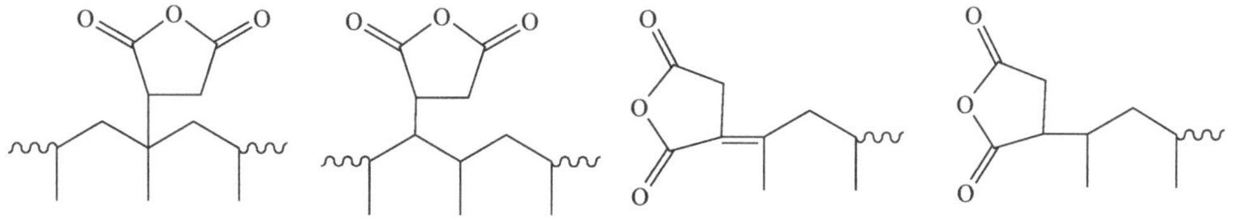

图 5-6　四种可能的 PP-g-MAH 结构图[13]

聚丙烯固相接枝的具体过程：①单体和引发剂扩散到聚丙烯颗粒的表面和微孔内；②单体被聚丙烯颗粒的非晶相区所吸附；③单体在非晶相区的孔隙内扩散达到平衡，同时引发剂在加热的条件下分解产生初级自由基；④单体在初级自由基的作用下接枝到聚丙烯上；⑤链终止和对产物进行纯化。

为了提高官能化 PP 的接枝率并降低 PP 在接枝过程中的降解反应，常采用的方法是引入第二接枝单体。通过加入第二接枝单体来提高第一单体的接枝率必须满足两个条件：①第二接枝单体比第一单体能更快地与 PP 链上的自由基发生反应；②接枝在 PP 链上的共接枝单体自由基能很容易地与第一单体发生共聚反应。这样，第一单体不仅可以直接接枝在 PP 链上，也可以通过与第二单体大分子自由基的反应，间接地接枝到 PP 链上，从而提高了第一单体的接枝率。接枝马来酸酐（MAH）时，加入共接枝单体醋酸乙烯酯（VAc），不仅 MAH 的接枝率提高了，而且 PP 的降解程度也有所缓解，通过红外、MFR 等推测出共单体在固相接枝 PP 中相互作用的机理（如图 5-7 所示）。

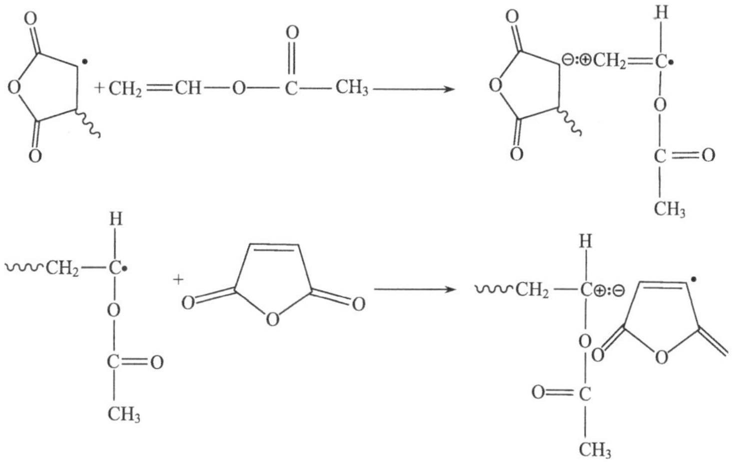

图 5-7　MAH 和 VAc 在 PP 接枝过程中形成过渡态的机理

聚丙烯固相接枝实质上是通过自由基反应来实现的，不仅可以对聚丙烯进行表面改性，也可用于聚丙烯颗粒的接枝改性。这与溶液接枝机理有相似之处，但也不尽相同，不同之处在于固相接枝是在引发剂的作用下于固液界面处发生反应。引发剂和单体主要在非晶区进行扩散和吸附，而在晶区内可以忽略不计，因此，聚丙烯固相接枝主要发生在非晶区。

二、聚丙烯固相接枝单体

作为 PP 固相接枝的单体有 MAH、GMA、St、甲基丙烯酸甲酯（MMA）、丙烯酸丁酯（BA）、丙烯酸（AA）等，单体用量与接枝率密切相关。同样条件下，单体用量少则不能满足自由基引发的需要，很多自由基未引发反应就发生偶合终止或歧化终止，降低引发效率；单体用量太多，则很多单体未能参加接枝而容易发生均聚，降低接枝率。另外，接枝到一定阶段，基体表面的接枝链阻碍了接枝单体的进一步溶胀扩散，越来越多的单体被游离自由基引发未接枝聚合。接枝单体使用较多的是 MAH，但是 MAH 位阻大，接枝率低，且易升华污染环境。

1. 酸酐类单体

酸酐类的接枝单体是指带有双键和酸酐基的一类化合物，其代表有马来酸酐及其类似物，如顺丁烯二酸、反丁烯二酸、衣康酸以及它们的氨化物、酰亚胺、酯类等[14]。酸酐类的物质作为多功能化的单体常常接枝到各种热塑性高分子、可生物降解聚合物、多糖及生物高分子上。MAH 是最早用来改性 PP 的极性单体，把 MAH 接枝到 PP 链上，可以大大提高 PP 的表面能和亲水性能，但其接枝率较低（小于 5%）。

如果在接枝过程中加入苯乙烯作为第二单体，则能明显提高 MAH 的接枝率，同时能降低 PP 在接枝反应过程中的降解。由于苯乙烯的活性比 MAH 高，它可以迅速捕获聚丙烯链上的自由基，而且苯乙烯链自由基很容易和 MAH 单体共聚，从而有利于主单体接枝率的提高。同时，通过对比发现，单一单体接枝产物的 MFR 率明显高于双单体接枝产物，表明苯乙烯的加入还可以减少聚丙烯在接枝过程中发生的降解和交联等副反应。

VAc 同样满足引入共接枝单体提高第一单体接枝率的条件，而且 VAc 上的酯基是电子给予体，而 MAH 上的酸酐基是电子接受体，彼此之间会形成一种反应活性高且稳定的中间过渡态，不仅可以有效提高 MAH 的接枝率，而且还有利于减少 PP 链的 β-断裂。

2. 苯乙烯

苯乙烯也是常用的改性聚丙烯的单体之一。与传统的接枝单体马来酸酐相比，苯乙烯具有毒性小，活性高且与聚丙烯互溶，能够在很短的时间内吸附到 PP 表面并扩散，反应速度快等优点[15]。

与其他接枝单体相比较，苯乙烯有自己独特的一面。首先，苯乙烯在引发剂的作用下不仅可以在聚丙烯微孔内聚合，而且还会在颗粒表面以及颗粒之间或空隙之间聚合；

其次，接枝后的产物比较复杂，有未反应的聚丙烯、聚苯乙烯和 PP-g-PS，这三种物质的相对含量决定着接枝产物的形态和最终性能，通过选择不同的溶剂对接枝后的产物进行提纯，确定聚苯乙烯主要分布在 PP 的表面、微孔以及 PP 颗粒的非晶相区。

对于苯乙烯/聚丙烯接枝反应体系，一个不容忽视的问题是在接枝过程中会产生凝胶。引发剂的种类和用量、单体苯乙烯用量以及聚丙烯的化学组成均影响苯乙烯对聚苯乙烯的接枝率和凝胶的形成。大量的引发剂和高的苯乙烯含量可以获得高的接枝率，但也会导致凝胶的生成。若聚丙烯分子链上含有少量乙烯结构单元，其接枝率和凝胶的含量均比用等规聚丙烯高；同时，用过氧化苯甲酸叔丁酯（TBPB）作为引发剂时，其接枝率和凝胶含量均比用过氧化二苯甲酰（BPO）高。若将聚丙烯进行退火处理并在低的引发剂用量下进行苯乙烯接枝，则凝胶的生成量较少。

3. 软乙烯基单体

软乙烯基单体作为聚丙烯改性的单体是一个新的概念，其目的是获得优异性能的聚丙烯接枝产物[16]。软乙烯基单体是指可聚合的单体如果可以均聚，将形成玻璃化转变温度小于 25℃的均聚物，包括由不饱和脂肪酸和饱和醇形成的含有 3～15 个碳原子的酯类，如丙烯酸正丁酯（BA）、丙烯酸-2-乙基己酯（HEA）、丙烯酸乙酯（EA）、丙烯酸甲酯（MA）、甲基丙烯酸丁酯（BMA）等。软乙烯基单体可以在聚丙烯分子链上形成柔性的长支链，从而调控聚丙烯的柔韧性，减小聚丙烯的降解和交联。

三、聚丙烯固相接枝反应工艺

1. 聚丙烯颗粒的预处理

等规聚丙烯是半结晶性的聚合物，固相接枝主要发生在非晶区（即无定形区）。改变聚丙烯的结晶度，接枝过程中伴随的降解、交联、链转移也会发生不同程度的改变，其接枝率、接枝效率以及产物的热力学性质也会受到显著的影响。

接枝前，将聚丙烯分别在 110、130、150℃退火处理 12h，DSC 测试结果显示，与未退火聚丙烯相比，经退火处理的聚丙烯的熔融峰变窄，随着退火温度的升高，其结晶度不断提高，在 150℃退火处理后，结晶度甚至达到了未退火聚丙烯的两倍。而由于退火处理的温度没有达到聚丙烯的熔融温度（165℃），所以未退火聚丙烯的颗粒形貌、晶体形态以及孔隙率基本未发生变化。用 150℃处理过的聚丙烯在过氧化苯甲酸叔丁酯引发剂作用下，在 120℃下与苯乙烯进行固相接枝共聚合，对反应过程中凝胶的产生有很好的抑制作用。

先将聚丙烯辐射后再退火处理。退火处理分两步进行，第一步是在 80℃下，目的是使聚丙烯链段向自由基迁移，从而形成支链；第二步是在 120℃以上，主要是将剩余的自由基除去。经对比试验发现，在氮气气氛下电子辐射后再退火处理的样品，其降解程度最低，只有该样品可以在超过 1 年的储存时间内稳定。

2. 聚丙烯固相接枝反应温度

固相接枝的反应温度一般在 PP 的软化点附近（约 120℃），该温度既能较好地溶胀 PP，又能提供适宜的反应速率。如果反应温度太低，溶剂不能有效地溶胀 PP 基体，则影响接枝单体在 PP 基体中扩散和吸附，导致接枝率低；反应温度太高，虽然溶剂溶胀效果好，但是自由基分解速度太快，超过了接枝反应速率，自由基终止反应加剧，同时副反应增多，导致接枝率下降。

3. 聚丙烯固相接枝反应的引发剂

能热分解成自由基并引发自由基反应的偶氮化合物和过氧化物都可以作为固相接枝的引发剂，比如偶氮二异丁腈（AIBN）、过氧化苯甲酰（BPO）、过氧化异丙苯（DCP）等。引发剂必须具有非氧化性、取代氢的能力以及在相应接枝条件下具有合适的半衰期。其半衰期应与接枝聚合时间同数量级或相当，同时还要考虑适宜的分解温度和其引发接枝的效率。固相反应温度一般在 100～120℃，AIBN 在这个温度范围反应太快，不适合做固相接枝的引发剂，且偶氮类引发剂分解后形成碳自由基缺乏脱氢能力；DCP 在这个温度范围内分解速率相对较慢，也不适合作为固相接枝的引发剂，DCP 更多用来引发熔融接枝；而 BPO 在这个温度范围内分解速率适中，普遍用作固相接枝的引发剂。

对于 MAH 的体系，随着引发剂含量增加，MAH 接枝率开始快速增加，然后趋于平缓；当引发剂用量超过 6%时，由于笼蔽效应等其他副反应发生的可能性也增加，导致引发效率下降。即 PP 固相接枝反应的接枝率随引发剂用量的增加呈先升后降的变化趋势。当体系中引发剂量少时，自由基浓度低，接枝率低，随着引发剂浓度提高，形成的自由基数目增加，有利于接枝率的提高；当引发剂浓度继续上升，由于接枝反应与单体均聚反应是一对竞争反应，体系内自由基浓度过高，自由基偶合终止速率加快，单体均聚程度加剧，导致接枝率下降。

4. 其他助剂（催化剂、界面剂等）

此外，催化剂、界面剂等助剂对 PP 的固相接枝反应也有显著的影响。

催化剂一般起到增加自由基的形成、稳定自由基和降低接枝活化能的作用。如当反应体系中加入少量滑石粉（TAIC）时，MAH 在 PP 表面的接枝率明显提高。这是由于 TAIC 具有 3 个烯丙基官能团，其化学活性很高，起到增加自由基的形成，并稳定自由基、阻止 PP 大分子自由基的降解和降低接枝反应活化能的作用。加入 5%的 TAIC 后，接枝率大幅增加。因为加入 TAIC 后，PP 粉体不团聚，流动性好，有利于提高接枝率。

在 PP 的固相接枝反应中，界面剂起到浸蚀和溶胀 PP 表面、为接枝反应提供场所、有利于单体向 PP 内部扩散及有利于接枝聚合反应热的移出等作用。但是溶剂不能过多，否则不但会在 PP 表面形成覆盖膜，而且会溶解大量单体，隔绝单体与 PP 大分子链的接触，单体的自由基未与 PP 的大分子链作用形成接枝链即发生终止反应，使得接枝率降低。

一般来说，当界面剂为 PP 的良溶剂时，接枝率较高；当界面剂为 PP 的不良溶剂时，接枝率较低。以二甲苯作为界面剂时，PP 的接枝率最高。

思考习题

（1）什么是固相反应？固相反应有何特点？

（2）固相缩聚反应与熔融缩聚反应相比，有何优点？

（3）固相接枝反应有何优点？

（4）固相缩聚反应一般可分为哪四个阶段？

（5）固相缩聚反应有哪些控制过程？这些控制过程受哪些因素的影响？

（6）影响固相缩聚的因素有哪些？如何影响？

（7）分散相辅助固相缩聚有何优势？一般有哪两类分散相？

（8）溶剂为分散相辅助固相缩聚时，溶剂要满足哪些要求？

（9）PET 固相缩聚的主要副反应有哪些？

（10）影响 PET 固相缩聚的因素有哪些？

（11）成熟的 PET 固相缩聚反应工艺有哪两种？连续法制备高分子量 PET 切片包含哪些工艺过程？

（12）简述 PP 固相接枝反应机理。

（13）常用于 PP 固相接枝反应的接枝单体有哪些？

（14）在 PP 的固相接枝 MAH 反应中，加入第二单体有何好处？常用的第二单体有哪些？

（15）影响 PP 固相接枝产物接枝率的因素有哪些？如何影响？

参考文献

[1] 孙亚芳. PET 固相缩聚改性及热降解特性研究. 杭州: 浙江理工大学, 2017.

[2] 谢尔斯, 朗. 现代聚酯. 赵国樑, 等译. 北京: 化学工业出版社, 2007.

[3] 梁玮. 液相辅助下聚酯固相缩聚过程的研究. 杭州: 浙江大学, 2008.

[4] 夏天. 超临界 CO_2 环境中 PET 的缩聚和发泡过程. 上海: 华东理工大学, 2015.

[5] Kim T Y, Jabarin S A. Solid-state polymerization of poly(ethylene terephthalate). II. Modeling study of the reaction kinetics and properties. Journal of Applied Polymer Science, 2010, 89(1): 213-227.

[6] Kang C. Modeling of solid-state polymerization of poly(ethylene terephthalate). Journal of Applied Polymer Science, 2015, 68(5): 837-846.

[7] And C A, Rovaglio M. Dynamic modeling of a poly(ethylene terephthalate) solid-state polymerization reactor I: Detailed model development. Industrial & Engineering Chemistry Research, 2004, 43(15): 4253-4266.

[8] Rovaglio M, Carlo Algeri A, Manca D. Dynamic modeling of a poly(ethylene terephthalate) solid-state polymerization reactor II: Model predictive control. Industrial & Engineering Chemistry Research, 2004, 43(15): 4267-4277.

[9] 于丽娜. PET 固相缩聚设备的改造. 聚酯工业, 2012, 25(2): 45-47.

[10] 刘培. 尼龙 6 固相缩聚及其结构性能的研究. 天津: 天津工业大学, 2017.

[11] 董亮, 王婷兰, 唐颂超. 预聚物分子量对立体复合聚乳酸固相缩聚产物结构和性质的影响. 华东理

工大学学报(自然科学版), 2017, 43(4): 481-486.
[12] 赵军. 双酚 A 型聚碳酸酯的固相缩聚工艺研究. 上海: 华东理工大学, 2013.
[13] Liu S P, Zhang W X, Shu P, et al. Study on modification of polypropylene via solid-state grafting of maleic anhydride. Chemistry & Bioengineering, 2010.
[14] 罗志. 微/纳米球形聚丙烯颗粒的制备及其固相接枝马来酸酐用作相容剂的研究. 北京: 中国科学院大学, 2016.
[15] 张艳中, 范志强, 刘钊, 等. 球形聚丙烯粒子固相接枝苯乙烯的研究. 高分子学报, 2002, 1(4): 432-437.
[16] 崔东玲. GMA 接枝改性聚丙烯及其应用. 大庆: 东北石油大学, 2017.

第六章　聚合物的交联反应

聚合物的交联指的是将线型结构聚合物通过化学反应变为三维网状（体型）结构聚合物的过程。按交联性质的不同，聚合物交联可分为热塑性聚合物的交联和热固性聚合物的交联两种。这两种交联在性质、结果和作用方面都有很大的不同。不发生交联反应时，热固性聚合物的一系列优良特性都无法体现出来，“热固性”也就失去了其本来的意义。热固性聚合物在交联前事实上多为低分子量的齐聚物，且其分子链是具有化学反应活性的线型结构，因此热固性聚合物的交联过程实质上是它的聚合过程，在成型时通过大量的化学反应，实现交联。热固性聚合物的交联产物在交联度、硬度、耐热性能等方面都要明显高于交联的热塑性聚合物。

与热固性聚合物不一样，热塑性聚合物在交联前就是大分子，分子量从几万到几十万不等。目前交联热塑性塑料应用最广泛的就是低密度聚乙烯（LDPE）。

第一节　聚乙烯的交联反应

聚乙烯是一种生产量和消费量最大、价格低廉的通用塑料。但普通聚乙烯的耐热性能较差，特别是 LDPE，其瞬时耐热温度仅为 130℃，且力学性能和耐溶剂腐蚀能力等也不足。聚乙烯经过交联以后，物化性能发生了明显变化；力学性能和燃烧的滴落现象得到很大改善，耐环境应力开裂现象减少甚至消失，长期使用的耐热等级可提高至 90℃以上，瞬时耐热温度从 130℃提高到 250℃。因此，交联聚乙烯（XLPE）现已成为日益重要而又普遍使用的工业聚合物材料，广泛用于生产电线电缆绝缘材料、热水管材、导电功能材料及热力化工管材、热收缩管和泡沫材料等[1]。

目前，常用的聚乙烯交联方法主要有高能辐射交联法、过氧化物交联法、硅烷交联法和紫外光交联法。

一、高能辐射交联

高能辐射交联是由 M. Dole 于 1948 年首先发现的，他当时在进行重水反应堆试验时无意间发现用辐射竟能将聚乙烯交联。目前，辐射交联聚乙烯已成功地应用于电线电缆、热收缩管等材料的工业化生产。辐射交联是由辐照产生的聚乙烯自由基再结合形成的，因此辐射交联反应要求以下两个条件：

（1）两个聚合物自由基相距很近；

（2）聚合物自由基分子链能自由运动。

这些聚合物自由基可由射线的初级作用产生，也可能是在射线产生的次级电子的作用下产生的。由于加氢和去氢反应，使生成的自由基在分子内和分子间迁移从而有相互结合的机会。结晶区内部的分子链运动受到束缚，因而难于交联。但结晶区内产生的自由基如能运动到非晶区就能参与交联反应。

辐射交联主要是使用高能射线打断聚乙烯中C—H键和C—C键所产生的自由基来引发交联的。其化学反应机理如下[2]：

$$—CH_2—CH_2—CH_2— \xrightarrow{\text{辐照}} —CH_2—CH_2—\dot{C}H— + H\cdot \quad (6\text{-}1)$$

$$H\cdot + H\cdot \longrightarrow H_2 \quad (6\text{-}2)$$

$$—CH_2—CH_2—\dot{C}H— + H_2 \longrightarrow —CH_2—CH_2—CH_2— + H\cdot \quad (6\text{-}3)$$

$$—CH_2—CH_2—CH_2— + H\cdot \longrightarrow —\dot{C}H—CH_2—CH_2— + H_2 \quad (6\text{-}4)$$

如果失去的氢原子都是在主链中，则所形成的烷基自由基相互反应形成 H 型交联；如果与主链断裂的末端自由基反应则生成 T 型交联，如式（6-5）和式（6-6）所示。

$$\begin{array}{c} —CH_2—\dot{C}H—CH_2— \\ + \\ —CH_2—\dot{C}H—CH_2— \end{array} \longrightarrow \begin{array}{c} —CH_2—CH—CH_2— \\ | \\ —CH_2—CH—CH_2— \end{array} \quad (6\text{-}5)$$

$$—CH_2—\dot{C}H—CH_2— + \begin{array}{c} \cdot CH_2 \\ | \\ CH_2 \\ | \\ CH_2 \\ | \end{array} \longrightarrow \begin{array}{c} —CH_2—CH—CH_2— \\ | \\ CH_2 \\ | \\ CH_2 \\ | \\ CH_2 \\ | \end{array} \quad (6\text{-}6)$$

交联度受辐射剂量及温度的影响，交联点随辐射剂量的增加而增加，因此可通过控制辐射条件，获得具有一定交联度的交联聚乙烯制品。实验室试验时，γ 射线一般是由 ^{60}Co 同位素辐射源产生的。在工业上，常用大型电子加速器产生的电子束来使聚合物发生交联。在有氧存在下，辐照产生的自由基因氧化反应而消耗一部分，因此交联反应就会受到影响。对于薄的样品，交联反应居支配地位，为了降低辐照剂量，在配方中要考虑加入适量的交联敏化剂。交联敏化剂主要是一些多官能团单体，其作用是将辐射交联由非链式反应转变为链式反应，从而提高交联度，降低辐照剂量。最常用的敏化剂有 TEGDM、TMPTA、TMPTM 和 BMA 等，其结构式如下[3]：

TEGDM　$H_2C═CH—\overset{O}{\overset{\|}{C}}—O(CH_2)_4—O—\overset{O}{\overset{\|}{C}}—CH═CH_2$

TMPTA　$\left(H_2C═CH—\overset{O}{\overset{\|}{C}}—OCH_2\right)_3 *$

TMPTM　$\left(H_2C{=}HC{-}\underset{\underset{CH_3}{|}}{CH}{-}\overset{\overset{O}{\|}}{C}{-}O{-}CH_2\right)_3{*}$

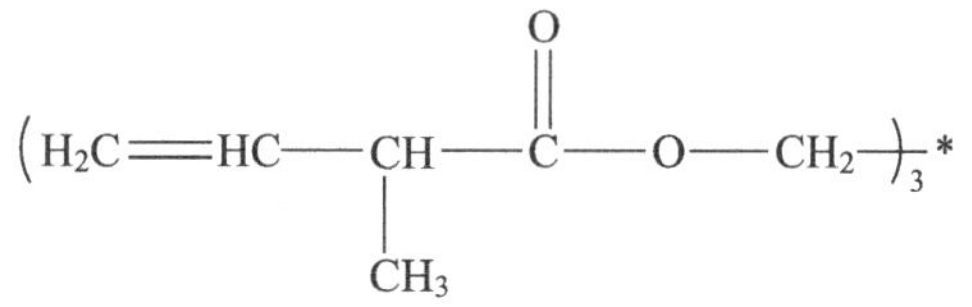

BMA　$H_2C{=}\underset{\underset{CH_3}{|}}{C}{-}\underset{\underset{O}{\|}}{C}{-}O{-}C_4H_9$

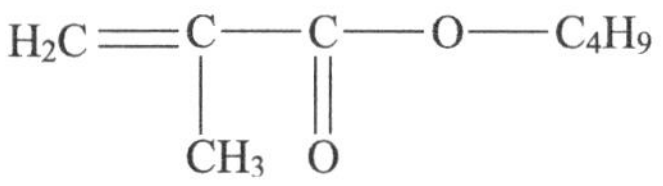

用辐射交联法生产的交联聚乙烯具有以下优点：聚乙烯的交联过程与挤出过程可独立进行，产品质量容易控制，生产效率高，废品率低；交联过程中不需要另外的自由基引发剂（如过氧化物等），保持了材料的洁净性，提高了材料的电气性能；特别适合于化学交联法难以生产的小截面、薄壁绝缘电缆。

但是辐射交联也存在一些缺点，如对厚的材料进行交联时需要提高电子束的加速电压，因此辐射交联一般不用于生产厚度较大的制品；对于像电线电缆这样的圆形物体的交联需将其旋转或使用几束电子束，以使辐照均匀；一次性投资费用相当高；操作和维护技术复杂，且运行中安全防护问题也比较苛刻等。

二、过氧化物交联

过氧化物交联（亦称化学交联）是通过过氧化物高温分解而引发一系列自由基反应，从而使 PE 发生交联。过氧化物（ROOR）加热后生成活性自由基，活性自由基进攻聚乙烯大分子链，夺取分子链上的氢原子，生成聚乙烯大分子链自由基，由于分子链自由基具有高度的反应活性，当分子链自由基彼此相遇时，便会发生交联反应，生成分子间化学键。以过氧化二异丙苯（DCP）为例，过氧化物交联聚乙烯的反应机理如下所示：

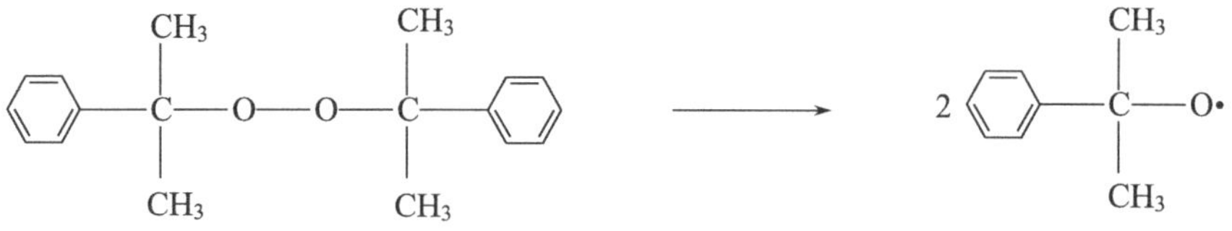

$$C_6H_5{-}C(CH_3)_2{-}O{-}O{-}C(CH_3)_2{-}C_6H_5 \longrightarrow 2\,C_6H_5{-}C(CH_3)_2{-}O\cdot \quad (6\text{-}7)$$

$$C_6H_5{-}C(CH_3)_2{-}O\cdot + {-}CH_2{-}CH_2{-} \longrightarrow {-}\dot{C}H{-}CH_2{-} + C_6H_5{-}C(CH_3)_2{-}OH \quad (6\text{-}8)$$

$$\begin{array}{c}{-}\dot{C}H{-}CH_2{-}CH_2{-}\\ +\\ {-}\dot{C}H{-}CH_2{-}CH_2{-}\end{array} \longrightarrow \begin{array}{c}{-}CH{-}CH_2{-}CH_2{-}\\ |\\ {-}CH{-}CH_2{-}CH_2{-}\end{array} \quad (6\text{-}9)$$

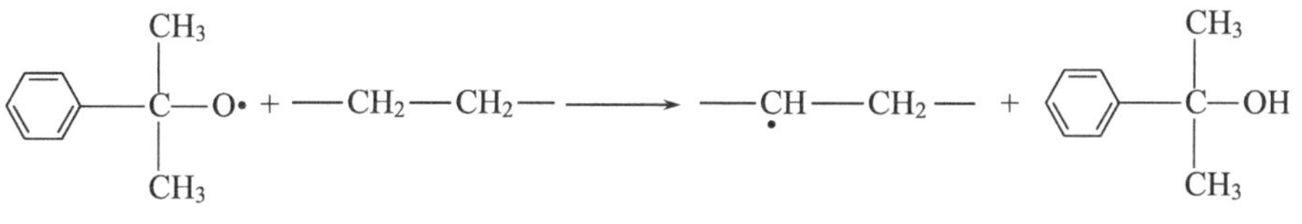

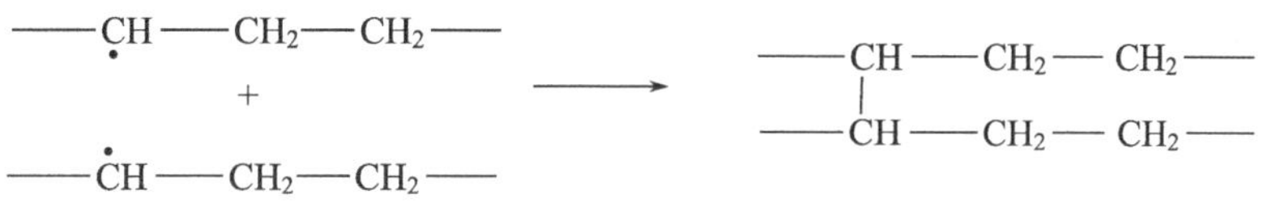

交联过程中除了交联反应外，同时也会存在着一些副反应，如歧化反应等，这些副反应将会导致聚乙烯分子链的支化和断裂。交联反应温度、时间以及交联剂的用量是影响过氧化物交联反应的主要因素。交联反应的时间应控制在该温度下交联剂半衰期的 5～

10 倍，此时交联剂已基本分解完全；而当交联时间过短时，交联反应不完全，当交联时间过长时，由于副反应的存在，将会导致交联制品的降解。

通过交联剂与助交联剂的并用，可以显著地提高交联反应速率与制品的交联度，同时降低降解率，并可适当降低交联剂的用量。

过氧化物交联聚乙烯主要是用于中高压电线电缆和管材的生产。在生产过程中，要尽量避免预交联。用过氧化物交联法生产聚乙烯电线电缆已有 40 年左右历史了，其工艺技术相对比较成熟。聚乙烯过氧化物交联近年来的一个主要发展方向是将极性单体接枝到聚乙烯链上。这些极性单体包括马来酸酐、丙烯酸、丙烯酰胺、丙烯酸酯等。接枝后的聚乙烯与金属、填料或其他聚合物（如尼龙）之间的相容性得到了改善。

过氧化物交联聚乙烯生产过程中，需保持较低的挤出温度，一旦挤出温度高于过氧化物的分解温度，便会使制品发生预交联或焦烧现象，从而影响制品的质量甚至损坏设备。该温度极限严格限制了可交联聚乙烯的挤出速度，而且在制品挤出成型后，需要在高温高压及几十米长甚至上百米的专用管道中进行交联反应，设备占据空间大，能耗较大，生产效率较低，因此限制了该技术在中小型生产企业中的应用。由于过氧化物交联聚乙烯存在上述缺点，科学界又研发了更简单的硅烷交联法。

三、硅烷交联法

在 20 世纪 60 年代末，硅烷交联生产工艺由 Dow Corning 公司首先开发成功。该技术是利用含有双链的乙烯基硅烷在引发剂的作用下与熔融的聚合物反应，形成硅烷接枝聚合物，该聚合物在硅烷醇缩合催化剂的存在下，遇水发生水解，从而形成网状的硅氧烷链交联结构。其反应过程如下[4]：

$$R'—CH_2—CH_2—Si(OR)_2—OR + H_2O \longrightarrow R'—CH_2—CH_2—Si(OR)_2—OH + ROH \quad (6\text{-}10)$$

$$R'—CH_2—CH_2—Si(OR)_2—OR + 3H_2O \longrightarrow R'—CH_2—CH_2—Si(OH)_2—OH + 3ROH \quad (6\text{-}11)$$

$$R'—CH_2—CH_2—Si(OR)_2—OH + R'—CH_2—CH_2—Si(OR)_2—OH \longrightarrow R'—CH_2—CH_2—Si(OR)_2—O—Si(OR)_2—CH_2—CH_2—R' + H_2O \quad (6\text{-}12)$$

$$
n\,\mathrm{R'{-}CH_2{-}CH_2{-}\overset{\displaystyle OH}{\underset{\displaystyle OH}{Si}}{-}OH} \longrightarrow
\begin{array}{c}
| \qquad\quad |\\
\mathrm{R'{-}CH_2{-}CH_2{-}Si{-}O{-}Si{-}CH_2{-}CH_2{-}R'}\\
| \qquad\quad |\\
\mathrm{O} \qquad\quad \mathrm{O}\\
| \qquad\quad |\\
\mathrm{R'{-}CH_2{-}CH_2{-}Si{-}O{-}Si{-}CH_2{-}CH_2{-}R'}\\
| \qquad\quad |\\
\mathrm{O} \qquad\quad \mathrm{O}\\
| \qquad\quad |\\
\mathrm{R'{-}CH_2{-}CH_2{-}Si{-}O{-}Si{-}CH_2{-}CH_2{-}R'}\\
| \qquad\quad |
\end{array}
\tag{6-13}
$$

相比于其他交联方法，硅烷交联法及其所制得的交联聚乙烯制品有如下优点：①设备投资少，生产效率较高且生产成本较低；②生产工艺通用性较强，适用于不同密度的聚乙烯树脂，也适用于大部分含有填充料的聚乙烯树脂；③不受生产制品的厚度限制；④交联制品使用寿命较长，耐老化性能好；⑤过氧化物用量较少，制得的交联聚乙烯绝缘层内微孔的生成量较少，有利于保持聚乙烯的高绝缘性。因此大大推动了交联聚乙烯的生产和应用。除聚乙烯、硅烷外，交联中还需用催化剂、引发剂、抗氧剂等。硅烷交联聚乙烯电缆料的生产方法有两步法（Sioplas E 法）、一步法（Monosil R 法）以及乙烯-硅烷共聚物交联法（共聚法）。

1. 两步法（Sioplas E 法）

两步法是由 Dow Corning 公司于 1968 年发明的。该法的第一步是接枝反应，利用过氧化物做引发剂把硅烷单体接枝到聚乙烯分子链上，得到接枝聚乙烯料。常用的过氧化物引发剂为过氧化二异丙苯（DCP），常用的硅烷为乙烯基三乙氧基硅烷（A-151）或乙烯基三甲氧基硅烷（A-171）。过氧化物受热分解产生的自由基能夺取 LDPE 分子链上的氢原子，所产生的 LDPE 大分子链自由基与硅烷分子中的双键发生接枝反应。第二步是把催化剂母料与接枝聚乙烯料按比例混合后挤出，然后在温水或蒸汽中完成水解、缩合反应而形成交联结构。常用的水解、缩合反应催化剂为有机锡衍生物，如二月桂酸二丁基锡、二乙酸二丁基锡、二月桂酸二辛基锡等。

两步法的优点是挤出过程和接枝反应可分开进行，避免或降低了改性剂对聚乙烯接枝反应的影响，因此交联度和接枝率较高；由于挤出成型过程仅是料与料的一种简单物理共混过程，生产过程中对挤出机没有特殊要求，因此挤出成型速率较快，生产效率较高；而且在料和料混合时，可根据用户的实际需求加入其他改性剂，制得具有某些特定性能的产品。其缺点是生产流程较长，生产设备较多，且易混入杂质，只能用于低压电缆料的生产，且硅烷接枝聚乙烯料的保质期较短，因此两步法仅适合于交联聚乙烯的小规模生产。两步法生产硅烷交联聚乙烯的工艺流程如图 6-1 所示。

2. 一步法（Monosil R 法）

一步法是在两步法的基础上发展起来的。一步法聚乙烯硅烷交联工艺是 1974 年问世的。该工艺是将聚乙烯树脂、硅烷、过氧化物和交联催化剂等直接加入到挤出机中，可用于生产电线电缆和塑料管。该工艺中硅烷接枝是关键，接枝成功与否关系到能否生产出高质量的产品。一步法生产硅烷交联聚乙烯的工艺流程如图 6-2 所示。

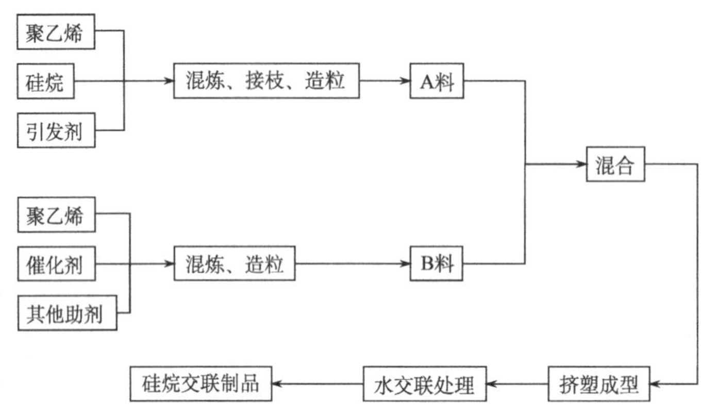

图 6-1　两步法硅烷交联工艺流程图

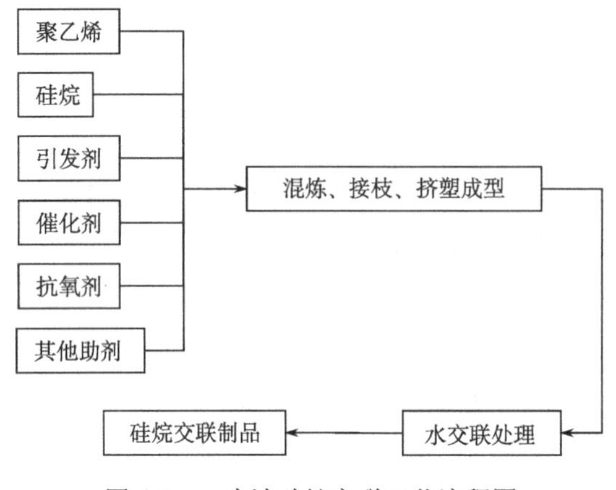

图 6-2　一步法硅烷交联工艺流程图

从工艺流程来看，一步法首先是将 LDPE、硅烷以及其他全部助剂混合，然后由挤出机挤出包覆电缆，其工艺简单，引入的杂质较少，对于中低压电缆的生产均适用。目前，一步法硅烷交联工艺已被国内外电缆厂家所采用。与两步法相比，一步法的技术先进，但是存在着工艺技术要求高、投资大的缺点。

3. 乙烯-硅烷共聚物交联法（共聚法）

共聚法是在吸取了两步法和一步法的优点的基础上开发而成的。共聚法使用的是与两步法和一步法相同的硅烷，都是乙烯基三甲氧基硅烷作共聚单体，只是所采用的工艺不同[5]。它是在 LDPE 反应釜中，使乙烯和硅烷发生共聚而制得乙烯-硅烷共聚物。共聚法能够保证共聚硅烷交联聚乙烯的高清洁度，而且避免了两步法和一步法在接枝时引入过氧化物残渣的污染问题。更为突出的优点是硅烷共聚物单体的投入，实现了硅烷在

LDPE 分子链上的规则分布，且硅烷的用量可以减少一些。共聚法生产硅烷交联聚乙烯的工艺流程如图 6-3 所示。

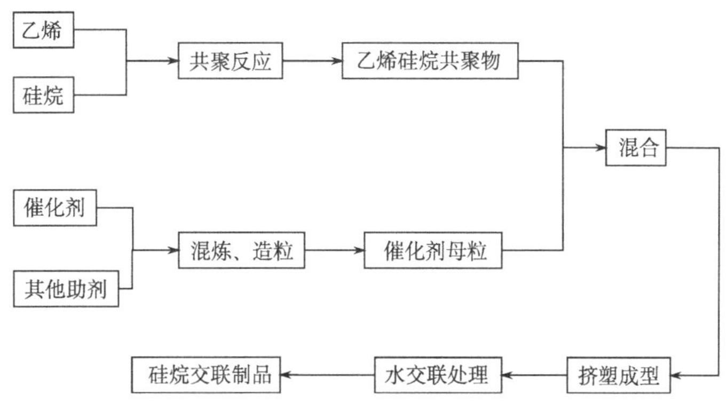

图 6-3　共聚法硅烷交联工艺流程图

由于共聚法的合成工艺先进和独特，所制备的温水硅烷交联 LDPE 料具有下列优点：乙烯-硅烷共聚物的储存稳定性大大提高（抗湿度稳定性的能力增强）；共聚法杂质极少，因此可改善交联料的电气性能，并且耐热性能、化学性能和力学性能也有相应的提高；成型加工稳定性提高以及加工时产生的气体较少等。近年来，国外的一些大公司，如英国 BP 公司、美国联合碳化公司（UCC）等先后推出了乙烯-硅烷共聚物电缆料。

四、紫外光交联

G. Oster 于 1956 年首次提出了光敏化交联方法。他发现在光敏剂的存在下，近紫外光也能使聚乙烯发生交联。紫外光交联是通过光引发剂吸收紫外光能量后转变为激发态，然后在聚乙烯链上夺氢产生自由基而引发聚乙烯交联的。

聚乙烯的紫外光交联虽然始于 20 世纪 50 年代，但 20 世纪 80 年代以前一直未能在工业应用上取得突破性进展。其原因有两个：①紫外光穿透能力差，难以使聚乙烯本体厚样品发生均匀交联，其研究水平仅限于涂层和表面改性，厚度一般在 0.3mm 左右；②聚乙烯光引发交联反应速率慢，通常需要数分钟以上的紫外光照射才能达到一定的交联度，不能适用于工业化生产的要求。

20 世纪 80 年代以后，B. Rafnby 在聚乙烯的紫外光交联研究方面取得了一些突破性进展，在以下几个方面对光交联方法进行了改进：①放弃低压汞灯，改以高功率的高压汞灯为光源，不仅提高了光强，而且使其发射波长范围适合于所用的光引发剂的吸收；②采用熔融态进行交联，一方面使紫外光容易穿透聚乙烯厚样品，另一方面由于温度的提高增强了待交联的大分子自由基的运动性，从而加快了反应速度，提高了交联的均匀性；③采用多官能团交联剂与光引发剂配合的高效引发体系，使交联过程在最初引发阶段的短时间内完成，不仅提高了交联引发速度，而且将交联的深度由 0.3mm 提高到 3mm 以上。在光引发剂和交联剂存在的条件下，光照 10s 左右即可使 2mm 厚 PE 的凝胶含量达 70%以上，理论上满足了工业化生产的要求。

与上述三种交联方法相比，紫外光交联技术有其独特的优点。紫外光交联技术在原理上类似于高能电子束辐射法，但是它采用的辐射源是紫外光，能量较低。生产设备简单易得，投资费用低，操作简单，防护容易。因此，聚乙烯的紫外光交联技术尽管目前还没有在工业上广泛应用，但越来越受到人们的重视，特别在发展交联电线以及各种低压交联电缆方面具有较大的市场竞争力，为聚乙烯交联技术开辟出一条新路。

除聚乙烯外，其他聚烯烃也可在一定程度上交联，如乙烯-辛烯共聚物（POE）、聚丙烯（PP）、乙烯-醋酸乙烯酯（EVA）等。PP 交联的方法和原理与 PE 交联类似，但 PP 在交联过程中存在严重的降解，因此并无实际的工业价值。POE 中含量有大量的乙烯单元，因此也可以进行交联，其方法与 PE 类似，POE 交联后，其热老化性能、热稳定性和耐候性都有所提高，可用于生产交联电缆[6]。EVA 在交联后其熔体强度大幅上升，可用于生产泡沫制品。

五、交联聚烯烃的应用

交联聚乙烯现已成为日益重要而又普遍使用的工业聚合物材料，广泛应用于生产电线电缆绝缘材料、热水管材、导电功能材料及热力化工管材、热收缩管和泡沫材料等[7]。

交联聚乙烯最重要的用途是生产电缆，特别是高压电缆。交联聚乙烯绝缘电缆，简称交联电缆，是一种适用于配电网等领域的电缆，具有聚氯乙烯（PVC）绝缘电缆无法比拟的优点。交联电缆适用于工频交流电压 500kV 及以下的输配电线路中。目前高压电缆绝大部分都采用了交联聚乙烯绝缘。它结构简单、重量轻、耐热好、负载能力强、不熔化、耐化学腐蚀、机械强度高。长期允许工作温度达到 90℃，短路允许温度提高到 250℃（或更高），在保持其原有优良电气性能的前提下，大大地提高了实际使用性能。

交联后的聚乙烯由于其长期允许的工作温度大幅提高，因此交联的聚乙烯管材大量用于各种供暖系统和冷热水系统，如住宅集中供暖系统、中央空调冷热水系统、管道饮用水系统等。

辐射交联聚乙烯热收缩带是由辐射交联聚乙烯基材和热熔胶复合而成的带状材料。基材是经高能粒子辐射的交联聚乙烯材料，与普通聚乙烯相比，具有较高的机械强度和耐热老化、耐化学介质腐蚀、耐环境应力开裂、耐紫外光辐射等特点，并且有较长的使用寿命。热熔胶具有较高的黏接强度及良好的耐高、低温性能。辐射交联聚乙烯热收缩带是一种特殊的工业用品，广泛应用于各种塑料管道和钢管施工，主要起的作用是防腐和密封。

交联聚乙烯泡沫在包装上广泛用于精密仪器仪表、家用电器、玻璃和陶瓷制品、工艺品、贵重物品等的缓冲包装；可制成缓冲衬垫，作为包装内衬材料；也可制成缓冲袋、缓冲板箱等包装容器；还可制成冷冻食品和热食品的绝热容器等。

第二节　橡胶硫化反应

一、概述

除了上述聚烯烃交联外，橡胶的硫化也是一种重要的聚合物交联反应。硫化是橡胶制品加工的主要工艺过程之一，也是橡胶制品生产中的最后一个加工工序。在这个工序中，橡胶大分子链经历一系列复杂的化学反应，分子链由线型结构变成网络状的体型结构，同时橡胶也由具有可塑性的混炼胶变为具有高弹性的交联橡胶，从而获得更完善的物理机械性能和化学性能，提高和拓宽了橡胶材料的使用价值和应用范围。因此，硫化对橡胶及其制品的制造和应用具有十分重要的意义。

橡胶是一大类聚合物材料，硫化反应也是聚合物分子链参与的化学反应，硫化指的是线型的高分子在物理和化学作用下，形成三维网状体型结构的过程。实际上就是把塑性的胶料转变成具有高弹性橡胶的过程。

硫化历程是橡胶大分子链发生化学交联反应的过程，包括橡胶分子与硫化剂及其他配合剂之间发生的一系列化学反应以及在形成网络结构时伴随发生的各种副反应。可分为三个阶段：诱导阶段、交联反应阶段和网络结构形成阶段。

在诱导阶段，硫化剂、活性剂、促进剂之间发生反应，生成活性中间化合物，然后进一步引发橡胶分子链产生可交联的自由基或离子。而在交联反应阶段可交联的自由基或离子与橡胶分子链之间产生连锁反应，生成交联键。最后是网络结构形成阶段，交联键在此阶段发生重排、短化，主链改性、裂解等。硫化历程如图 6-4 所示。

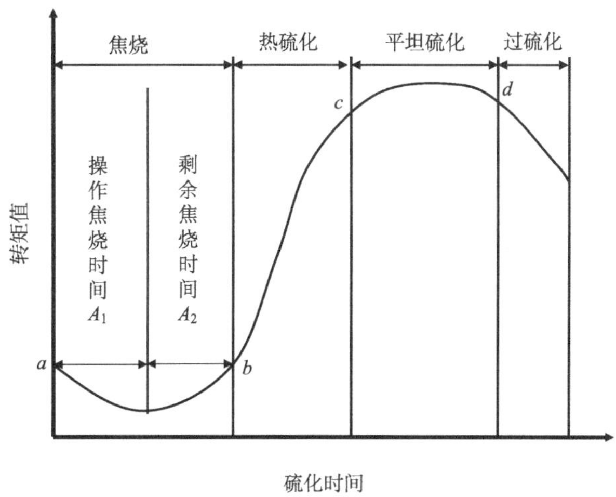

图 6-4　转矩与硫化时间的关系图

根据硫化历程分析，可将硫化曲线分成四个阶段，即焦烧阶段、热硫化阶段、平坦硫化阶段和过硫化阶段。

二、橡胶在硫化过程中结构及性能的变化

1. 结构的变化

线型的橡胶大分子硫化后不同程度地形成空间网状结构，如图 6-5 所示。

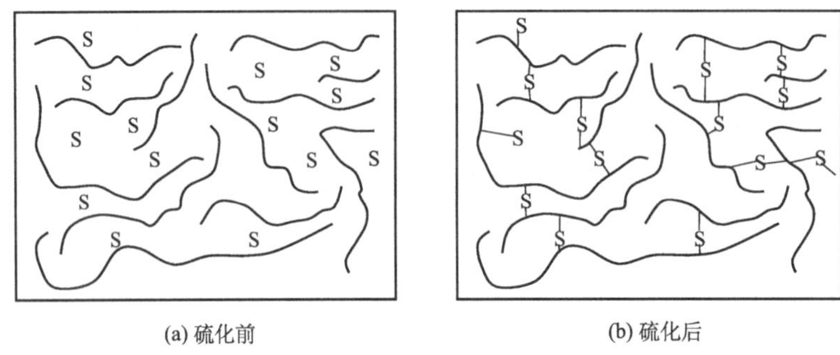

(a) 硫化前　　(b) 硫化后

图 6-5　硫化前后橡胶分子结构示意图

2. 性能的变化

橡胶制品的拉伸强度、定伸应力、弹性等性能都随硫化程度的提高而提高，但存在一个峰值，峰值过后，随硫化时间再延长，其值出现下降；同时，样品的断裂伸长率、永久变形等性能随硫化时间延长而渐减，当达到最低值后再继续硫化又缓慢上升；耐热性、耐磨性、抗溶胀性等都随硫化时间的增加而有所改善，并在平坦硫化阶段为最好，然后开始缓慢下降。

三、无促进剂的橡胶硫黄硫化反应

硫黄一般有结晶型和非结晶型两种，用于橡胶硫化体系的一般为结晶型硫黄。硫黄在橡胶中的溶解度随温度升高而增大，但温度降低时，硫黄会从橡胶中结晶析出，形成“喷霜”现象。因此硫黄在胶料中的用量应根据具体橡胶制品的性质而定。橡胶制品根据其性质特征可分为三类，即软质橡胶（如轮胎、胶管、胶带、胶鞋等）、半硬质橡胶（如胶辊、纺织皮辊等）、硬质橡胶（如蓄电池壳、绝缘胶板等）。

硫在自然界中主要以菱形硫（S_α-硫）和单斜晶硫（S_β-硫）的形式存在，前者作为硫化剂使用。硫黄的元素形式为 S_8，一个分子中有 8 个硫原子，形成一种叠环，这种环状的硫黄分子的稳定性较高，不易反应。为使硫黄易于反应，必须使硫环裂解，硫环获得能量后分解，裂解的方式可能是均裂成自由基，也可能是异裂成离子。因此硫黄与橡胶反应前第一步是硫环的裂解，其反应历程如下[8]：

（1）硫环裂解生成双基活性硫：

$$\text{S}_8\text{(环)} \xrightarrow{\text{加热}} \cdot\text{S}-\text{S}_6-\text{S}\cdot \longrightarrow \cdot\text{S}-\text{S}_4-\text{S}\cdot + \cdot\text{S}-\text{S}\cdot \tag{6-14}$$

（2）双基活性硫与橡胶大分子反应生成橡胶硫醇，硫化反应一般是在双键的 α-亚甲基上进行：

$$-CH_2-C(CH_3)=CH-CH_2- + \cdot S_x\cdot \longrightarrow -CH_2-C(CH_3)=CH-\dot{C}H- + HS_x\cdot \tag{6-15}$$

$$-CH_2-C(CH_3)=CH-\dot{C}H- + HS_x\cdot \longrightarrow -CH_2-C(CH_3)=CH-CH(-)-S_xH \tag{6-16}$$

（3）橡胶硫醇与其他橡胶大分子交联或本身形成分子内环化物：

$$-CH_2-C(CH_3)=CH-CH_2- + -CH_2-C(CH_3)=CH-CH(-)-S_xH \longrightarrow \begin{array}{c} -CH_2-C(CH_3)=CH-CH- \\ | \\ S_x \\ | \\ -CH_2-CH_2-C(CH_3)-CH_2- \end{array} \tag{6-17}$$

$$\begin{array}{l} -CH_2-C(CH_3)=CH-CH(S_x)-CH_2-C(CH_3)=CH-CH_2- \longrightarrow \\ -CH_2-C(CH_3)=CH-CH-CH_2-C(CH_3)=CH-CH- + H_2S \\ \qquad\qquad\qquad\quad \lfloor\!\!\_\_\_\_\_\_ S_{x-1} \_\_\_\_\_\_\!\!\rfloor \end{array} \tag{6-18}$$

（4）双基活性硫直接与橡胶大分子产生加成反应：

$$2-CH_2-C(CH_3)=CH-CH_2- + 2\cdot S_x\cdot \longrightarrow \begin{array}{c} -CH_2-C(CH_3)-CH-CH_2- \\ \quad\ |\qquad\ | \\ \quad S_x\quad\ S_x \\ \quad\ |\qquad\ | \\ -CH_2-C(CH_3)-CH-CH_2- \end{array} \tag{6-19}$$

（5）双基活性硫与橡胶大分子不产生橡胶硫醇也可以进行交联反应：

$$-CH_2-\overset{\overset{\large CH_3}{|}}{C}=CH-CH_2- + \cdot S_x \cdot \longrightarrow -CH_2-\overset{\overset{\large CH_3}{|}}{C}=CH-\underset{\bullet}{C}H- + HS_x\cdot \quad (6\text{-}20)$$

$$-CH_2-\overset{\overset{\large CH_3}{|}}{C}=CH-\underset{\bullet}{C}H- + S_8 \longrightarrow -CH_2-\overset{\overset{\large CH_3}{|}}{C}=CH-\underset{\underset{\large S_x\cdot}{|}}{CH}- + \cdot S_{8-x}\cdot \quad (6\text{-}21)$$

$$-CH_2-\overset{\overset{\large CH_3}{|}}{C}=CH-\underset{\underset{\large S_x\cdot}{|}}{CH}- + -CH_2-CH=\underset{\underset{\large CH_3}{|}}{C}-CH_2- \longrightarrow$$

$$\begin{array}{c} -CH_2-\overset{\overset{\large CH_3}{|}}{C}=CH-CH- \\ | \\ S_x \\ | \\ -CH_2-CH-\overset{\bullet}{\underset{\underset{\large CH_3}{|}}{C}}-CH_2- \end{array} \quad (6\text{-}22)$$

（6）多硫交联键的移位：天然橡胶在硫化过程中，当生成多硫交联键后，由于分子链上双键位置等的移动，也有可能改变交联位置，如：

$$-CH_2-\overset{\overset{\large CH_3}{|}}{C}=CH-\underset{\underset{\underset{\large R}{|}}{\underset{\large S_x}{|}}}{CH}- \longrightarrow -CH_2-\overset{\overset{\large CH_3}{|}}{\underset{\underset{\underset{\large R}{|}}{\underset{\large S_x}{|}}}{C}}-CH=CH- \quad (6\text{-}23)$$

（7）硫化过程中交联键断裂产生共轭三烯（多硫交联键断裂夺取 α-亚甲基上的 H 原子，生成共轭三烯）：

$$\begin{array}{l} -CH_2-\overset{\overset{\large CH_3}{|}}{C}=CH-\underset{\underset{\underset{\large R}{|}}{\underset{\large S_x}{|}}}{CH}-CH_2-\overset{\overset{\large CH_3}{|}}{C}=CH-CH_2- \longrightarrow \\ -CH_2-\overset{\overset{\large CH_3}{|}}{C}=CH-CH=CH-\overset{\overset{\large CH_3}{|}}{C}=CH-CH_2- + RS_xH \end{array} \quad (6\text{-}24)$$

无促进剂的硫黄硫化橡胶体系，硫黄在橡胶大分子间形成单硫键、双硫键或多硫键，同时还生成大分子内部的单硫键或多硫键，但以多硫交联键最多。多硫交联键不稳定，易分解重排，因此这种硫化胶的耐热性较差，但动态疲劳性能较好。

四、含促进剂硫黄硫化反应

为了提高硫黄硫化的效率，减少硫黄用量，提高制品的耐热耐老化性能，可向硫化体系中加入适量的促进剂和活化剂。促进剂是一类能降低硫化温度、缩短硫化时间、减少硫黄用量，又能改善硫化胶的物理性能的物质。活性剂是一类能提高促进剂效率的助剂，虽然它们一般不直接参与硫黄与橡胶的反应，但对硫化胶中化学交联键的生成速度和数量有重要影响（如氧化锌、硬脂酸等）。

1. 常用促进剂

常用促进剂按化学结构可分为五大类，即噻唑类（M、DM）、次磺酰胺类（CZ、NOBS、DZ）、秋兰姆类（TMTM、TMTD）、二硫代氨基甲酸盐类（ZDMC、ZDC）、胍类（D）等。

促进剂按 pH 可分为三大类，即酸性促进剂、碱性促进剂和中性促进剂。其中酸性促进剂包含有噻唑类、秋兰姆类、二硫代氨基甲酸盐类、黄原酸盐类；碱性促进剂指的是胍类和醛胺类两种；中性促进剂包含有次磺酰胺类和硫脲类。下面简要介绍五种常用的促进剂。

1）噻唑类促进剂

促进剂按促进效率也可分为多种，国际上习惯以促进剂巯基苯并噻唑（M）对天然橡胶的硫化速度为准超速，作为标准来比较促进剂的硫化速度，因此促进剂 M 是最重要的促进剂。比 M 快的属于超速或超超速级，比 M 慢的属于中速或慢速级。最常用的促进剂是噻唑类，如促进剂 M 即属此类。噻唑促进剂的结构通式如下：

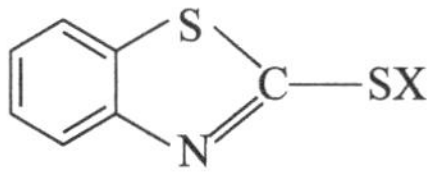

S　C—SX　N　　X为氢原子、金属原子或其他有机基团

促进剂 M 和促进剂 DM 是最重要的两种促进剂，其结构式如下：

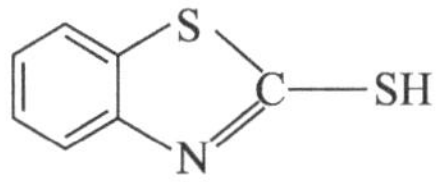

S　C—SH　N　　　S　C—S—S—C　S　N　N

巯基苯并噻唑 (M) 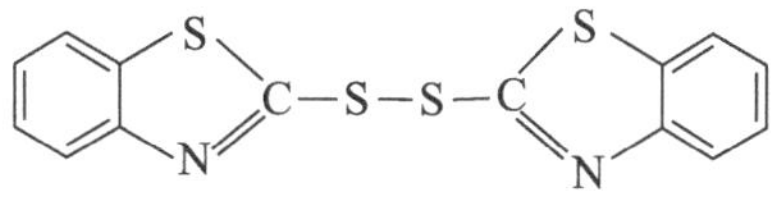　　　二硫化苯并噻唑 (DM)

促进剂 M 和促进剂 DM 都属于酸性、准速级促进剂，硫化速度快；M 焦烧时间短，易焦烧；DM 比 M 好，焦烧时间长，生产安全性好。M 和 DM 的硫化曲线平坦性好，过硫性小，硫化胶具有良好的耐老化性能，应用范围广。

促进剂 M 和促进剂 DM 都不易被炭黑吸附，一般要使用酸性炭黑配合，槽法炭黑可以单独使用，如用炉法炭黑则易发生焦烧。促进剂 M 和促进剂 DM 对氯丁橡胶有延迟硫化和抗焦烧作用，可作为氯丁橡胶的防焦剂，也可用作天然橡胶的塑解剂。

2）次磺酰胺类

次磺酰胺类促进剂是一种酸、碱并用型促进剂，焦烧时间长，硫化速度快，硫化曲线平坦，硫化胶综合性能好；宜与炉法炭黑配合，有充分的安全性，利于压出、压延及模压胶料的充分流动性；适用于合成橡胶的高温快速硫化和厚制品的硫化；与酸性促进剂（TT）并用，形成活化的次磺酰胺硫化体系，可以减少促进剂的用量。

一般结构通式如下：

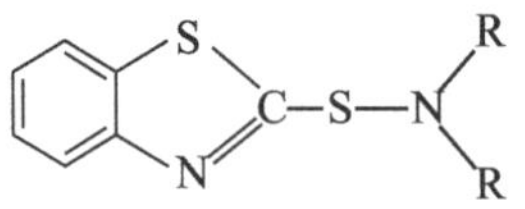

R为氢原子、有机基团

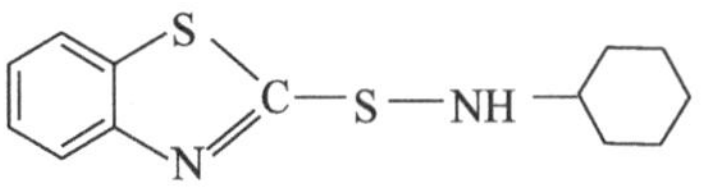

N-环己基苯并噻唑次磺酰胺 (CZ) 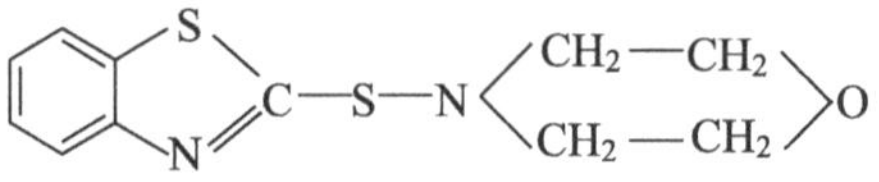　　氧二乙烯基苯并噻唑次磺酰胺 (NOBS)

一般说来，次磺酰胺类促进剂诱导期的长短与和氨团的大小、数量有关，基团越大、数量越多，诱导期越长，防焦效果越好。

3）秋兰姆类

秋兰姆类促进剂属超速级酸性促进剂，硫化速度快，焦烧时间短，应用时应特别注意焦烧倾向。一般不单独使用，而与噻唑类、次磺酰胺类并用；秋兰姆类促进剂中的硫原子数大于或等于 2 时，可以作为硫化剂使用，用于无硫硫化时制作耐热胶种。用秋兰姆类硫化得到的硫化胶的耐热氧老化性能好。

一般结构通式如下：

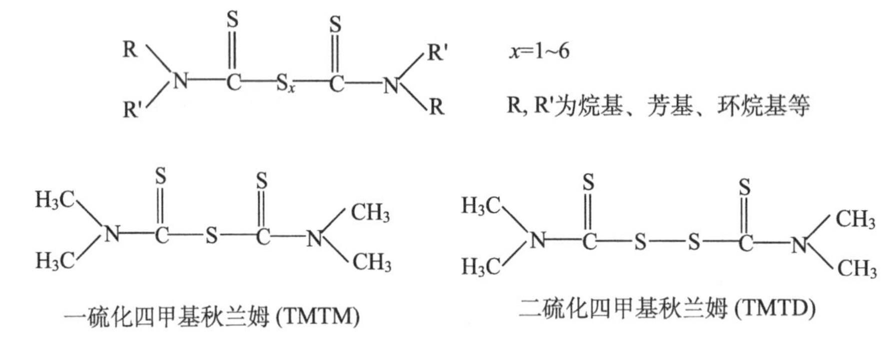

一硫化四甲基秋兰姆 (TMTM)　　二硫化四甲基秋兰姆 (TMTD)

4）二硫代氨基甲酸盐类

二硫代氨基甲酸盐类属超超速级酸性促进剂，硫化速度比秋兰姆类还要快，诱导期极短，适用于室温硫化和胶乳制品的硫化，也可用于低不饱和度橡胶如异丁烯-异戊二烯橡胶（IIR）、三元乙丙橡胶（EPDM）的硫化。

一般结构通式如下：

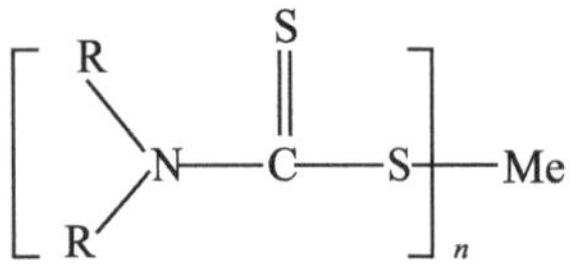

R为烷基、芳基或其他基团；Me为金属原子；
n为金属原子价

二甲基二硫代氨基甲酸锌
(ZDMC或PZ)

二乙基二硫代氨基甲酸锌
(ZDC 、ZDEC或EZ)

5）胍类

胍类促进剂属碱性促进剂，硫化起步慢，操作安全性好，硫化速度也慢。一般不单独使用，常与 M、DM、CZ 等并用，既可以活化硫化体系又克服了自身的缺点，只在硬质橡胶制品中单独使用。适用于厚制品（如胶辊）的硫化，产品易老化龟裂，且有变色污染性。其结构通式如下：

二苯胍 (D、DOPG)

二邻甲苯胍 (DOTG)

2. 含促进剂的硫黄硫化反应

根据反应特点，起决定性作用的主要反应可以分为四个主要阶段：

1）主要反应阶段

（1）硫黄硫化体系各组分间相互作用生成活性中间化合物，包括生成配合物，主要的中间化合物是事实上的硫化剂。

（2）活性中间化合物与橡胶相互作用，在橡胶分子链上生成活性的促进剂——硫黄侧挂基团。

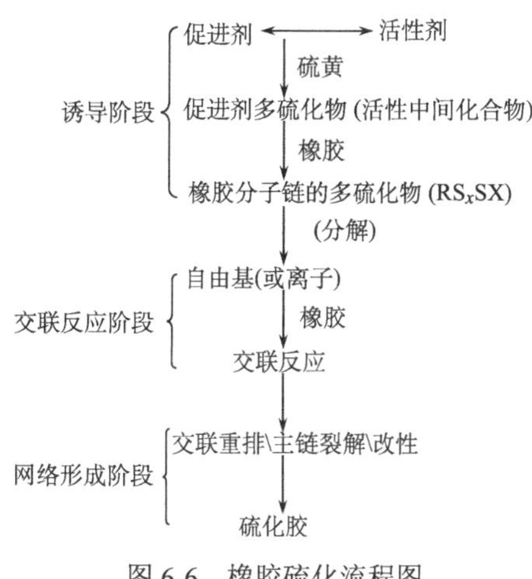

图 6-6　橡胶硫化流程图

（3）橡胶分子链的侧挂基团与其他橡胶分子相互作用，形成交联键。

（4）交联键继续反应。

这几个阶段可用硫化流程图（图 6-6）来表示。

2）含促进剂的硫化反应

（1）a. 在没有活性剂时，促进剂与硫黄反应生成促—S_x—H 和促—S_x—促的促进剂有机多硫化物。如以 X 代表各种常用促进剂的主要基团，则促进剂可表示为：XSH、XSSX、$XSNR_2$。

$$XSH + S_8 \longrightarrow XS\cdot + HS_8\cdot \longrightarrow XS_xH + \cdot S_{9-x}\cdot \tag{6-25}$$

b. 有活性剂时，促进剂与活性剂生成促—M—促化合物，以及与硫黄生成促—S_x—M—S_y—促的多硫中间化合物，其中 M 代表金属。

$$\left.\begin{matrix} XSH \\ XSSX \\ XSNR_2 \end{matrix}\right\} \xrightarrow[RCOOH]{ZnO} XSZnSX$$

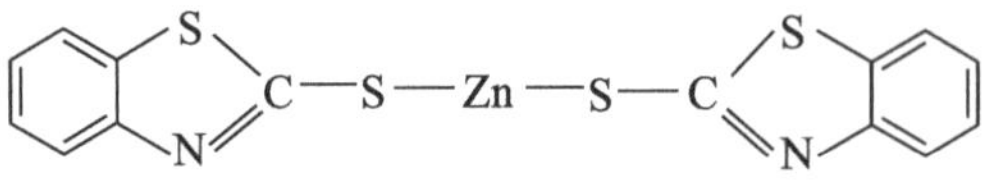

(ZMBT)

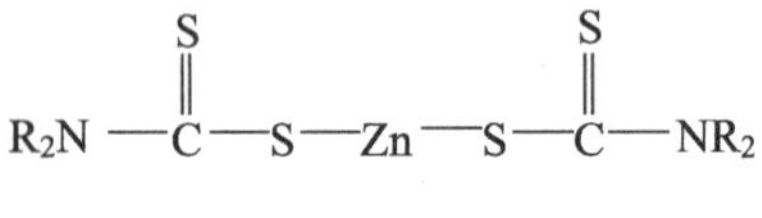

(ZDMC)

ZnO 一般不溶于非极性的橡胶，而大多数促进剂具有极性，在橡胶中溶解性也不好，但当它们相互作用生成 ZMBT 或 ZDMC 时，则溶解性会得到改善。

但当 ZMBT 等与橡胶中天然存在的碱性物质的氮（如天然橡胶中含有蛋白质，其分解产物如胆碱中含氮），或与添加进去的胺类碱性物质的氮反应生成配合物时，则具有极好的相容性。

碱性物质的氮作为配合基可与 ZMBT 生成配合物：

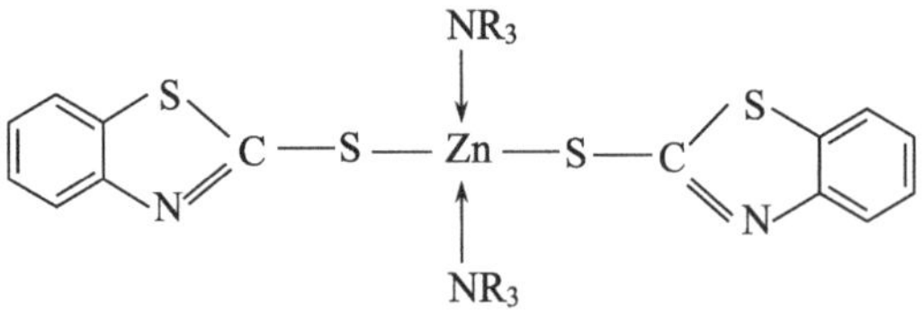

活化剂硬脂酸也可以通过氧的配合基与 ZMBT 生成配合物：

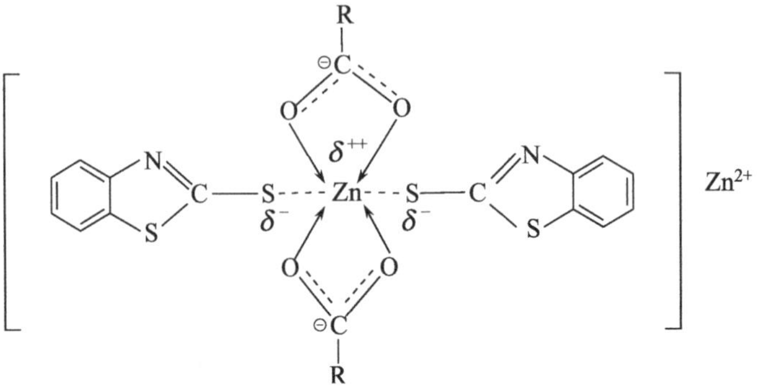

这些配合物不仅溶解性极好，而且活性要比原来的促进剂高很多倍，能够使硫环裂解生成过硫醇盐。过硫醇盐是一种活性硫化剂（强硫化剂）。

ZDMC 与 S_8 的反应可用以下通式表示：

$$XS—Zn—SX \underset{RCOOH}{\overset{NR_3}{\rightleftharpoons}} XS—S_8—Zn—SX \overset{XSZnSX}{\rightleftharpoons} XS—S_x—Zn—S_x—SX \quad (6\text{-}26)$$

（2）活性中间化合物与橡胶反应生成活性多硫侧挂基团：

$$RH + XS—S_x—Zn—S_x—SX \longrightarrow RS_xSX + ZnS + XS_xH \quad (6\text{-}27)$$

这种侧挂基团上的硫黄有—S—、—S_2—和—S_x—几种形式，而且它们对橡胶的老化性能也产生一定的影响。达到正硫化时，单硫侧挂基团较多，多硫侧挂基团较少。

（3）生成橡胶分子间交联键的反应：

a. 在没有活性剂时交联键的形成：

此时橡胶分子的多硫侧挂基团与其他橡胶分子相作用形成交联键，在没有 ZnO 时，多硫侧挂基团在弱键处断裂分解成游离基后与其他橡胶分子相互作用，最后生成交联键。

$$R—S_x—SX \longrightarrow R—S_x\cdot + XS\cdot \quad (6\text{-}28)$$

$$XS\cdot + RH\cdot \longrightarrow XSH + R\cdot \quad (6\text{-}29)$$

$$R—S_x\cdot + R\cdot \longrightarrow R—S_x—R \quad (6\text{-}30)$$

b. 在有活性剂时交联键的形成：

在有活性剂 ZnO 和硬脂酸存在时，硫化胶的交联密度增加，这是因为可溶性锌离子与多硫侧挂基团生成了配合物。这种螯合作用保护了弱键，而在强键处断裂。交联键变短，即交联键中的硫原子数减少。

$$R—S_{x-y}—S_y—SX \xrightarrow[RCOOH]{ZnO} R—S_{x-y}\cdot + XS—S_y\cdot \quad (6\text{-}31)$$

$$R—S_{x-y}\cdot + R\cdot \longrightarrow R—S_{x-y}—R \quad (6\text{-}32)$$

游离基 XS—S_y· 与橡胶分子发生反应又生成新的侧挂基团，又能进一步断链与 RH 反应生成新的交联键，使交联密度提高。

（4）交联结构重排：

在硫化过程中，所得最初的交联键多是较长的多硫交联键，但这些多硫交联键可继续变化，变成较短的单硫键和双硫交联键。在多硫交联键短化的过程中，还有热解破坏作用等其他变化。

除了硫黄可硫化橡胶外，还有一类硫给予体，或称为硫载体的物质，它们在硫化过程中能析出活性硫，参与交联过程，所以又称无硫硫化。硫载体的主要品种有秋兰姆、含硫的吗啡啉衍生物、多硫聚合物、烷基苯酚硫化物。常用的是秋兰姆类中的 TMTD、TETD、TRA 等和吗啡啉类衍生物中的 DTDM、MDB 等。

根据硫化剂与促进剂的用量比不同，硫化胶中硫黄的硫化效率也不同，最终硫化胶交联网络中多硫交联键和单硫键的含量也不一样，按硫化胶中多硫键含量的区别，可将硫化体系分为普通硫黄硫化体系、有效硫化体系和半有效硫化体系。

普通硫黄硫化体系（CV）是指二烯类橡胶的通常硫黄用量范围的硫化体系。对天然橡胶（NR），一般促进剂的用量为0.5～0.6份，硫黄用量为2.5份。最终普通硫黄硫化体系得到的硫化胶交联网络中 70%以上是多硫交联键（—S_x—）为主。该体系所得硫化胶具有良好的初始疲劳性能，室温条件下具有优良的动静态性能，最大的缺点是不耐热氧老化，不能在较高温度下长期使用。

有效硫化体系（EV）一般采取的配合方式有两种，即高促/低硫配合和无硫配合两种。对于高促/低硫配合，促进剂用量提高至3～5份，而硫黄用量降低至0.3～0.5份，最终促进剂用量和硫黄用量之比需大于6。最终得到的硫化胶交联网络中单硫键和双硫键的含量占 90%以上。该体系所得硫化胶具有较高的抗热氧老化性能，但动态性能差，因此多用于高温静态制品如密封制品、厚制品、高温快速硫化体系。

半有效硫化体系（SEV）指的是促进剂和硫黄的用量介于CV和EV之间的硫化体系，所得到的硫化胶既有适量的多硫键，又有适量的单、双硫交联键，使其既具有较好的动态性能，又具有中等程度的耐热氧老化性能。半有效硫化体系的硫化胶多用于有一定的使用温度要求的动静态制品。NR的三种硫化体系配方如表6-1所示。

表 6-1　NR 的三种硫化体系配方表

配方成分	CV	EV		SEV	
		高促/低硫	无硫配合	高促/低硫	硫\硫载体并用
S	2.5	0.5	—	1.5	1.5
NOBS	0.6	3.0	1.1	1.5	0.6
TMTD	—	0.6	1.1	—	—
DMDT	—	—	1.1	—	0.6

五、非硫黄硫化体系的硫化反应

除了硫黄硫化体系外，还有一些非硫体系，既可用于不饱和橡胶又可用于饱和橡胶，其中饱和橡胶必须用非硫黄硫化体系。非硫黄硫化体系主要有过氧化物硫化体系、金属氧化物硫化体系、树脂硫化体系等。

1. 过氧化物硫化体系

常用的过氧化物硫化剂为烷基过氧化物、二酰基过氧化物（过氧化二苯甲酰（BPO））和过氧酯。其中二烷基过氧化物应用广泛，如过氧化二异丙苯（DCP）是目前使用最多的一种非硫硫化剂，其结构式如下：

$$C_6H_5-C(CH_3)_2-O-O-C(CH_3)_2-C_6H_5$$

过氧化物硫化体系可用于不饱和橡胶，如 NR、顺丁橡胶（BR）、丁腈橡胶（NBR）、异戊橡胶（IR）、丁苯橡胶（SBR）等；也可用于饱和橡胶，如乙丙橡胶（EPM）只能用过氧化物硫化，三元乙丙橡胶（EPDM）既可用过氧化物硫化也可以用硫黄硫化；甚至是杂链橡胶，如硅橡胶也可用过氧化物硫化。

过氧化物硫化体系所得到的硫化胶交联网络结构为 C—C 键，键能高，化学稳定性高，具有优异的抗热氧老化性能。同时，该体系所得硫化胶永久变形低，弹性好，但动态性能较差，且加工性能也不好，多用于静态密封或高温的静态密封制品。

1）过氧化物硫化机理

过氧化物的过氧化基团受热易分解产生自由基，自由基引发橡胶分子链产生自由基型的交联反应。

（1）硫化不饱和橡胶：

$$ROOR \xrightarrow{\triangle} 2RO\cdot \tag{6-33}$$

$$-CH_2-C(CH_3)=CH-CH_2- + RO\cdot \longrightarrow -CH_2-C(CH_3)=CH-\dot{C}H- + ROH \tag{6-34}$$

$$2\,-CH_2-C(CH_3)=CH-\dot{C}H- \longrightarrow \begin{array}{l} -CH_2-C(CH_3)=CH-CH- \\ \qquad\qquad\qquad\qquad\quad | \\ -CH_2-C(CH_3)=CH-CH- \end{array} \tag{6-35}$$

$$-CH_2-C(CH_3)=CH-CH_2- + RO\cdot \longrightarrow -CH_2-C(CH_3)(OR)-\dot{C}H-CH_2- \tag{6-36}$$

$$2\,-CH_2-C(CH_3)(OR)-\dot{C}H-CH_2- \longrightarrow \begin{array}{l} -CH_2-C(CH_3)(OR)-CH-CH_2- \\ \qquad\qquad\qquad\qquad\quad | \\ -CH_2-C(CH_3)(OR)-CH-CH_2- \end{array} \tag{6-37}$$

（2）硫化饱和橡胶（如 EPR）：

$$-CH_2-CH_2-CH_2-CH(CH_3) + RO\cdot \longrightarrow CH_2\;\;CH_2-CH_2-\dot{C}(CH_3)- + ROH \tag{6-38}$$

$$2\ \text{—CH}_2\text{—CH}_2\text{—CH}_2\text{—}\overset{\text{CH}_3}{\underset{\bullet}{\text{C}}}\text{—} \longrightarrow \begin{array}{c}\text{—CH}_2\text{—CH}_2\text{—CH}_2\text{—}\overset{\text{CH}_3}{\text{C}}\text{—}\\ |\\ \text{—CH}_2\text{—CH}_2\text{—CH}_2\text{—}\underset{\text{CH}_3}{\text{C}}\text{—}\end{array} \tag{6-39}$$

由于侧甲基的存在，乙丙橡胶（EPR）存在着β-断裂的可能性，必须加入助硫化剂，如加入适量硫黄、肟类化合物，提高聚合物大分子自由基的稳定性，提高交联效率。

（3）硫化杂链橡胶（如硅橡胶）：

$$\text{—O—}\overset{\text{CH}_3}{\underset{\text{CH}_3}{\text{C}}}\text{—O—} + \text{RO}\bullet \longrightarrow \text{—O—}\overset{\text{CH}_3}{\underset{\dot{\text{C}}\text{H}_2}{\text{C}}}\text{—O—} + \text{ROH} \tag{6-40}$$

$$2\ \text{—O—}\overset{\text{CH}_3}{\underset{\dot{\text{C}}\text{H}_2}{\text{C}}}\text{—O—} \longrightarrow \begin{array}{c}\text{—O—}\overset{\text{CH}_3}{\text{C}}\text{—O—}\\ |\\ \text{CH}_2\\ |\\ \text{CH}_2\\ |\\ \text{—O—}\underset{\text{CH}_3}{\text{C}}\text{—O—}\end{array} \tag{6-41}$$

有机过氧化物还可以交联乙烯-醋酸乙烯酯（EVA）、氟橡胶（FPM）、聚氨酯（PU）等，也可以交联塑料，如LDPE。

2）过氧化物硫化体系配方

对不同的胶种，过氧化物的交联效率不一样，以NR为基准。交联效率指的是1g有机过氧化物能使多少克橡胶分子产生化学交联，如1g过氧化物能使1g天然橡胶交联，即交联效率为1。SBR的交联效率为12.5；BR的交联效率为10.5；EPDM、NBR、NR的交联效率为1；IIR的交联效率为0。

适当使用活性剂和助硫化剂可提高交联效率。HVA-2（*N,N'*-邻亚苯基-二马来酰亚胺）是过氧化物的有效活性剂。助硫化剂主要是硫黄，其他还有助交联剂如二乙烯基苯、三烷基三聚氰酸酯、不饱和羧酸盐等。

少量碱性物质，如MgO、三乙醇胺等，也能提高交联效率；酸性物质易使自由基钝化，应避免使用槽法炭黑和白炭黑等酸性填料；防老剂一般是胺类和酚类防老剂，也容易使自由基钝化，降低交联效率，应尽量少用。

硫化时间一般为过氧化物半衰期的6～10倍。如DCP在170℃时的半衰期为1min，则其正硫化时间应为6～10min。

过氧化物硫化体系配方举例见表6-2。

表 6-2　过氧化物硫化体系配方举例

组分	含量
EPDM	100 份（基体）
S	0.2 份（助硫化剂）
SA	0.5 份（活化剂）
ZnO	5.0 份（提高耐热性）
HAF	50 份（补强剂）
DCP	3.0 份（硫化剂）
MgO	2.0 份（提高交联效率）
操作油	10 份（软化剂）

2. 金属氧化物硫化体系

金属氧化物硫化体系主要用于氯丁橡胶（CR）、氯化丁基橡胶（CIIR）、氯磺化聚乙烯橡胶（CSM）、羧基丁腈橡胶（XNBR）、氯醚橡胶（CO）等橡胶，尤其是 CR 和 CIIR，多用金属氧化物硫化。最常用的金属氧化物是氧化锌和氧化镁。

1）金属氧化物硫化机理

金属氧化物硫化 CR 时，氧化锌能将氯丁橡胶中的氯原子置换出来，从而使橡胶分子链产生交联。具体反应形式为：

$$\begin{array}{c} Cl \\ | \\ —CH_2—C— \\ | \\ CH \\ \| \\ CH_2 \end{array} \rightleftharpoons \begin{array}{c} —CH_2—C— \\ \| \\ CH \\ | \\ CH_2Cl \end{array} \tag{6-42}$$

氯丁橡胶的金属氧化物硫化有两种机理：

机理一：

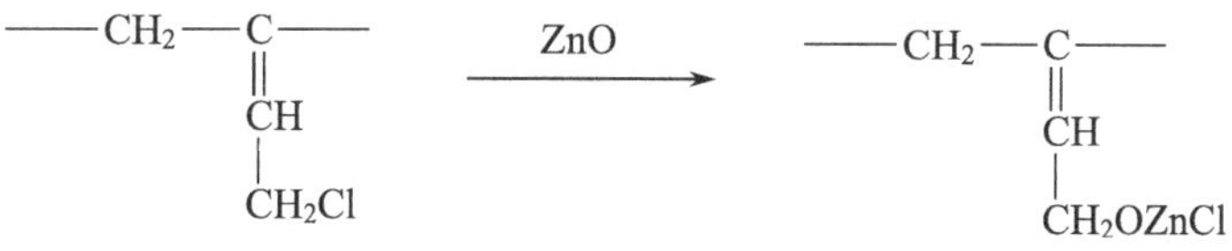

$$\begin{array}{c} —CH_2—C— \\ \| \\ CH \\ | \\ CH_2Cl \end{array} \xrightarrow{ZnO} \begin{array}{c} —CH_2—C— \\ \| \\ CH \\ | \\ CH_2OZnCl \end{array} \tag{6-43}$$

$$\begin{array}{c} —CH_2—C— \\ \| \\ CH \\ | \\ CH_2OZnCl \end{array} + \begin{array}{c} —CH_2—C— \\ \| \\ CH \\ | \\ CH_2Cl \end{array} \longrightarrow \begin{array}{l} —CH_2 \\ | \\ —C{=}CH—CH_2—O—CH_2—CH{=}C— \\ \phantom{—C{=}CH—CH_2—O—CH_2—CH{=}}| \\ \phantom{—C{=}CH—CH_2—O—CH_2—CH{=}}CH_2— \end{array} + ZnCl_2 \tag{6-44}$$

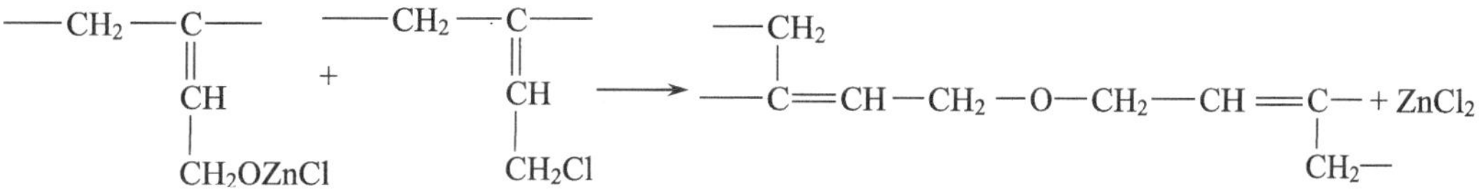

机理二：

$$2H_2C{=}CH{-}\overset{\overset{|}{CH_2}}{\underset{|}{\overset{|}{C}}}{-}Cl + ZnO + MgO \longrightarrow H_2C{=}CH{-}\overset{\overset{|}{CH_2}}{\underset{|}{\overset{|}{C}}}{-}ZnO{-}\overset{\overset{|}{CH_2}}{\underset{|}{\overset{|}{C}}}{-}CH{=}CH_2 + MgCl_2 \tag{6-45}$$

2）金属氧化物硫化体系配方

常用的硫化剂是氧化锌和氧化镁并用，最佳并用比为 ZnO∶MgO=5∶4。单独使用氧化锌，硫化速度快，但容易焦烧；单独使用氧化镁，硫化速度慢。CR 中广泛使用的促进剂是亚乙基硫脲（Na-22 和 ETU），它能提高 GN 型 CR 的生产安全性，并使物性和耐热性得到提高。如要提高胶料的耐热性，可以提高氧化锌的用量（15～20 份）；若要制耐水制品，可用氧化铅代替氧化镁和氧化锌，用量高至 20 份。

金属氧化物硫化体系配方举例见表 6-3。

表 6-3 金属氧化物硫化体系配方举例

组分	含量	硫化条件
CR	100 份	153℃，15min
ZnO	5 份	
MgO	4 份	
NA-22	0.5 份	

3. 树脂硫化体系

烷基酚醛树脂和环氧树脂等大分子也可用于橡胶交联，有利于提高二烯类橡胶的耐热性和屈挠性。烷基酚醛树脂结构式如下：

（结构式：苯环上 1 位 OH，2、6 位分别为 XCH_2 和 CH_2X，4 位为 R）

X代表OH、卤素原子、OCOR等

R代表烷基

树脂硫化时，硫化温度要求高，一般使用的活性剂是含结晶水的金属氯化物，如 $SnCl_2·2H_2O$、$FeCl_2·6H_2O$、$ZnCl_2·1.5H_2O$ 等。树脂的硫化活性与许多因素有关，如树脂中羟甲基的含量（不小于 3%）、树脂的分子量、苯环上取代基等。树脂硫化的硫化胶中形成热稳定性较高的 C—C 交联键，显著地提高了硫化胶的耐热性和化学稳定性。另外，该硫化胶还具有好的耐屈挠性、压缩永久变形小的特点。

思 考 习 题

（1）聚乙烯常用的交联方式有哪几种？

（2）聚乙烯的辐射交联反应要求满足哪些基本条件？

（3）常用的交联敏化剂有哪些？辐射交联敏化剂有什么作用？

（4）硅烷交联聚乙烯有何优点？

（5）两步硅烷交联法、一步硅烷交联法和共聚硅烷交联法各有何优劣？

（6）相对于其他三种交联方法，紫外光交联法有何优点？

（7）交联聚乙烯的主要应用领域有哪些？

（8）橡胶在硫化前后其结构和性能有何变化？

（9）根据硫化历程分析，橡胶的硫化曲线可分为哪四个阶段？

（10）请描述无促进剂时橡胶的硫化反应历程。

（11）按 pH 分类，促进剂可分为哪几类？

（12）在橡胶硫化反应中，促进剂有何作用？

（13）请描述有促进剂存在时的硫化反应历程。

（14）除了硫黄外，还有哪些物质可以用于橡胶硫化反应？

（15）树脂硫化体系有何优势？

（16）金属氧化物硫化体系有何优势？

参 考 文 献

[1] 马岩. 硅烷交联聚乙烯电缆材料的制备与反应动力学研究. 哈尔滨: 哈尔滨工业大学, 2006.
[2] 杨明成, 朱军. 高分子材料辐射加工技术及应用. 郑州: 郑州大学出版社, 2010.
[3] 幕内惠三. 聚合物辐射加工. 徐俊, 孟永红, 译. 北京: 科学出版社, 2003.
[4] 李运德. 硅烷交联聚乙烯配方、工艺和专用料研究. 北京: 北京化工大学, 2002.
[5] 付雨微. 新型光引发剂对紫外光交联聚乙烯介电特性的影响. 哈尔滨: 哈尔滨理工大学, 2014.
[6] 毕婷婷. 硅烷交联 POE 改性聚乙烯的配方和工艺研究. 郑州: 郑州大学, 2014.
[7] 周志军. 反应挤出硅烷交联聚乙烯热收缩管坯的工艺研究. 北京: 北京化工大学, 2006.
[8] 翁国文. 橡胶硫化(橡胶加工技术读本). 北京: 化学工业出版社, 2009.

第七章　聚合物的降解反应

高分子材料在制备、加工、储存和使用过程中，会受环境因素影响而发生化学反应，从而导致外观和物理性能发生变化，最终完全失去使用价值，这种现象统称为降解。高分子材料降解时可能出现污渍、斑点、银纹、裂缝、喷霜、粉化、发黏、翘曲、鱼眼、起皱、收缩、变色、焦烧等外观现象，并伴随发生溶解性、溶胀性、流变性、耐寒性、耐热性、透水性、透气性等物理性能，拉伸强度、弯曲强度、剪切强度、冲击强度、断裂伸长率、应力松弛等力学性能以及表面电阻率、体积电阻率、相对介电系数、击穿强度等电学性能下降。在大部分情况下，降解会导致高分子材料使用寿命缩短，从而影响其应用的经济性、环保性和适用性，有时可能还会涉及安全性问题（如燃烧）。因此，研究高分子材料老化降解的原理并探索开发有效抑制高分子材料降解的方法及措施，兼具重要的经济和社会意义。然而，高分子材料降解也并非没有任何积极意义，因为它是解决废旧高分子材料回收再利用和白色污染问题的有效途径。

第一节　影响聚合物降解的因素

聚合物的降解其实是内因和外因相互作用的结果，根据有关研究已获得的认识，影响聚合物降解的有关内在和外界因素可概括于图 7-1 中。

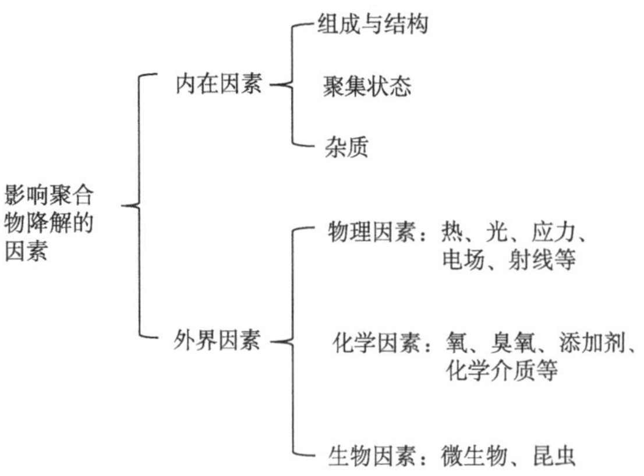

图 7-1　影响聚合物降解的因素[1]

事实上，聚合物降解的外界因素往往是同时存在并交织起作用的，如热-氧降解、光-氧降解等。在这种情况下，不同外界因素之间可能会发生相互作用，如热和光会导致氧活化，因此多种外界因素对聚合物降解的综合影响结果可能并不是各自影响结果的简单加和，而要进行更全面的考虑。

第二节　聚合物的热降解

聚合物的热降解是指单纯由热引起的降解。虽然聚合物的热降解没有热和氧共同引起的热氧降解普遍，但也具有重要的研究意义。这是因为聚合物的热塑加工通常是在隔绝氧气或氧气极少的设备中进行的，其降解主要是热降解；而在宇航和某些高新技术应用领域，聚合物可能在受热但无氧条件下工作，这时的降解也是热降解。但是，聚合物热降解之所以吸引了广泛而深入的研究并积累了丰硕的成果，主要是为了解决 PVC 的热塑性加工问题。虽然 PVC 性能优良且应用广泛，但 PVC 树脂对热特别敏感，若不能有效抑制其热降解，根本无法进行加工。

一、热降解反应的基本类型

有关聚合物热降解的研究至今已有近 150 年的历史，就目前已经取得的研究结果看，聚合物热降解反应可分为三个基本类型：

（1）解聚反应；

（2）无规断链反应；

（3）小分子消除反应。

1. 解聚反应

聚合物首先在高分子链的端部或薄弱点发生断裂，生成活性较低的自由基，然后按连锁机理逐一分解出单体，这种降解反应称为解聚反应，又称拉链降解反应。聚合物的解聚反应可看作聚合物反应链增长的逆反应，一般是自由基反应。聚甲基丙烯酸甲酯热降解的主要反应就是解聚反应，如下式所示：

$$\sim\!\sim CH_2-\underset{COOCH_3}{\overset{CH_3}{\underset{|}{\overset{|}{C}}}}-CH_2-\underset{COOCH_3}{\overset{CH_3}{\underset{|}{\overset{|}{C}}}}\cdot \longrightarrow \sim\!\sim CH_2-\underset{COOCH_3}{\overset{CH_3}{\underset{|}{\overset{|}{C}}}}\cdot + H_2C=\underset{COOCH_3}{\overset{CH_3}{\underset{|}{\overset{|}{C}}}} \tag{7-1}$$

解聚反应是按逐个分解单体的机理进行的，所以聚合物发生这类热降解时，相对分子质量减小较慢，但由于单体易挥发，因此聚合物质量损失较快。

2. 无规断链反应

与解聚反应不同，聚合物的无规断链反应指的是聚合物分子链发生无规则断裂，生成相对分子质量较小的高分子链的降解反应。聚乙烯热降解主要就是通过无规断链反应进行的：

$$\sim\sim CH_2-CH_2-CH_2-CH_2\sim\sim \longrightarrow \sim\sim \dot{C}H_2 + CH_2=CH_2 + \dot{C}H_2\sim\sim \tag{7-2}$$

聚合物发生这类热降解时，通常相对分子质量减小较快，而物料质量损失较慢，但当降解反应进行到所生成产物为易挥发小分子时，聚合物的质量也会迅速损失。

3. 小分子消除反应

聚合物分子链发生侧基消除反应，生成小分子产物，因此在降解的初期，聚合物主链并不断裂，但当小分子消除反应进行到主链薄弱点较多时，也会发生主链断裂，导致全面降解。从失重的角度来看，在降解初期，聚合物失重较少，但当到某一临界值时，聚合物的失重会迅速增加。小分子消除反应可能从端基开始，也可能是无规消除反应。典型的例子是聚氯乙烯的热降解：

$$\begin{aligned}&\sim\sim CH_2-\underset{Cl}{\underset{|}{CH}}-CH_2-\underset{Cl}{\underset{|}{CH}}-CH_2-\underset{Cl}{\underset{|}{CH}}\sim\sim\\ \xrightarrow{-HCl}\ &\sim\sim CH_2-\underset{Cl}{\underset{|}{CH}}-CH_2-\underset{Cl}{\underset{|}{CH}}-CH=CH\sim\sim\\ \xrightarrow{-HCl}\ &\sim\sim CH_2-\underset{Cl}{\underset{|}{CH}}-CH=CH-CH=CH\sim\sim\\ \xrightarrow{-HCl}\ &\sim\sim CH=CH-CH=CH-CH=CH\sim\sim\end{aligned} \tag{7-3}$$

应该注意，实际上，许多聚合物热降解时所发生的并非上述单一类型的降解反应，而是不同反应交织进行的综合结果。常见聚合物热降解的主要反应类型和产物见表 7-1。

表 7-1　常见聚合物热降解的主要反应类型和产物[2]

聚合物	代号	结构式	降解产物	主降解反应
聚甲基丙烯酸甲酯	PMMA	$\cdot\!\!\left[CH_2-\overset{CH_3}{\overset{\vert}{\underset{COOCH_3}{\underset{\vert}{C}}}}\right]_n\!\!\cdot$	单体产率 95%	解聚反应
聚甲醛	POM	$\cdot\!\!\left[CH_2O\right]_n\!\!\cdot$	单体产率 100%	解聚反应
聚四氟乙烯	PTFE	$\cdot\!\!\left[CF_2-CF_2\right]_n\!\!\cdot$	单体产率 95%	解聚反应
聚乙烯	PE	$\cdot\!\!\left[CH_2-CH_2\right]_n\!\!\cdot$	单体产率 10%，大部分为聚合物碎片	无规断链反应
聚丙烯	PP	$\cdot\!\!\left[CH_2-\underset{CH_3}{\underset{\vert}{CH}}\right]_n\!\!\cdot$	单体产率 10%，大部分为聚合物碎片	无规断链反应

续表

聚合物	代号	结构式	降解产物	主降解反应
聚氯乙烯	PVC	$*\!-\!\!\left[CH_2-\underset{Cl}{\underset{\vert}{CH}}\right]_n\!\!-\!*$	HCl 产率>95%	小分子消除反应
聚苯乙烯	PS	$*\!-\!\!\left[CH_2-\underset{C_6H_5}{\underset{\vert}{CH}}\right]_n\!\!-\!*$	单体产率 41%，兼有二、三、四聚体	解聚和无规则断链反应，解聚反应比例较大

二、影响聚合物热降解反应的因素

大量研究表明，聚合物热降解反应与聚合物的化学结构存在以下关系：

（1）主链含有季碳原子的聚合物易发生解聚反应，单体产率高。季碳自由基很容易发生分子内歧化，而难以发生自由基链转移反应。

$$\sim\!\!\sim CH_2-\overset{X}{\underset{Y}{C}}-CH_2-\overset{X}{\underset{Y}{C}}\cdot \longrightarrow \sim\!\!\sim CH_2-\overset{X}{\underset{Y}{C}}\cdot + H_2C=\overset{X}{\underset{Y}{C}} \tag{7-4}$$

（2）主链碳原子上氢原子较多时，聚合物难发生解聚反应，导致单体产率低。因为主链碳原子上氢原子较多时，自由基反应容易通过氢提取而发生链转移，因而抑制了分子内歧化。氢提取链转移既可以发生在分子间：

$$\sim\!\!\sim CH_2-\overset{H}{\underset{Y}{C}}\cdot + \sim\!\!\sim CH_2-\overset{X}{\underset{Y}{C}}\cdot \longrightarrow \sim\!\!\sim CH_2-\overset{H}{\underset{Y}{CH}} + \sim\!\!\sim CH=\overset{X}{\underset{Y}{C}} \tag{7-5}$$

也可以发生在分子内：

$$\sim\!\!\sim CH_2-\underset{Y}{CH}-CH_2-\underset{Y}{CH}-CH_2-\overset{X}{\underset{Y}{C}}\cdot \longrightarrow \sim\!\!\sim CH_2-\overset{H}{\underset{Y}{C}}\cdot + CH_2=\underset{Y}{C}-CH_2-\overset{X}{\underset{Y}{CH}} \tag{7-6}$$

（3）聚合物分子中的化学键离解能越高，聚合物热稳定性越高，热降解越难。常见聚合物化学键的离解能见表 7-2。

表 7-2　常见聚合物的化合物离解能

键型	离解能（kJ/mol）
C—C（脂-脂）	347.5

续表

键型	离解能（kJ/mol）
C—O（脂-氧）	389.4
C—N（脂-氮）	343.3
C—H（脂-氢）	410.3
C—F（脂-氟）	485.7
C—C（芳-芳）	418.7
C—C（芳-脂）	389.4
C—O（芳-氧）	460.5
C—N（芳-氮）	460.5
C—H（芳-氢）	430.2

根据表 7-2 的数据，含芳-芳型和芳-杂型化学键的聚合物应具有较高的热稳定性。如聚酰亚胺，其分子链中苯环结构的热稳定性特别高，所以其初始热分解温度超过 360℃。

（4）高分子链的不饱和性和立体结构对聚合物热稳定性的影响很小，但取代基的位阻效应会降低聚合物的热稳定性。例如，几种不同支化聚乙烯的热稳定性如图 7-2 所示。

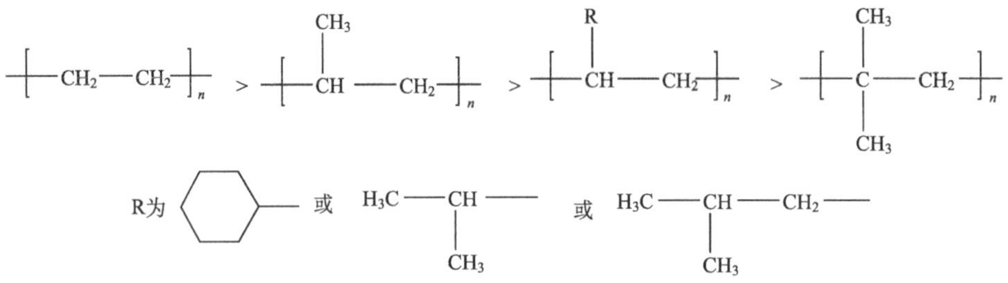

$$\left[CH_2—CH_2 \right]_n > \left[CH(CH_3)—CH_2 \right]_n > \left[CH(R)—CH_2 \right]_n > \left[C(CH_3)_2—CH_2 \right]_n$$

R为 环己基— 或 $H_3C—CH(CH_3)—$ 或 $H_3C—CH(CH_3)—CH_2—$

图 7-2　不同支化聚乙烯的热稳定性对比

（5）交联可以提高聚合物的结构稳定性，因此交联度越高，聚合物的热稳定性越高。

（6）与无定形态相比，晶态具有更高的热力学稳定性，因此聚合物的结晶度越高，其热稳定性也越高。

三、聚合物热降解的典型实例

聚氯乙烯（PVC）是产量仅次于聚乙烯（PE）的通用塑料，具有强度高、可增塑、耐腐蚀、难燃、绝缘性好、透明性高等优点，制品具有非常广泛的用途。但是，PVC 存在热稳定性差、在通常的加工温度下即发生严重降解等缺点。

关于 PVC 的热降解，现在通用的观点是一个拉链式脱 HCl 并使 PVC 高分子链形成共轭多烯序列的过程。共轭多烯序列是一个显色团，当共轭双键数大于 6 时，开始显色，而随着共轭双键数进一步增加，颜色随之加深。图 7-3 为 PVC 降解的基本历程。

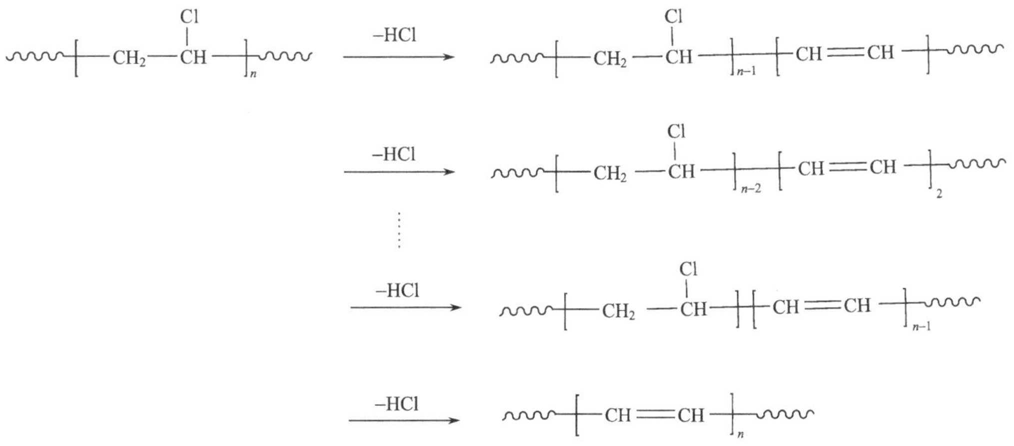

$$\sim\!\!\sim\left[CH_2-\underset{}{\overset{Cl}{\overset{|}{C}H}}\right]_n\!\sim\!\!\sim \xrightarrow{-HCl} \sim\!\!\sim\left[CH_2-\overset{Cl}{\overset{|}{C}H}\right]_{n-1}\left[CH=CH\right]\!\sim\!\!\sim$$

$$\xrightarrow{-HCl} \sim\!\!\sim\left[CH_2-\overset{Cl}{\overset{|}{C}H}\right]_{n-2}\left[CH=CH\right]_2\!\sim\!\!\sim$$

$$\vdots$$

$$\xrightarrow{-HCl} \sim\!\!\sim\left[CH_2-\overset{Cl}{\overset{|}{C}H}\right]\left[CH=CH\right]_{n-1}\!\sim\!\!\sim$$

$$\xrightarrow{-HCl} \sim\!\!\sim\left[CH=CH\right]_n\!\sim\!\!\sim$$

图 7-3　PVC 降解的基本历程[3]

但是，要理解 PVC 的热降解，还必须弄清以下重要机理问题：

（1）拉链式脱 HCl 反应如何引发、增长和终止，即 PVC 热降解是如何开始的？

（2）共轭多烯序列怎样形成？

（3）为什么共轭多烯的增长在 HCl 还没脱完时就已终止？

（4）HCl 和氧等如何影响 PVC 的降解？

可能由于实际 PVC 降解过程过于复杂而影响因素又太多，因此直至目前，关于 PVC 降解机理的不少细节还需通过进一步的研究加以澄清。但是应该说，有关 PVC 热降解机理的基本框架现在已经比较清楚。

1. 链引发机理

文献已提出大量的证据说明 PVC 拉链式脱 HCl 反应的引发是按离子对（反应式（7-7））或准离子（反应式（7-8））机理进行的：

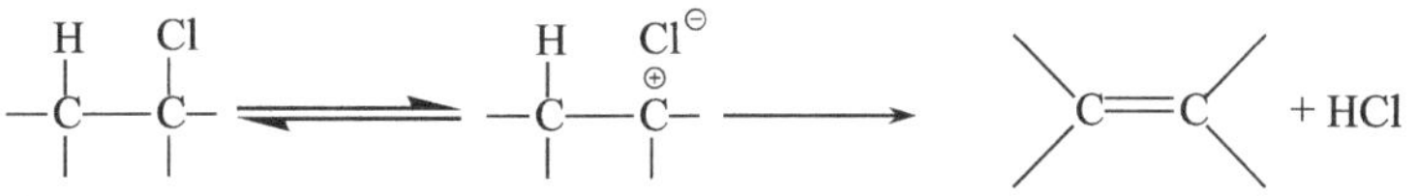

$$-\overset{H}{\overset{|}{\underset{|}{C}}}-\overset{Cl}{\overset{|}{\underset{|}{C}}}- \rightleftharpoons -\overset{H}{\overset{|}{\underset{|}{C}}}-\overset{Cl^{\ominus}}{\overset{\oplus}{\underset{|}{C}}}- \longrightarrow \;>C=C<\; + HCl \tag{7-7}$$

$$-\overset{H}{\overset{|}{\underset{|}{C}}}-\overset{Cl}{\overset{|}{\underset{|}{C}}}- \longrightarrow \left[\begin{array}{c} H\cdots Cl^{\delta^-} \\ \vdots \quad\;\; \vdots\,\delta^+ \\ -\underset{|}{C}-\underset{|}{C}- \end{array}\right] \longrightarrow \;>C=C<\; + HCl \tag{7-8}$$

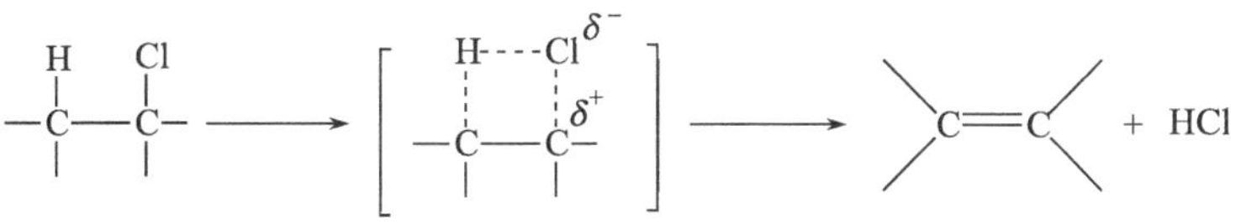

支持上述引发机理的最重要依据是模型化合物和 PVC 本身在溶液中的降解速率随溶剂极性的提高而增大。一些代表性模型化合物在不同极性溶剂中的脱 HCl 速率常数见表 7-3。

表 7-3　PVC 模型化合物的脱 HCl 速率常数（*k*）

模型化合物	$k\times10^5$（min^{-1}）	
	o-$Cl_2C_6H_4$	Ph_2CO
（1）	1100	5800
（2）	600	3300
（3）	2000	4900
（4）	6	21
（5）	7	22
（6）	2	20

表 7-3 中模型化合物的结构为：

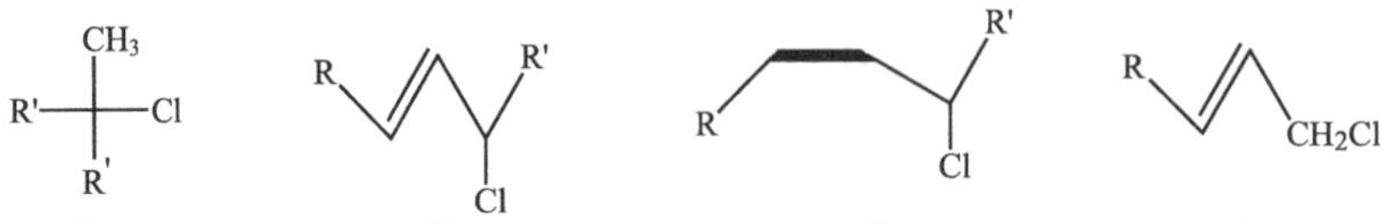

(1)　(2)　(3)　(4)

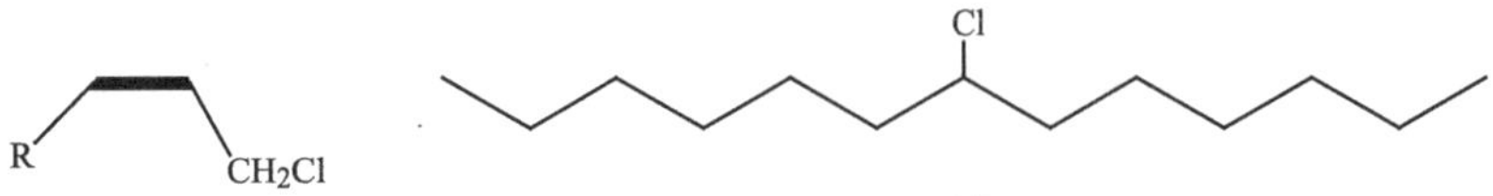

(5)　(6)

其中，R 为 *n*-Pr，R'为 *n*-Bu。

2. 链增长机理

关于 PVC 热降解过程中共轭多烯序列的形成和增长，曾提出过以下几种不同机理：①离子对/准离子机理；②自由基机理；③六中心协同机理；④极化子机理；⑤一步拉链机理。但是，后 4 种机理的重要性现在已被排除。也就是说，根据目前已获得的证据，PVC 热降解过程中共轭多烯序列的形成和增长主要是通过如下所示的离子对/准离子机理进行的：

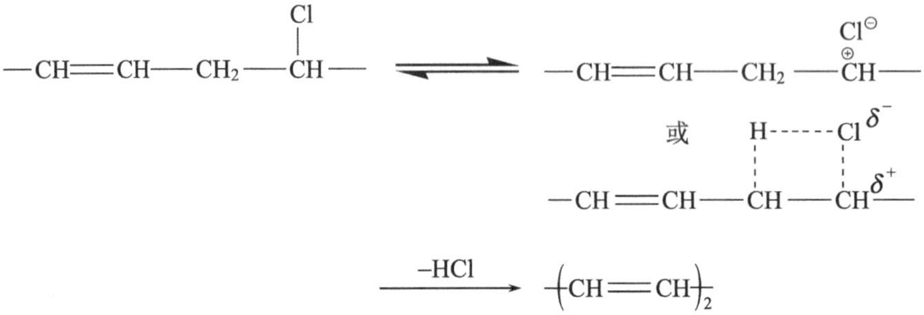

$$—CH{=}CH—CH_2—\underset{}{\overset{Cl}{CH}}— \rightleftharpoons —CH{=}CH—CH_2—\overset{\oplus}{CH}(Cl^{\ominus})— \text{ 或 } —CH{=}CH—CH(H\cdots)—CH^{\delta^+}(\cdots Cl^{\delta^-})— \xrightarrow{-HCl} \left(CH{=}CH\right)_2 \tag{7-9}$$

$$-\!\!\left(CH=CH\right)_2\!-CH_2-\underset{}{\overset{Cl}{\overset{|}{C}H}}- \rightleftharpoons -\!\!\left(CH=CH\right)_2\!-CH_2-\overset{Cl^{\ominus}}{\overset{\oplus}{C}H}-$$

或

$$-\!\!\left(CH=CH\right)_2\!-\underset{}{\overset{H\cdots\cdots Cl^{\delta-}}{CH-CH^{\delta+}}}-$$

$$\xrightarrow{-HCl} -\!\!\left(CH=CH\right)_3\!- \rightleftharpoons \cdots\cdots \quad (7\text{-}10)$$

显然，支持离子对/准离子链引发机理的依据也适用于上述离子对/准离子链增长机理。

3. 链终止机理

当共轭多烯序列增长到一定长度时，可能因发生分子内环化（反应式（7-11））或分子间 Diels-Alder 环加成（反应式（7-12））等反应而终止：

$$-\!\!\left(CH=CH\right)_n\!-CH_2-\underset{Cl}{\underset{|}{C}H}- \xrightarrow{\text{内环化}} -\!\!\left(CH=CH\right)_{n-3}\!-\text{C}_6\text{H}_4\text{(环)}-CH_2-\underset{Cl}{\underset{|}{C}H}- \quad (7\text{-}11)$$

$$\begin{matrix}-CH=CH-CH_2-\overset{Cl}{\overset{|}{C}H}- \\ + \\ -CH=CH-CH=CH-\end{matrix} \xrightarrow{\text{D-A环加成}} \text{环己烯结构：} -CH-CH-CH_2-\overset{Cl}{\overset{|}{C}H}- \text{（环中 } -CH,\ CH-,\ HC=CH\text{）} \quad (7\text{-}12)$$

显然，分子间 D-A 环加成反应同时导致了高分子链交联。

4. HCl 催化机理

目前一般认为，HCl 对 PVC 脱 HCl 的催化作用主要是通过下列离子对（反应式(7-13)）或准离子（反应式（7-14））机理实现的。

$$-\overset{H}{\overset{|}{\underset{|}{C}}}-\overset{Cl}{\overset{|}{\underset{|}{C}}}- + HCl \rightleftharpoons -\overset{H}{\overset{|}{\underset{|}{C}}}-\overset{HCl_2^{\ominus}}{\overset{\oplus}{\underset{|}{C}}}- \longrightarrow \;>C=C<\; + 2HCl \quad (7\text{-}13)$$

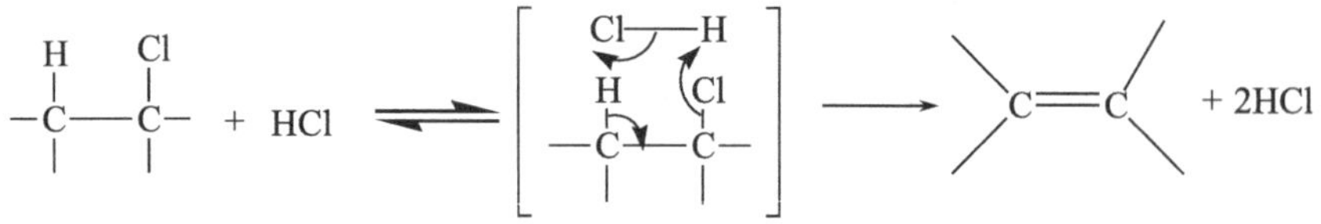

$$\text{—CH(H)—C(Cl)—} + HCl \rightleftharpoons \left[\begin{array}{c} Cl—H \\ H \quad Cl \\ —C—C— \end{array}\right] \longrightarrow \text{>C=C<} + 2HCl \quad (7\text{-}14)$$

HCl 与不稳定氯结构缔合增大了 C—Cl 或 C—H 的极性，因此促进了 HCl 消除反应的进行。

关于 PVC 的热降解，自由基机理曾引起广泛关注，虽然其主导性意义作用现已被排除，但并非没有任何意义，因此对 PVC 热降解的自由基机理应该有所了解。PVC 热降解自由基机理的反应机理如图 7-4 所示。

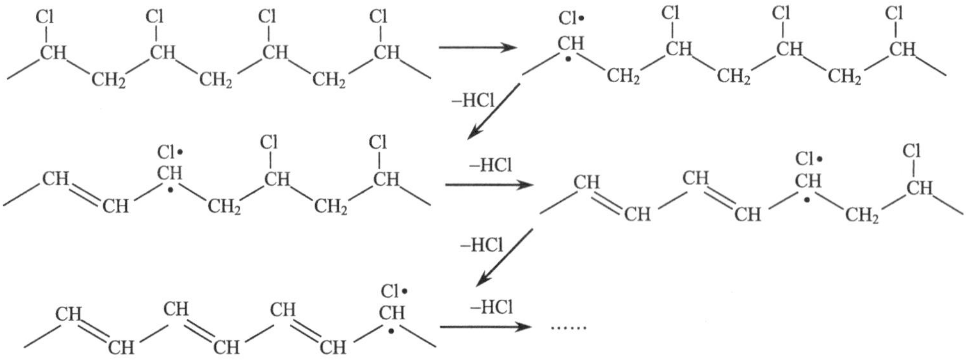

图 7-4　PVC 热降自由基机理

根据自由基机理，PVC 脱 HCl 反应由 C—Cl 键断裂所引发，所形成氯原子提取邻近亚甲基上的氢原子生成 HCl，并使 PVC 链上形成一个双键，同时诱发邻近的 C—Cl 键断裂，形成氯原子和大分子自由基。这样的反应继续进行下去便导致了共轭多烯的形成。

如果聚合物中存在催化剂残留物或被氧化，那么将引发产生自由基，该自由基提取 PVC 链上亚甲基的氢原子导致形成不稳定 PVC 大分子自由基，它将消除一个氯原子并形成一个双键，而该氯原子接着可提取最邻近亚甲基上的另一个氢原子并产生一个新的大分子自由基。这样的反应继续进行下去也导致形成共轭多烯序列。

当发生拉链式脱 HCl 反应的 PVC 分子上的氯或氢原子被另一个 PVC 分子提取，或大分子自由基与某个原子或另一个大分子自由基结合时，一个 PVC 分子内的拉链式脱 HCl 过程便终止。发生拉链式脱 HCl 反应的 PVC 分子上的氯或氢原子被另一个 PVC 分子提取导致链转移，而一个大分子自由基与另一个大分子自由基结合则导致聚合物交联。

第三节　聚合物的光降解

聚合物材料暴露在日光或强的荧光下会出现外观和物理机械性能下降，通常表现为变色、失去光泽、出现银纹、侵蚀、龟裂以及拉伸强度、冲击强度、伸长率和电性能下降等，这种现象称为光降解或光老化。严格地讲，聚合物的光降解包括纯光降解和光氧降解，但由于纯光降解的实际应用意义不大，因此光降解一般指的是光氧降解。

结构不同的聚合物的光降解速率存在显著的差异，但所有未经稳定化处理的有机聚合物暴露在日光下，无论有没有氧存在，都会发生光降解。聚合物材料光老化的最终结果是使用寿命缩短，如聚丙烯制品，如果不作稳定化处理，其户外使用寿命只有几个月，这就大大影响了聚合物材料户外使用的经济性和环保性，限制了其应用范围。因此，研究聚合物材料发生光老化的原因及其具体物理-化学机理，并在此基础上研究开发出有效的聚合物材料光稳定方法，对于聚合物材料工业及相关行业的发展具有非常重要的意义。

一、聚合物光降解机理

1. 吸收紫外线

由太阳辐射出来的电磁波包含从 X 射线到远红外的连续光谱，其波长从 0.7nm 一直延续到 10000nm 以上。但在通过外空间和高空大气层（特别是臭氧层）后，290nm 以下的紫外线和 3000nm 以上的红外线几乎全部被滤除，实际到达地面的太阳波谱为 290～3000nm。表 7-4 为到达地面的太阳光组成。

表 7-4　到达地面的太阳光的组成

波长（nm）	所占比例（%）	波长（nm）	所占比例（%）
～290	0.0	480～600	21.9
290～320	2.0	600～1200	38.9
320～360	2.8	1200～2400	21.4
360～480	12.0	2400～4300	0.4

在垂直照射到地表的太阳光中，大部分为可见光（400～800nm）和红外线（800～3000nm），290～400nm 的紫外线仅占约 5%左右。但是，由表 7-5 可以看到，这小部分的太阳光紫外线具有足以断裂聚合物中化学键的能量。

表 7-5　太阳光紫外线的能量与聚合物中典型化学键的键能

波长（nm）	光能量（kJ/mol）	化学键	键能（kJ/mol）
290	412	C—H	380～420
300	399	C—C	340～350
320	374	C—O	320～380
350	342	C—Cl	300～340
400	299	C—N	320～330

因此，实际上的确大多数聚合物都会受太阳光作用而老化降解。表 7-6 列出了几种常见聚合物的光降解最敏感波长。

表 7-6　常见聚合物的光降解最敏感波长

聚合物	最敏感波长（nm）	聚合物	最敏感波长（nm）
聚乙烯	300	聚醋酸乙烯	<280
聚丙烯	310	聚苯乙烯	318
聚氯乙烯	310	聚碳酸酯	295
聚甲基丙烯酸甲酯	290～315	聚对苯二甲酸乙二醇酯	290～320

根据光化学第一定律，只有被分子吸收的光才能有效引起光化学反应。聚砜、聚对苯二甲酸酯及若干聚氨酯等聚合物，其主链结构的吸收峰就位于太阳光紫外线区；聚苯乙烯、聚脂肪酸酯、纤维素酯、聚甲基丙烯酸甲酯及聚酰胺等，其主链结构的吸收峰虽位于比 290nm 略短的波长位置，但吸收带明显拖尾到太阳光紫外线区，因此，它们对太阳光中的紫外线敏感是可以理解的。但是，聚烯烃、聚氯乙烯以及其他乙烯基聚合物不吸收太阳光中的紫外线，为什么也会发生太阳光老化呢？有关的研究揭示，这是因为这些聚合物中难以避免地含有残留催化剂及在合成、加工、储存过程中产生的微量氢过氧化物、羰基化合物、电荷转移配合物等杂质，这些能吸收太阳光中的紫外线。

2. 发生光氧化降解反应

聚合物分子吸收光能后，即被激发到电子激发态。电子激发态是不稳定的，它将会通过各种光物理和光化学过程消散激发能，见图 7-5。

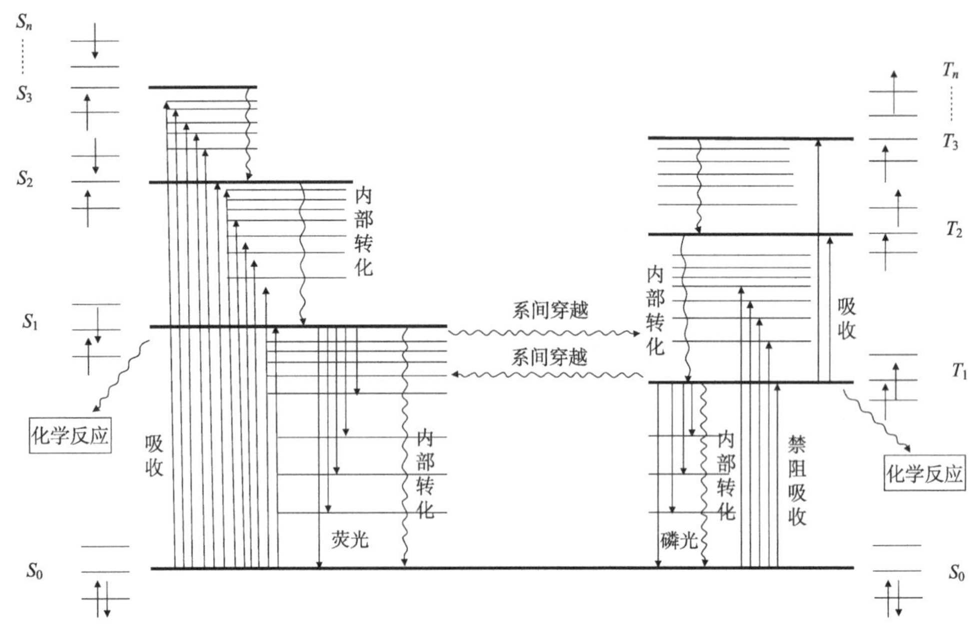

图 7-5　激发态物理过程及化学转化点的简化能级图[4]

S_0、S_1、S_2……：单线电子态；T_1、T_2……：三线电子态

尽管太阳光紫外线的能量足以打断聚合物中的化学键，但它们吸收紫外线并非总是导致光降解，这是因为激发态可以进行多种光物理过程消散激发能回到基态：①发射荧光，或先经系间穿越到最低激发三线态，然后发射磷光；②通过内部转换释放热能（振动能）；③通过能量转移将激发能传递给其他分子（即双分子去活或激发态猝灭）。但是，激发态分子如果未能及时通过光物理过程消散激发能，它将可能发生化学反应。在这种情况下，发生化学反应的分子数与吸收光子的分子数的比值称为量子产率。聚合物的光降解量子产率不大，大多数在 10^{-2}～10^{-5} 之间，即每吸收 100～100000 光子才有一个分子发生降解。

与小分子的光化学情况相比，这个量子产率的数值是很小的。这说明聚合物体系能够有效地以无害的方式消散绝大部分的激发能。这可能是由于聚合物中局部吸收的初始能量可通过光物理过程分散到邻近的区域，因而降低了分子链断裂的概率，与此同时，固态聚合物存在笼蔽效应，一些已经断裂的分子链又可重新结合起来。但尽管如此，由于太阳光紫外线年辐射能达到约 320MJ/m^2（粗略平均值，不同地区的实际情况可能存在不小差别），因此，在人们期望的使用寿命范围内，户外使用聚合物的光老化是明显的。根据已经测量得到的结果，大多数聚合物最低激发单线态 S_1 寿命较短，为 10^{-9}～10^{-6}s，而最低激发三线态 T_1 较长，达到 10^{-3}～20s。因此，虽然处于 S_1 和 T_1 态的分子都可能发生光化学反应，但在 T_1 态发生光化学反应的情况更为普遍。有关聚合物光化学的研究已弄清，在大气环境中，聚合物光老化主要是由于发生光氧化反应所致，其机理与热氧化相似，也是按自由基反应历程进行的，其一般过程可表示如下：

链引发：

$$\left.\begin{array}{l}\text{氢过氧化物：POOH}\\ \text{羰基化合物：}\ \text{—C=O}\\ \text{残留催化剂：Ti ……}\\ \text{电荷转移配合物：PH、}O_2\end{array}\right\}\xrightarrow[M^{2+}/M^{3+}]{h\nu,\ \triangle}\text{自由基(P·、PO·、HO·、}HO_2\text{·)}$$

链增长：

$$P\cdot + O_2 \longrightarrow PO_2\cdot \tag{7-15}$$

$$PO_2\cdot + PH \longrightarrow PO_2H + P\cdot \tag{7-16}$$

链支化：

$$POOH \xrightarrow[M^{2+}/M^{3+}]{h\nu,\triangle} PO\cdot + \cdot OH \tag{7-17}$$

$$2POOH \xrightarrow[M^{2+}/M^{3+}]{h\nu,\triangle} PO_2\cdot + PO\cdot + H_2O \tag{7-18}$$

$$POOH + PH \xrightarrow[M^{2+}/M^{3+}]{h\nu,\triangle} PO\cdot + P\cdot + H_2O \tag{7-19}$$

$$PO\cdot + PH \longrightarrow POH + P\cdot \tag{7-20}$$

$$HO\cdot + PH \longrightarrow H_2O + P\cdot \tag{7-21}$$

链终止：

$$P\cdot + P\cdot \longrightarrow P—P \tag{7-22}$$

$$P\cdot + PO_2\cdot \longrightarrow POOP \tag{7-23}$$

$$PO_2\cdot + PO_2\cdot \longrightarrow POOP + O_2 \tag{7-24}$$

$$PO_2\cdot + PO_2\cdot \longrightarrow \text{非自由基产物} + O_2 \tag{7-25}$$

氧化和热氧化降解的链增长和链终止的机理基本相同，其根本差别在于链引发的不同，前者是由紫外辐射能引起的，而后者是由热能引起的。因为紫外线能量高，其能量能直接传递给化学键中的电子，因此发生断裂的就并不总是弱键，强键也可能断裂或被活化。因此，光氧化反应从一开始速度就较快，而链增长过程则不像热氧化反应那么长。引发阶段是聚合物光氧化反应的关键。

3. 光氧化降解反应的引发

根据光吸收模式的不同，聚合物光氧化降解反应的引发可分为两个主要类型：杂质发色团光吸收引发和主体结构发色团光吸收引发。主要通过杂质发色团光吸收引发光氧化降解的聚合物包括：聚烯烃、脂肪族聚酰胺、聚二烯、聚卤乙烯、聚丙烯酸（酯）、聚苯乙烯、聚乙烯醇、脂肪族聚酯、聚醚和聚氨酯以及聚缩醛等类型；主要通过主体结构发色团光吸收引发光氧化降解的聚合物包括：芳香族聚酯、聚酰胺、聚氨酯、聚氧化苯、聚醚砜、聚碳酸酯、苯氧基树脂。实际上，如聚苯乙烯和脂肪族聚酰胺等一些聚合物，它们的光氧化引发可能同时包含两种过程，这就进一步增大了其光氧化和光稳定过程的复杂性。

1）金属离子引发

很多聚合物体系几乎总是不可避免地含有微量的 Fe、Ni、Ti 和 Cr 等过渡金属化合物，它们可能是在聚合物制造也可能是在其加工过程中引入的。铁是由于与加工设备接触而引入大多数聚合物的常见污染物。可变价过渡金属化合物可吸收太阳光紫外线并通过以下过程产生自由基：

$$M^{n+} + X^- \xrightarrow{h\nu} \left[M^{(n-1)+} + X\cdot\right] \longrightarrow M^{(n-1)+} + X\cdot \tag{7-26}$$

所产生的自由基接着可提取聚合物的一个氢原子；过渡金属离子也能通过以下过程催化氢过氧化物分解产生烷氧和过氧自由基：

$$PO_2H + M^{2+} \longrightarrow PO\cdot + OH^- + M^{3+} \tag{7-27}$$

$$PO_2H + M^{3+} \longrightarrow PO_2\cdot + H^+ + M^{2+} \tag{7-28}$$

以上反应的净结果为：

$$2PO_2H \longrightarrow PO\cdot + PO_2\cdot + H_2O \tag{7-29}$$

这一反应将加速聚合物在加工过程的热降解，从而降低它们随后的光稳定性。

2）氢过氧化物引发

在所有的含碳聚合物中，最常见也最重要的引发源是过氧化物或氢过氧化物基团。它们是在聚合和加工、储存过程中通过 Bolland-Gee 自动氧化机理产生的。

虽然聚合物氢过氧化物基团对太阳光紫外线的吸收非常弱，但能以量子产率接近 1 的高效率离解产生自由基：

$$\text{POOH} \longrightarrow \text{PO}\cdot + \cdot\text{OH} \tag{7-30}$$

PO • 和 • OH 自由基接着能通过氢原子提取启动自由基链锁反应，例如：

$$\text{HO}\cdot + \text{PH} \longrightarrow \text{P}\cdot + \text{H}_2\text{O} \tag{7-31}$$

烷氧自由基主要发生 β-断裂形成大分子酮或（和）大分子烷烃：

$$\text{R}'-\underset{\text{R}'''}{\overset{\text{R}''}{\text{C}}}-\text{O}\cdot \longrightarrow \text{R}'\text{R}''\text{C}{=}\text{O} + \cdot\text{R}''' \tag{7-32}$$

对于聚丙烯，氢过氧化物被认为是主要的光氧化引发源，因为它们可通过分子内氢原子提取非常迅速地产生，见反应式（7-33）。

$$\sim\text{CH}_2-\underset{\text{O}-\text{O}\cdot}{\overset{\text{CH}_3}{\text{C}}}-\text{CH}_2-\overset{\text{CH}_3}{\text{CH}}-\text{CH}_2\sim \longrightarrow \sim\text{CH}_2-\underset{\text{O}_2\text{H}}{\overset{\text{CH}_3}{\text{C}}}-\text{CH}_2-\overset{\text{CH}_3}{\dot{\text{C}}}-\text{CH}_2\sim \xrightarrow{\text{O}_2} \sim\text{CH}_2-\underset{\text{O}_2\text{H}}{\overset{\text{CH}_3}{\text{C}}}-\text{CH}_2-\underset{\text{O}_2\cdot}{\overset{\text{CH}_3}{\text{C}}}-\text{CH}_2\sim \xrightarrow{-\text{H}\cdot} \sim\text{CH}_2-\underset{\text{O}_2\text{H}}{\overset{\text{CH}_3}{\text{C}}}-\text{CH}_2-\underset{\text{O}_2\text{H}}{\overset{\text{CH}_3}{\text{C}}}-\text{CH}_2\sim \tag{7-33}$$

3）羰基引发

聚合物中的羰基是由热氧化或光氧化产生的。除上述由氢过氧化物转化产生的羰基外，过氧化自由基链终止也形成羰基化合物。羰基还可能来自聚合过程单体与 CO 共聚或户外暴露期间聚合物与 O_3 的反应。脂肪族羰基化合物对紫外线的最大吸收在 270～290nm 之间，但吸收的波长超过 300nm。因吸收紫外线而被激发的含羰基的聚合物可按以下两种途径发生断链并生成自由基，从而能引发聚合物光氧化降解。

（1）诺里什（Norris）Ⅰ型断裂：

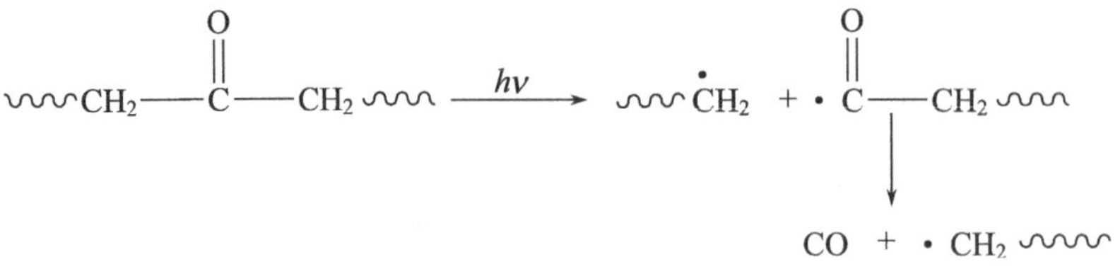

$$\sim\!CH_2-\underset{}{\overset{O}{\overset{\|}{C}}}-CH_2\!\sim\ \xrightarrow{h\nu}\ \sim\!\dot{C}H_2 + \cdot\overset{O}{\overset{\|}{C}}-CH_2\!\sim \longrightarrow CO + \cdot CH_2\!\sim \tag{7-34}$$

结果生成了一分子 CO 和两个自由基。

（2）诺里什Ⅱ型断裂：

诺里什Ⅱ型断裂只发生在酮式羰基的 γ-碳原子上至少有一个氢原子的场合。反应的发生是通过一个六元环中间体的分子内氢原子提取实现的，结果在聚合物中产生了一个烯基和一个烯醇基：

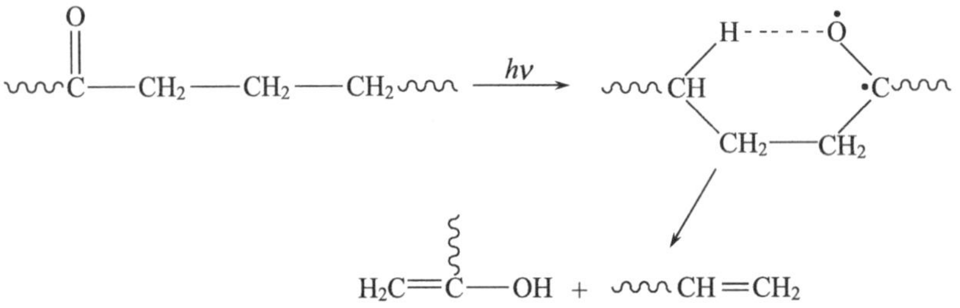

$$\sim\!\overset{O}{\overset{\|}{C}}-CH_2-CH_2-CH_2\!\sim\ \xrightarrow{h\nu}\ \left[\sim\!CH\,(H\cdots\dot{O})\,\cdot C\!\sim\ \ (CH_2-CH_2)\right] \longrightarrow H_2C{=}\tilde{C}-OH + \sim\!CH{=}CH_2 \tag{7-35}$$

4）聚合物-氧电荷转移配合物引发

聚合物-氧电荷转移配合物是较迟才被认识到的引发很多聚合物光氧化的重要杂质发色团。通过吸收紫外线，聚合物-氧电荷转移配合物可通过如下机理产生氢过氧化物从而引发聚合物光氧化：

$$P-H + O_2 \longrightarrow [P-H\text{-}\text{-}\text{-}O_2] \xrightarrow{h\nu} PH^{\oplus}\text{-}\text{-}\text{-}O_2^{\ominus} \longrightarrow P\cdot + \cdot O_2H \longrightarrow PO_2H \tag{7-36}$$

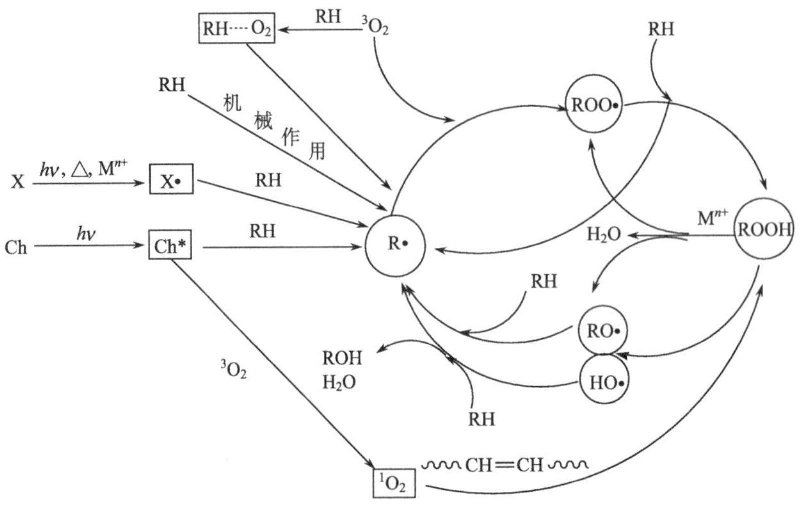

图 7-6　聚合物光氧降解反应机理示意图

二、影响聚合物光氧降解的因素

光降解与热氧降解的过程基本相同，区别只是诱因不同，因此除紫外线的影响因素外，其他的影响因素与热氧降解情形相似。图 7-6 所示的是聚合物光氧降解反应机理示意图。

第四节　聚合物的生物降解

生物降解是指环境中有机物被转化为较简单化合物、矿化并通过碳、氮和硫循环等元素循环重新分配的自然过程。在生物降解过程中，微生物扮演中心角色。天然聚合物如纤维素和淀粉等易于生物降解。与此相反，由于不能被微生物直接同化，大多数合成聚合物具有耐生物降解性。然而，在常用聚合物中，聚酯、聚酰胺和脂肪族聚氨酯等因基础聚合物对生物降解敏感因此是可生物降解的，其他种类聚合物则可能因所用添加剂不耐生物降解而具有生物降解性。与其他类型降解一样，生物降解也会导致聚合物使用寿命缩短，影响聚合物使用的经济性和环保性。

一、聚合物生物降解反应机理

聚合物通常首先受真菌攻击而降解，而聚合物一旦发生生物降解，聚合物或添加剂将被转化为较小的有机化合物，这时其他微生物也可能在聚合物上滋生。因此，聚合物生物降解的宏观效应是多方面的，如材料会发生变色、变味、吸垢、绝缘性下降、力学性能下降等。

聚合物材料生物降解的全过程包含以下几个步骤：

（1）微生物群落、其他分解生物或/和非生物因素联合作用，将可生物降解材料分解为微细碎块。这一步骤称为“生物劣化”。

（2）微生物分泌催化剂（即胞外酶和自由基），使聚合物分子断链、相对分子质量逐步减小。这是一个解聚过程，导致产生低聚物、二聚物和单体，称为“生物碎化”。

（3）一些分子被生物细胞受体识别而可能穿过质膜，另一些则停留在细胞外环境中而可能发生其他变化。

（4）在细胞质里，转移进来的分子参与微生物代谢而产生能量、新的生物质、存储囊及大量初级和次级代谢产物。这一步骤称为“同化作用”。

（5）随着同化作用进行，一些或简单或复杂的代谢产物（如有机酸、醛、类萜、抗生素等）可能被排泄并到达细胞外环境。由细胞内代谢产物完全氧化生成的诸如 CO_2、NH_3、CH_4、H_2O 和盐这样的简单分子则被释放到环境中。这一步骤称为“矿化作用”。

聚合物生物降解的一般机理也可如图 7-7 所示。

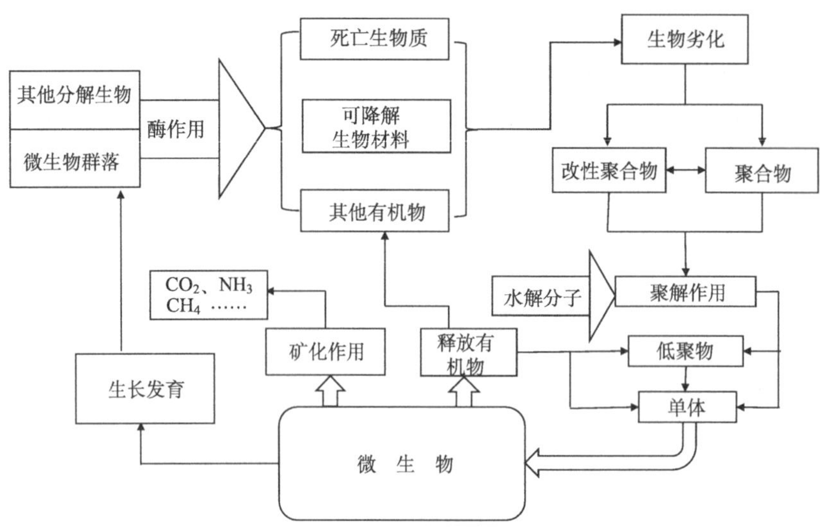

图 7-7　聚合物生物降解的机理图[5]

聚合物材料生物降解按发展程度由浅至深可分为生物劣化、生物碎化和同化；按环境中是否有氧可分为有氧生物降解和无氧生物降解。

二、影响聚合物生物降解的因素

热力学上，聚合物都是可生物降解的。但是，组成结构不同的聚合物材料的生物降解速率存在明显差别，同一种聚合物材料的生物降解速率又与环境条件密切相关并受非生物降解的影响。

1. 环境条件

温度对聚合物生物降解产生显著影响。这是因为所有的微生物的生长都要求一个很窄的适宜温度范围。环境温度在这个范围时，微生物能以最快的速度生长，其酶也具有最强的活性；环境温度超出这个范围时，微生物的新陈代谢将大大减慢，生长速度也随之降低。

有些微生物喜欢低温，称为嗜冷菌，它们在 0℃生长最快。嗜热菌则喜欢大概 60℃的高温。但是，大多数微生物是中温菌，它们的最适宜温度在 25～37℃。因此，聚合物通常在 10～45℃范围内降解较快。

化学条件如水分、pH 和氧气等对聚合物的生物降解过程也有非常大的影响。因为细菌的生长需要水；较高级的真菌需要高湿度，通常要在 95%或更高的湿度条件下，才能生长发育。如果环境中水分不够，微生物会因脱水不能生长。大多数真菌宜在 pH=4～7 的弱酸性至中性环境中生长；而细菌一般宜在 pH=7.4～8.5 的弱碱性条件下生长。氧气对聚合物生物降解也具有重要意义，因为导致大多数聚合物生物降解的是好氧微生物，没有氧气它们不能生存。

环境中存在的微生物种群是导致聚合物生物降解的主要因素。微生物群落非常多元化，能产生各种各样的酶，正是有些种类的酶催化聚合物发生生物降解。

但是，单一的一种酶通常不足以使聚合物发生生物降解，也就是说，聚合物的生物降解是由多种不同的酶共同作用完成的。因此，环境中存在有能产生适当酶混合物的适当微生物群落至关重要。能降解聚合物的微生物见表 7-7。

表 7-7　能降解聚合物的微生物

聚合物	微生物
聚乙烯	波茨坦短孢杆菌
	红色红球菌
	简青霉 YK
聚氨酯	食酯丛毛单胞菌 TB-35
	塞内加尔弯孢霉
	腐皮镰刀菌
	出芽短梗霉菌
	分子孢子菌属 sp
	绿针假单胞菌
聚氯乙烯	恶臭假单胞菌 AJ
	苍白杆菌属 TD
	荧光假半日胞菌 B-22
软质聚氯乙烯	短梗霉
BTA-共聚酯	褐色热单胞菌

2. 材料的结构与组成

1）主链结构

可能因为脂肪族聚合物的结构与天然聚合物更相似，脂肪族聚合物一般比芳香族聚合物易被生物降解。

2）相对分子质量

聚合物的生物降解性通常随相对分子质量的降低而提高。这可能是低相对分子质量的聚合物更容易被碎化为可进入微生物细胞的分子碎片的缘故。

3）官能团

由于—NH_2、—COOH、—OH、—NCO 等基团可增加聚合物的亲水性，为微生物提供适宜的湿度环境，所以含有这些基团的聚合物通常较易发生生物降解。

4）支化和交联

支化和交联均会降低聚合物的生物降解活性。这可能由于支化和交联都限制了聚合物链的运动，阻碍了微生物或酶进入聚合物的活性部位所致。

5）立体异构和规整性

立体异构和规整性都影响聚合物生物降解。例如，无规聚羟基丁酸的生物降解比规整聚羟基丁酸快，而 *R*-聚羟基丁酸具有比 *S*-异构体更快的生物降解速度。

6）结晶性

无定形区结构较松散更易渗透，是酶首先攻击的对象，生物降解比结晶区快。由于聚合物的加工工艺影响其结晶性和压实性（与高结晶性相似，高压实性也不利于生物降解），因此也间接地影响聚合物的生物降解性。

7）材料表面特性

通常，表面粗糙的聚合物材料比表面光滑的聚合物材料更易发生生物降解。这是因为，粗糙表面的坑洼和裂缝有助于保持湿度，可促进微生物的生长，同时，粗糙表面也有利于酶的结合。

8）添加剂

聚合物制品的制造通常要使用各种添加剂，如增塑剂、润滑剂、颜料等，而很多这些添加剂对生物降解敏感，因此会促进制品的生物降解。添加剂一旦被某些微生物降解并转化为更小的有机化合物，将有利于其他微生物在聚合物上寄居，从而导致其生物降解加速。

三、聚合物的生物降解性

原理上，聚合物都是包括真菌和细菌在内的异养微生物的潜在底物。但是，不同聚合物材料由于组成结构不同，其生物降解速率可能存在明显差别。一般地，结构与天然聚合物越相似的聚合物材料越容易发生生物降解。常见聚合物的生物降解性见表 7-8 和表 7-9。

表 7-8　常见热固性聚合物的生物降解性

名称	结构	生物降解特性
缩醛树脂	$*\left[\overset{R}{\overset{\vert}{C}}-O\right]_n*$	无生物降解性
丙烯酸树脂	$\left[CH_2-\underset{O=C-O-R}{\underset{\vert}{CH}}\right]_n$	无生物降解性
酚类树脂	$-CH_2-C_6H_2(OH)(CH_2-)-CH_2-$	无生物降解性
胺类树脂	$>N-CH_2-O-CH_2-N<$	无生物降解性
环氧树脂	$\left[O-C_6H_4-\overset{CH_3}{\underset{CH_3}{C}}-C_6H_4-O-CH_2-\underset{OH}{CH}-CH_2\right]_n$	无生物降解性
呋喃树脂	$\left[C_4H_2O-CH_2\right]_n$	无生物降解性

表 7-9　常见热塑性聚合物的生物降解性

名称	结构	生物降解特性
聚苯乙烯	$\left[CH_2-CH(C_6H_5)\right]_n$	无生物降解性
聚丙烯	$\left[CH_2-CH(CH_3)\right]_n$	无生物降解性
聚乙烯	$\left[CH_2-CH_2\right]_n$	低相对分子质量、直链可生物降解；高相对分子质量无生物降解性
聚氯乙烯	$\left[CH_2-CH(Cl)\right]_n$	硬制品无生物降解性；软制品因所含增塑剂易生物降解而有生物降解性
聚丙烯腈	$\left[CH_2-CH(CN)\right]_n$	无生物降解性
聚四氟乙烯	$\left[CF_2-CF_2\right]_n$	无生物降解性
聚酯	$\left[O-R-C(=O)\right]_n$　$\left[O-R-O-C(=O)-R'-C(=O)\right]_n$	脂肪族聚酯可被生物降解
聚酰胺	$\left[NH-R-C(=O)\right]_n$　$\left[NH-R-NH-C(=O)-R'-C(=O)\right]_n$	对生物降解敏感
聚氨酯	$-NH-C(=O)-O-$	脂肪族聚氨酯对生物降解敏感

PVC 本身是抗生物降解的，但软质 PVC 由于大量含有增塑剂等添加剂，它们可以被微生物作为营养物质利用，因此对生物降解敏感。根据对微生物攻击的敏感度，增塑剂可分为以下几类：

（1）高敏感度型，如癸二酸酯、环氧化油类、聚酯、乙醇酸酯等；

（2）中敏感度型，如己二酸酯、壬二酸酯、季戊四醇酯等；

（3）低敏感度型，如邻苯二甲酸酯、磷酸酯、氯化烃等。

泡沫聚氨酯由于其开孔泡沫结构有利于土壤、灰尘和真菌/细菌孢子的沉积而促进微生物在表面生长，对微生物攻击特别敏感。其中，聚酯型聚氨酯比聚醚型聚氨酯更敏感。

聚乙烯（PE）对生物劣化的敏感性一般不如软质 PVC 和聚氨酯。但低相对分子质量和低支化度 PE 的生物降解性增强。聚酯通常耐生物降解，但在特殊情况下也可能成为生物降解敏感性材料，例如由 ε-己内酯制得的聚酯。

第五节　聚合物加工中降解的评价方法

有多种方法可用于评价聚合物在加工过程中的降解情况，但它们的基本原理都是一样的，即根据加工前与加工后（经过不同时间或若干次加工后）聚合物的某项性能测试比较来对聚合物降解的程度或稳定性做出判断。

一、熔体流动速率方法

众所周知，熔体流动速率是表征聚合物相对分子质量大小的一个指标。其原理是：在聚合物的黏度（η）与剪切应力（σ）的反对数关系图（$\lg\eta$-$\lg\sigma$ 图）上，如果分子量分布相似，开始出现非牛顿流动的切应力值几乎与相对分子质量无关；相对分子质量增大，整条曲线向上移，因此，可以用熔体流动速率来表征聚合物相对分子质量的大小。由于分子量分布对 $\lg\eta$-$\lg\sigma$ 曲线的影响很大，还可以用荷重为 10kg 和 2.16kg 下测得的熔体流动速率的比值来粗略地表征试样的分子量分布。

熔体流动速率最常用于聚烯烃类聚合物的相对分子质量的表征，也常用于聚烯烃加工过程中降解与稳定的研究。图 7-8 显示了聚乙烯于 150℃在不同氧气条件下加工时间对熔体流动速率的影响。在无空气存在时（氩气），无诱导期即可产生交联（表现为熔体流动速率减少）；在微量空气存在的情况下，虽经长时间加工而相对分子质量没有变化；有过量空气存在时，正常的诱导期之后将伴随着降解。

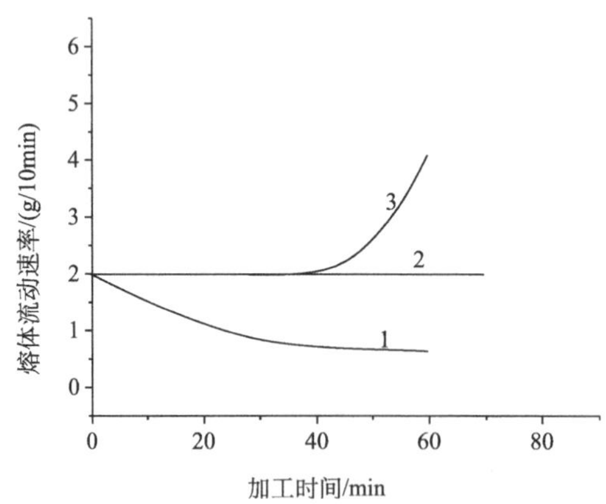

图 7-8　加工条件对 LDPE 熔体流动速率的影响

1-氩气；2-微量空气；3-过量空气

图 7-9 显示了聚丙烯经过挤出加工后熔体流动速率的变化，该图还同时表示了不同稳定配方对聚丙烯加工稳定性的影响。图中配方 O 未加任何抗氧剂，经过挤出加工后，熔体流动速率迅速增大；配方 C、D、E、F 加有各种抗氧剂，经过挤出后，熔体流动速率的增加较慢。

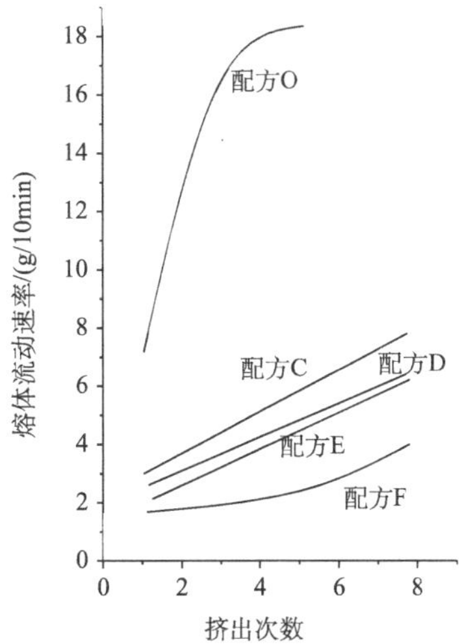

图 7-9　挤出加工次数对 PP 熔体流动速率的影响[6]

配方 O 为没加抗氧剂，C 为添加抗氧剂 LK-10，D 为添加抗氧剂 168，E 为添加抗氧剂 KB，F 为添加抗氧剂 626

二、相对分子质量及其分布的测定

熔体流动速率可以间接表示聚合物的相对分子质量，但更直接的方法是直接测定聚合物的相对分子质量及其分布。凝胶渗透色谱（GPC）和光散射法都能快速测定聚合物的相对分子质量及其分布。图 7-10 显示了聚异丁烯在 180℃经毛细管流变挤出前后的相对分子质量及分布的变化。

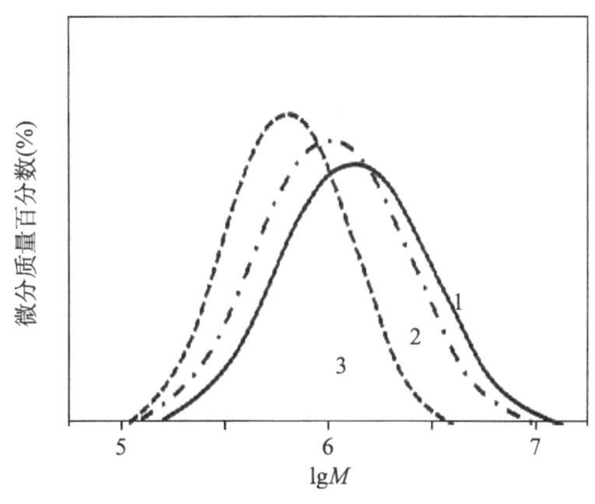

图 7-10　经毛细管剪切降解后聚异丁烯的 GPC 曲线[7]

曲线中 1、2、3 分别表示经毛细管挤出 1 次、5 次和 10 次；横坐标 M 为相对分子质量

三、流变方法

聚合物的流变性能受到聚合物结构（相对分子质量及其分布、支化等）的影响。因此，可以通过测定聚合物的流变曲线（$\lg\eta$-$\lg\sigma$）来评价聚合物的降解。这种测试对了解

聚合物的流变性能的全貌很有帮助，同时能根据不同剪切应力下的黏度比值来估计聚合物的分子量分布。但测定聚合物的完整流变曲线显然是比较费时的。

众所周知，转矩式流变仪可以对聚合物的流变性能进行相对比较，而且可以模拟比较接近实际成型加工的工艺条件。所以，可以利用转矩式流变仪的混合装置（相当于密炼机）和挤出装置来研究聚合物接近实际加工条件下的降解与交联。仪器可以记录扭矩、压力和温度等参数随时间的变化。该方法可以用来研究不同工艺条件（温度和转速）下同一配方的分解时间，也可以研究相同工艺条件下不同配方的稳定性，为选择不同的配方和制定合适的加工工艺条件提供有力的依据。

四、黄色指数法

黄色指数法是一种测试不含有荧光物质的无色透明、半透明和近白色不透明聚合物降解程度的方法。黄色指数的定义是：聚合物对国际照明委员会（CIE）标准 C 光源，以氧化镁为基准黄色值，黄色指数 YI 用下式表示：

$$YI=100\times(1.28X-106Z)/Y$$

式中，X、Y、Z 分别为所测得的三刺激值。若测得的黄色指数为正值，表示材料呈黄色，负值表示材料呈蓝色。这也是一种标准的测试方法（GB 2409—80《塑料黄色指数试验方法》）。

第六节 聚丙烯的可控降解

聚合物材料除了上述的降解反应外，还可在挤出机内进行有目的可控降解反应，以制备特殊的聚合物材料，目前常用这种反应挤出的方法生产可控流变的聚丙烯，以满足纺织性能和高流动性聚丙烯注射成型的性能的要求，用这种方法生产的可控流变聚丙烯，重复性好，性能稳定，可连续生产。

在挤出反应器中，聚合物的可控降解通常涉及分子量的降低，以满足某些特殊的产品性能标准。目前应用最广泛的是聚丙烯（PP）的挤出过程中的可控降解反应。

一、聚丙烯的可控降解机理

由于在聚合阶段，PP 的分子量很难控制，一般 5 分钟就可达到 30 万，如果用氢气来调节分子量，又会导致分子量分布变宽和高分子量尾巴，而且产品表面不光洁，利用反应挤出技术，可以根据需要控制 PP 降解，使分子量分布变窄，从而达到材料或制品的要求[8]。

在螺杆挤出过程中，由于 PP 树脂存在固有的结构特点，螺杆和料筒间的机械剪切、螺杆内的局部高温以及有机过氧化物的加入都将引起 PP 分子链的断链和氧化反应发生，导致 PP 相对分子质量下降和分子量分布变窄。利用 PP 加工过程中易降解的特性，可以适当控制和利用 PP 的降解反应以得到所需分子量和分子量分布的 PP。最早出现的对 PP

实行可控降解的报道是1966年英国人的一项专利，他们在PP的单螺杆挤出过程中加入抗氧剂和稳定剂，随后PP熔体挤出过程中进行可控降解，得到高流动性的PP。通过控制PP的降解，保证了产品的力学性能和稳定加工性，另一方面通过过氧化物的加入可实现PP的可控降解，制备出所需相对分子质量和相对分子质量分布，获得流动性好的PP树脂，以拓宽PP的用途。

挤出过程中，PP大分子会受到热机械应力和氧的作用，加速化学反应发生，导致聚丙烯降解和物理性能下降，基本的降解方式包括热机械降解、热氧化降解和过氧化物引发PP降解。

在这三种降解方式中，热机械降解与其他聚合物的降解反应类似，主要是主链上的碳碳单键在机械力和热的作用下发生断链，PP的相对分子质量下降，其反应方程式如下：

$$\sim CH_2-\underset{\underset{CH_3}{|}}{CH}-CH_2-\underset{\underset{CH_3}{|}}{CH}\sim \longrightarrow \sim CH_2-\underset{\underset{CH_3}{|}}{\dot{C}H} + H_2\dot{C}-\underset{\underset{CH_3}{|}}{CH}\sim \tag{7-37}$$

热氧化降解指的是在氧气存在的情况下，PP首先与氧结合形成氢过氧化物，再进一步分解产生烷基自由基和过氧化自由基，然后开始链式的氧化反应而进一步降解。其降解过程如下[9]：

第一步：形成烷氧自由基和过氧化自由基。

$$PH + O_2 \longrightarrow PO_2H \tag{7-38}$$

$$PO_2H \longrightarrow PO\cdot + H\cdot \tag{7-39}$$

$$PO_2H \longrightarrow PO_2\cdot + HO\cdot \tag{7-40}$$

总方程为

$$2PO_2H \longrightarrow PO\cdot + PO_2\cdot + HO_2 \tag{7-41}$$

第二步：烷氧自由基（式(7-42)、式(7-43)）和过氧化自由基（式(7-44)、式(7-45)）发生β-断裂，使大分子裂解。

$$\sim\underset{\underset{CH_3}{|}}{\overset{\overset{\dot{O}}{|}}{C}}-CH_2-\underset{\underset{CH_3}{|}}{CH}\sim \xrightarrow{\beta\text{-断裂}} \sim\underset{\underset{CH_3}{|}}{\overset{\overset{O}{\|}}{C}} + H_2\dot{C}-\underset{\underset{CH_3}{|}}{CH}\sim \tag{7-42}$$

$$\sim\underset{\underset{CH_3}{|}}{CH}-\overset{\overset{\dot{O}}{|}}{CH}-\underset{\underset{CH_3}{|}}{CH}\sim \xrightarrow{\beta\text{-断裂}} \sim\underset{\underset{CH_3}{|}}{CH}-\overset{\overset{O}{\|}}{CH} + \underset{\underset{CH_3}{|}}{H\dot{C}}\sim \tag{7-43}$$

需要指出的是，在挤出的降解反应过程中，也会有少量的碳碳双键形成（式(7-44)～式（7-48)），其原因可能是过氧自由基的断裂，也可能是挤出机中氧气不足。

$$\sim\!\sim C(OO^{\bullet})(CH_3)-CH_2-CH(CH_3)\sim\!\sim \longrightarrow \sim\!\sim C(=O)CH_3 + H_2C{=}C(CH_3)\sim\!\sim + {\bullet}OH \tag{7-44}$$

$$\sim\!\sim CH(CH_3)-CH(OO^{\bullet})-CH(CH_3)\sim\!\sim \longrightarrow \sim\!\sim CH(CH_3)-CH{=}O + H_2C{=}CH\sim\!\sim + {\bullet}OH \tag{7-45}$$

$$2\,H_2\dot{C}-CH(CH_3)\sim\!\sim \longrightarrow H_2C{=}C(CH_3)\sim\!\sim + H_3C-CH(CH_3)\sim\!\sim \tag{7-46}$$

$$2\,H\dot{C}(CH_3)-CH_2\sim\!\sim \longrightarrow HC(=CH_2)-CH_2\sim\!\sim + H_2C(CH_3)-CH_2\sim\!\sim \tag{7-47}$$

$$2\sim\!\sim CH_2-\dot{C}(CH_3)-CH_2-CH(CH_3)\sim\!\sim \longrightarrow \sim\!\sim CH_2-C(CH_3){=}CH-CH(CH_3)\sim\!\sim + \sim\!\sim CH_2-CH(CH_3)-CH_2-CH(CH_3)\sim\!\sim \tag{7-48}$$

过氧化物引发 PP 降解的主要机理是，含有过氧化物的 PP 在熔融状态下通过一系列包括链引发、链断裂、链转移和链终止的自由基反应而发生降解。聚丙烯主链在过氧化物自由基的作用下，叔碳原子上的氢脱出形成大分子自由基，接着大分子自由基发生 β-断裂（式（7-50）），从而降低了聚丙烯的相对分子质量，这一反应过程能通过大分子自由基的重组和歧化反应（式（7-51））而终止，以下是简要的反应过程：

$$ROOR \longrightarrow 2\,RO\,{\bullet} \tag{7-49}$$

$$RO^{\bullet} + \sim\!\sim CH(CH_3)-CH_2-CH(CH_3)-CH_2\sim\!\sim \xrightarrow{-ROH} \sim\!\sim \dot{C}(CH_3)-CH_2-CH(CH_3)-CH_2\sim\!\sim$$

$$\longrightarrow \sim\!\sim C(CH_3){=}CH_2 + H\dot{C}(CH_3)-CH_2\sim\!\sim \tag{7-50}$$

$$\sim\sim CH_2-\dot{C}H(CH_3) + H\dot{C}(CH_3)-CH_2\sim\sim \xrightarrow{\text{末端(歧化)}} \sim\sim CH_2-CH_2(CH_3) + HC=CH(CH_3)\sim\sim \qquad (7\text{-}51)$$

二、可控降解法制备高流动性聚丙烯的影响因素

采用可控降解法制备高流动性聚丙烯时要考虑的因素较多，其中比较重要的是过氧化物种类和浓度、反应挤出的温度、其他助剂的协同与对抗等。具体来说就是要求过氧化物分解生成自由基的温度与 PP 的加工温度一致；过氧化物的半衰期与挤出设备参数及加工工艺相匹配；过氧化物要具备低毒性和低挥发性等。必须要指出的是，PP 中所添加的少量防紫外剂与抗热、氧、老化降解等添加剂对过氧化物的活性基团有一定的抑制作用；另外，适当提高加工温度，有利于提高 PP 化学降解的效率。常用于 PP 降解的过氧化物有：脂肪族过氧化烷烃，如 2,5-双甲基-2,5（叔丁基过氧基）己烷（双二五）；芳香族过氧化物，如过氧化二异丙苯（DCP）等。

在过氧化物存在下，PP 的降解以自由基为主，主链的断链次数与有机过氧化物的浓度成正比。在强力混合器中，在双二五存在下，PP 的降解程度随此过氧化物浓度的增加而增加。过氧化物浓度一定时，随反应时间的增加，PP 的分子量降低，熔体流动速率增加，最后趋于极限值，达到极限值的时间为过氧化物半衰期的 5 倍。随 PP 相对分子质量降低，PP 熔体的非牛顿流体行为降低，当熔体流动速率达到 36g/10min 时，PP 的熔体强度接近于牛顿流体。引发剂双二五的浓度是最重要的变量，增加引发剂的浓度，降低了 PP 的高分子量含量，使分子量分布变窄，并且，当引发剂浓度低于 0.01%时，产物的熔体流动速度与引发剂浓度呈线性关系。引发剂浓度、温度和螺杆转速之间没有明显的相互影响。

有机过氧化物用于可控流变法生产高流动 PP 时，其加入量决定于 PP 的基础树脂的 MFR 和最终产品的 MFR。一般加入量为千分之几，甚至万分之几。以 Trigonox101 为例，其加入量参见表 7-10。

表 7-10　过氧化物 Trigonox101 的使用量[10]

降解前 PP 的 MFR（g/min）	降解后 PP 的 MFR（g/min）	Trigonox101 使用量（%）
2	20	0.07
6	30	0.06
20	30	0.04
20	40	0.05
40	50	0.02

经过 40 多年的研究，过氧化物已成功用于制备高流动性的 PP，此方法所生产的 PP 称为可控流变 PP（CR-PP）。这种方法生产的 PP 流动性大大提高，同时又能保证其他性能基本不变。目前世界上许多树脂生产公司已经采用该法并投入工业化生产。

CR-PP 的制备是利用了过氧化物对 PP 的可控降解原理来实现的。在有机过氧化物存在下，PP 树脂加热降解反应属于自由基反应，主要以 β-断裂的方式使 PP 的分子量降低，MFR 提高，从而达到提高 PP 流动性的目的。我国引进气相法工艺（Amoco）技术的企业有燕山石化、扬子石化，均采用可控流变技术生产高流动共聚 PP。燕山石化采用阿克苏公司的 Trigonox101 作为降解引发剂生产注塑用嵌段共聚 PP，牌号有 K7726、K9920、K9935、K7760。而武汉石化与 LG 合作也成功开发出了 K9001 和 K9003 系列的 PP。

由于生产 CR-PP 时降解反应发生在挤出工段，且不牵扯到催化剂问题，因此生产相同乙烯含量的 PP 时，牌号间转换较氢调法容易得多，而且在有抗氧剂存在下，降解反应的重复性很好，即产品有很好的稳定性。另外，在降解反应过程中，自由基偏向于攻击大分子链部分，因此 CR-PP 的分子量分布比氢调法更窄。

利用 PP 降解特性，控制挤出加工条件，如加工温度、螺杆转速、加工助剂以及过氧化物含量等，可制备出不同相对分子质量和分布的降解 PP 树脂，与其他聚合物共混，制备出高性能的 PP 共混合金和共混纤维，如 PP/HDPE、PP/PET、PP/PA6、PP/PS 等。另外，利用对 PP 降解控制，可以通过原位增容制备不同相对分子质量和分子量分布的 PP 合金树脂。

第七节　高分子材料的裂解回收

裂解一般是将塑料制品中的高分子材料部分进行较彻底的大分子链断裂，使其回到低分子量状态，大都是在无氧惰性环境中进行，是使聚合物分子量由大变小的化学反应。聚合物分子链受热时断链位置和方式不一样，因此一般聚合物的裂解可分为解聚反应型、随机裂解型以及中间型。如聚苯乙烯和聚甲基丙烯酸甲酯等高温下易于发生解离，各单体之间的化学键断裂，生成单体，属于解聚反应型；而大多数聚合物塑料热降解属于随机裂解型和中间型。聚乙烯和聚丙烯等在一定的加热温度下，分子内化学键断裂是随机的，产生不同分子量分布的碳氢石油烃。但控制适宜的裂解温度、压力甚至加热速率能控制裂解产物分子量的分布，从而获得有一定经济价值的产物，如蜡、汽油、柴油等。在催化剂存在的条件下，聚合物裂解产物中某些特定数目链长的产物比例大大增加，进而可选择性地获得理想产物组成[11]。

废塑料中聚烯烃所占比例较大，元素分子组成结构类似，易于实现裂解产物的二次利用。因此，目前废塑料裂解的研究主要以聚烯烃（PE、PP）塑料裂解制取液体燃料以及化工原料为主。根据裂解目的产物的不同，聚烯烃裂解主要工艺可分为气化工艺、液化工艺和炭化工艺。裂解工艺又可分为间歇裂解、半连续裂解以及连续裂解。不同的裂解工艺条件，聚烯烃裂解过程所使用的裂解反应器不同，目前工业上广泛使用的主要包括流化床反应器、喷动床反应器、釜式反应器、管式炉反应器等。

一、热裂解

热裂解法是聚合物裂解处理的最常用途径，它仅通过提供热能，克服大分子聚合物中 C—C 键断裂所需能量，产生低分子量的化合物。可通过调整聚烯烃裂解过程参数来获得不同的目标产物。一般来说，影响热裂解产物分布及收率的影响因素有原料组成、反应器类型以及反应过程裂解温度、操作压力、裂解停留时间、氢气或供氢剂的参与等。因此，热裂解过程中，选择适宜的裂解参数条件，对于获得特定的目的产物是非常重要的。

1. 废塑料热裂解制蜡

蜡又被称为相对分子质量较低聚合物。聚合物热裂解是大分子链断裂并逐渐缩短的一个过程，因此，热裂解回收废塑料的产物中蜡是主要组分之一。其不仅可以作为化工产品直接进行利用，由于其易于储存和运输，还可以作为工业催化裂化装置的原料进行二次利用。利用喷动床反应器裂解塑料制备聚烯烃蜡时，在 450℃、500℃和 600℃的加热条件下，随着裂解温度的升高，聚烯烃蜡的收率降低，反之，低分子烯烃化合物裂解产物收率提高。裂解所得聚烯烃蜡可以作为油品精炼的原料进行再利用。喷动床反应器裂解制备聚烯烃蜡最具特征的就是较高的加热速率和较短的停留时间。喷动床反应器能加速固体颗粒的循环流动，促进固相、熔融相和气相之间的传热和传质，缩短裂解产物在反应器内停留时间，减少裂解产物的二次裂解反应，因此可增加聚烯烃蜡收率。在类似裂解装置中，裂解产物中聚乙烯蜡和聚丙烯蜡的收率分别可达到 80%和 90%（质量百分比），产物蜡中支链含量较低、烯烃含量较多。但直接裂解法的传热不够，因此制备的烯烃蜡分子量分布大。用溶剂或是混合溶剂可以提高聚乙烯蜡的收率。比如加入 10%的二甲苯为溶剂，可使聚乙烯蜡收率上升 5%～8%。

影响裂解产物蜡收率及性质的因素由主到次分别为裂解温度、时间和原料组成。废塑料热裂解制蜡过程一般所需温度不是很高，裂解产物可以根据其性质进行选择性再利用。如组分单一废塑料热裂解制备的聚乙烯蜡、聚丙烯蜡可作为高附加值产品直接利用，而混合组分裂解所得聚烯烃蜡可作为石油化工原料进行再利用。

2. 废塑料热裂解制油

废塑料的裂解液化（又称之为油化）也是实现化学回收的一种简捷高效方法。在废聚合物热裂解回收初始阶段，废塑料裂解制备燃料油为其主要目的，但是随着石油能源的紧缺，聚烯烃裂解产物作为化工原料的应用也逐渐增多。图 7-11 所示为电器废塑料热裂解回收液体燃料及化工原料的主要途径。裂解液化再利用废塑料对其原料组成要求较低，而且废塑料裂解液化反应器的选择灵活，操作条件多变。

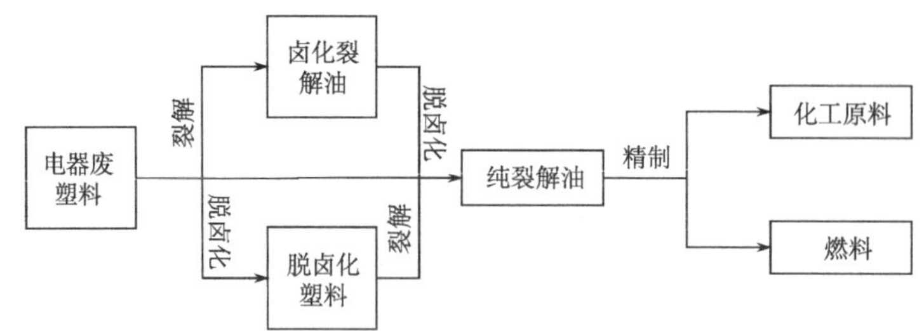

图 7-11　废塑料裂解回收液体燃料及化工原料的三种方法

大部分废塑料（质量百分比 60%）在 510～530℃的裂解温度下可以转化为轻质油品。不同裂解原料对裂解液体产物性质的影响较大，在以聚丙烯废塑料作为主体裂解原料时，部分聚苯乙烯废塑料的加入不仅会加快聚丙烯塑料裂解速率而且会显著影响裂解产物油的收率及其性质。热裂解液体产物中烯烃含量较高，但是不会影响其作为蒸汽裂解原料进行再利用。

聚烯烃塑料的热裂解产物中各组分收率与裂解反应条件密切相关。在间歇密闭反应釜中，随着裂解温度的提高和裂解停留时间的增加，裂解气相产物收率增大，液相产物收率下降，芳烃含量增加。

国外废塑料裂解液化技术发展较早，目前已经成熟并且成功应用于商业化的主要技术有德国 BASF 法、英国 BP 法、日本富士回收法等。废塑料裂解液化制取石油烃在环境保护和资源循环利用方面具有独特的优势，其主要体现在较易实现的操作条件和裂解产物的广泛应用。

3. 聚烯烃塑料热裂解回收单体

乙烯、丙烯、丁二烯俗称“三烯”，其作为重要的基础原料，在石油化工行业中具有举足轻重的地位。通过裂解反应实现从废聚烯烃塑料回收乙烯、丙烯等低碳烯烃具有重要意义，其不仅可以缓解工业生产中乙烯、丙烯裂解原料不足的问题，还可以实现废弃物资源的高效利用。图 7-12 所示为聚烯烃废塑料资源的循环利用。

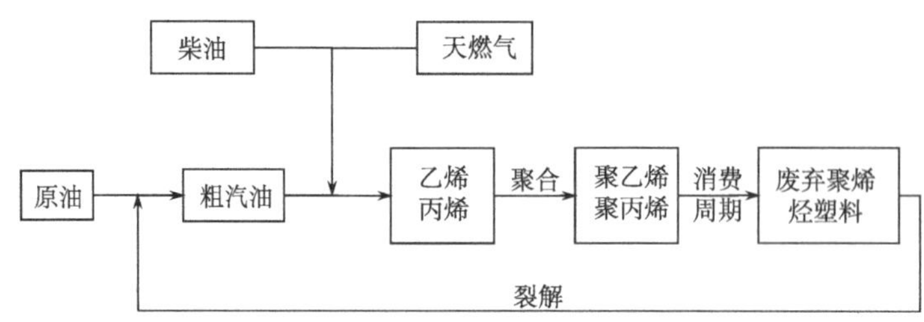

图 7-12　聚烯烃废塑料循环利用示意图

与废塑料裂解液化制蜡和液相石油烃不同，聚烯烃废塑料实现单体回收所需的温度一般较高（600～800℃），因此聚烯烃塑料的单体回收途径可以分为一步法和两步法。

一步法是聚烯烃塑料在裂解反应器中直接进行高温裂解，制取乙烯、丙烯等低碳烯烃的过程。该裂解反应过程对热量的传递要求较高，故一步法裂解聚烯烃回收单体多采用流化床反应器。以高温蒸汽作为流化介质，在700～750℃的裂解温度下，聚烯烃塑料裂解产物中乙烯收率为21%～29%，丙烯收率为16%～21%，丁烯收率为5.6%～6.6%。制取乙烯、丙烯等低碳烯烃的过程所需裂解条件是高温、低压以及短停留时间，聚烯烃一步法裂解制取乙烯、丙烯对裂解装置的要求较高。尽管该方法可能会提高烯烃气体收率，其严格的操作条件限制了其在实际应用中的发展。

先将大分子聚合物在较低温度下进行裂解液化制取液相石油烃，再将液相石油烃作为裂解原料进行二次利用的过程简称两步法。聚烯烃裂解的单体回收过程中两步法应用更广泛。其主要特点是：低温热裂解过程中可以优化裂解反应条件，控制裂解气相产物和液相产物分布及产物组成中烷烃、烯烃、芳烃的组成；根据现有设备条件，一次裂解产物可通过蒸汽裂解、加氢裂解或催化裂解制取低碳烯烃；两步法操作过程在时间和空间上具有间隔性，在裂解装置的选择上灵活多变。如先将LLDPE在450～500℃的低温下热解制备液相石油烃和蜡，在裂解温度>800℃、停留时间<1.3s的流化多相反应器中，液相石油烃高温裂解乙烯收率达到45%，显著提高了裂解气相产物中乙烯的选择性。

聚烯烃塑料裂解产物的性质类似甚至优于原油，在以制取蒸汽裂解原料为目的时，可将聚烯烃塑料同其裂解产物或重石脑油混合裂解，以降低聚烯烃塑料裂解过程熔融黏度大、传热性能差等问题，同时提高重油、渣油的利用效率。综上所述，废塑料热裂解的处理方法及回收目的主要依赖于废弃物的组成及其性质。一般而言，裂解制蜡的原料主要集中于几种聚烯烃塑料（PE、PP），常见废塑料均可采用裂解液化的方式再回收利用，而采用适宜的裂解方法可实现PE、PP、PS和PMMA等聚合物单体的回收。裂解温度是影响聚烯烃塑料裂解产物分布的主要因素。表7-11为不同裂解温度范围内聚烯烃塑料的裂解特点。

表7-11　不同温度下聚烯烃塑料的裂解特点[12]

温度（℃）	产物
300～400	低温裂解成烯烃蜡
400～600	用于石化工业的原料油或燃料
600～800	乙烯、丙烯或其他烯烃类单体

二、催化裂解

催化裂解是在热裂解技术的基础上发展而来的一种废塑料处理技术。与热裂解相比，催化裂解的优势主要体现在：①可以降低废塑料的裂解温度；②加快裂解反应速率；③选择性地提高裂解目的产物的收率。传统催化裂解是将催化剂和废塑料混合在一起进行加热，热裂解和催化裂解同时进行。但是此过程反应结束之后，大量焦炭沉积于催化剂表面，降低了催化剂的活性甚至导致催化剂失活，因此该工艺过程催化剂的再生与催化剂的回收都较为困难。热裂解-催化改质法在一定程度上缓解了催化剂失活以及分离的问题，其首先将废塑料热裂解，然后对裂解气进行催化改质。

聚烯烃催化裂解与催化剂的酸性和孔道结构密切相关。通常所用的催化剂主要有分子筛、固体硅酸铝等固体酸催化剂。在裂解过程中，催化剂通过提供质子氢来促进废塑料发生裂解、氢转移、缩合等特征反应，使长链聚合物分子发生链断裂生成小分子烃类。部分小分子产物在催化剂外表面或催化剂孔道内部酸性中心上进一步发生裂解、异构化、环化、芳构化等二次反应，得到相对分子质量和结构在一定范围内的产物。废塑料裂解过程中加入催化剂可显著提高裂解产物中支链烷烃、环烷烃和总芳烃含量。因此，催化裂解一般用于废塑料裂解制备汽油、柴油等车用燃料，以选择性提高十六烷值或辛烷值。热裂解与催化裂解的比较如表 7-12 所示。

表 7-12　热裂解与催化裂解的比较

热裂解	催化裂解
产物中含有大量的 C_1 和 C_2 烃类物质	产物中含有大量的 C_3 和 C_4 烃类物质
产物支化度低，高温时含有少量的二烯烃类成分	烃类是初级产物，有更多的支化
产物成分选择性差，分子量分布宽	产物成分选择性高，分子量分布窄
裂解速度相对慢	芳香簇聚烯烃不适用 易异构化

目前普遍认为在固体酸作用下聚烯烃的催化裂解属于碳正离子机理[13]。以聚乙烯为例：

引发：

在聚合物链上的“弱键”上可能引发裂解反应。比如，聚合物链上少量的双键受酸催化剂上质子攻击发生加成反应，形成碳正离子：

$$\sim\sim\!/\!\!\backslash\!\!=\!\!/\!\!\backslash\!\sim\sim + HX \longrightarrow \sim\sim\!/\!\!\overset{\oplus}{\backslash}\!/\!\!\backslash\!/\!\sim\sim + X^{\ominus} \tag{7-52}$$

然后聚合物链发生 β-断裂反应：

$$\sim\sim\!/\!\overset{\oplus}{\backslash}\!/\!\!\backslash\!\!\,\vdots\,\!/\!\sim\sim \longrightarrow \sim\sim\!/\!\!\backslash\!=\; + \; {}^{\oplus}\!\!-\!\sim\sim \tag{7-53}$$

也可通过低分子量的碳正离子夺取聚合物链上的氢来引发裂解反应：

$$\sim\sim\!/\!\!\backslash\!\!=\!\!/\!\!\backslash\!\sim\sim + R^{\oplus} \longrightarrow \sim\sim\!/\!\!\overset{\oplus}{\backslash}\!/\!\!\backslash\!/\!\sim\sim + RH \tag{7-54}$$

断链：

在固体酸催化剂活性中心及其他碳正离子的攻击下，聚合物分子链断裂，分子量降低，生成多聚物（大约为 C_{30}～C_{80}）；多聚物进一步裂解，生成液体（大约为 C_{10}～C_{25}）及气体。

异构化：

碳正离子中间体能够进行重排反应。例如，烯烃的双键异构反应：

$$\text{CH}_2\text{=CH-CH}_2\text{-CH}_3 \xrightarrow{H^{\oplus}} \text{CH}_3\text{-}\overset{\oplus}{\text{C}}\text{H-CH}_2\text{-CH}_3 \xrightarrow{-H^{\oplus}} \text{CH}_3\text{-CH=CH-CH}_3 \tag{7-55}$$

芳环化：

某些碳正离子中间体能够进行环化反应。例如：

$$R_1^{\oplus}+R_2\text{-CH=CH-CH}_2\text{-CH}_2\text{-CH}_2\text{-CH}_2\text{-CH}_3 \rightleftharpoons R_1H+R_2\text{-CH=CH-CH}_2\text{-CH}_2\text{-CH}_2\text{-}\overset{\oplus}{\text{C}}\text{H-CH}_3 \tag{7-56}$$

$$R_2\text{-CH=CH-CH}_2\text{-CH}_2\text{-CH}_2\text{-}\overset{\oplus}{\text{C}}\text{H-CH}_3 \rightleftharpoons \text{H}_3\text{C-CH}(\text{-CH}(R_2)\text{-}\overset{\oplus}{\text{C}}\text{H-CH}_2\text{-CH}_2\text{-CH}_2\text{-}) \tag{7-57}$$

思 考 习 题

（1）影响聚合物降解反应的因素有哪些？

（2）聚合物的热降解反应类型可分为哪几种？

（3）聚合物的化学结构和凝聚态结构对其热降解反应活性有何影响？

（4）聚合物降解后为什么易显色？

（5）太阳光中最容易引起聚合物光降解反应的是哪个波段区？

（6）聚合物的生物降解过程可以分成哪几个步骤？

（7）常用的聚合物降解程度的评价方法有哪几种？

（8）如何用熔体流动速率法来评价聚合物的降解程度？

（9）如何用黄色指数法来评价聚合物的降解程度？

（10）可控降解法制备的聚丙烯与普通的聚丙烯有何区别？

（11）影响聚丙烯可控降解过程的因素有哪些？

（12）聚合物材料回收过程中，常用的裂解方法有哪两种？有何区别？

（13）热裂解法可分为哪几种？其产物有何区别？其裂解条件有何区别？

参 考 文 献

[1] 钟世云, 许乾慰, 王公善. 聚合物降解与稳定化. 北京: 化学工业出版社, 2002.

[2] Madorsky S L. Thermal degradation of organic polymers. New York: Interscience Publishers, 1964.

[3] К. С. 明斯格尔, Г. Т. 费多谢耶娃. 聚氯乙烯的降解与稳定. 马文杰, 黄子铮译. 北京: 轻工业出版社, 1985.

[4] B. 郎比, J. F. 拉贝克. 聚合物的光降解、光氧化和光稳定. 崔孟元, 潘江庆, 顾立莹, 等译. 北京: 科学出版社, 1986.

[5] W. 施纳贝尔. 聚合物降解原理及应用. 陈用烈, 张培尧, 宋中键译. 北京: 化学工业出版社, 1988.
[6] 刘英俊, 牟方春. 聚丙烯加工中复合抗氧剂QS215抗热氧老化效果的研究. 塑料包装, 1995(4): 26-29.
[7] La Mantia F P, Morreale M, Botta L, et al. Degradation of polymer blends: A brief review. Polymer Degradation and Stability, 2017, 145: 79-92.
[8] 李正光, 黄福堂, 万丽翎, 等. 聚丙烯生产技术与应用. 北京: 石油工业出版社, 2006.
[9] 赵敏. 改性聚丙烯新材料. 第2版. 北京: 化学工业出版社, 2010.
[10] 胡友良, 乔金梁, 吕立新. 聚烯烃功能化及改性：科学与技术. 北京: 化学工业出版社, 2006.
[11] 刘明华. 废旧高分子材料再生利用技术. 北京: 化学工业出版社, 2015.
[12] 陈占勋. 废旧高分子材料资源及综合利用. 第2版. 北京: 化学工业出版社, 2007.
[13] 约翰·沙伊斯. 聚合物回收：科学、技术与应用. 纪奎江, 陈占勋译. 北京: 化学工业出版社, 2004.